# 教科書ワーク もくじ

## 啓林館版 算数3年

動画 コードを読みとって、下の番号の動画を見てみ

勉強した日　　月　　日

# 九九の表とかけ算

# きほんのワーク

**もくひょう**
かけ算のきまりを理かいして、九九の表を0や10まで広げよう。

おわったらシールをはろう

教科書 ㊤10～15ページ　答え 1ページ

## きほん1 かけ算のきまりがわかりますか。

☆右の図は、九九の表の一部です。

| | | | | |
|---|---|---|---|---|
| 24 | 30 | 36 | あ | 48 |

あにあてはまる数は何ですか。

**たいせつ**
かけ算では、
かける数が1ふえると、
答えはかけられる数だけ大きくなり、
かける数が1へると、
答えはかけられる数だけ小さくなります。

**とき方** 24、30、36、あ、48と［　］ずつふえるから、6のだんの一部です。
あにあてはまる数は36より6大きいから、
36+6=［　］です。
また、かける数が1へると、
答えは［　］だけ小さくなるから、48−6=［　］

**答え**［　］

**1** 下の❶、❷は九九の表の一部です。あ、い、う、えにあてはまる数を答えましょう。

教科書 11ページ1

❶

| | | | | |
|---|---|---|---|---|
| 3 | 6 | 9 | 12 | あ |
| 4 | い | 12 | 16 | 20 |

あ（　　　）
い（　　　）

❷

| | | | | |
|---|---|---|---|---|
| 24 | 32 | う | 48 | 56 |
| 27 | 36 | 45 | え | 63 |

う（　　　）
え（　　　）

## きほん2 10のかけ算のしかたがわかりますか。

☆次の計算をしましょう。　❶ 6×10　❷ 10×5

**とき方** ❶ 6×10は、6×9より［　］大きくなるから、6×10=6×9+［　］=［　］
❷ かけ算では、かけられる数とかける数を入れかえて計算しても答えは同じになるから、
10×5=5×［　］=［　］

❶は、6のだんの九九を使って考えればいいんだね。

**答え** ❶［　］　❷［　］

さんすうはかせ　0の記号が使われはじめたのは、5～6世紀のインドで、日本では、江戸時代でも使われていなかったんだ。

3年

# 実力アップ 計算練習ノート

特別（とくべつ）
ふろく

計算力がぐんぐんのびる！

このふろくは
すべての教科書に対応した
全教科書版です。

| 年 | 組 | 名前 |
|---|---|---|
| | | |

「計算練習ノート」はとりはずして使用できます。

# 1 かけ算のきまり

時間20分

とく点　/100点

□にあてはまる数を書きましょう。　1つ6〔48点〕

❶ 8×3＝3×□＝□

❷ 4×7＝7×□＝□

❸ 5×2＝2×□＝□

❹ 3×1＝1×□＝□

❺ 9×5＝9×4＋□

❻ 9×5＝9×6－□

❼ 6×8＝6×7＋□

❽ 6×8＝6×9－□

計算をしましょう。　1つ5〔20点〕

❾ 0×8

❿ 7×0

⓫ 0×0

⓬ 5×0

□にあてはまる数を書きましょう。　1つ8〔32点〕

⓭ 7×5＜ 3 ×5＝□ / □×5＝□ ｝あわせて□

⓮ 10×9＜ 6×□＝□ / 4×□＝□ ｝あわせて□

⓯ 13×4＜ 8×□＝□ / □×4＝□ ｝あわせて□

⓰ 15×6＜ 10×□＝□ / □×6＝□ ｝あわせて□

●勉強した日　月　日

# 2 わり算(1)

時間 20分

とく点 /100点

計算をしましょう。 1つ5〔90点〕

❶ 18÷2 ❷ 32÷8

❸ 45÷9 ❹ 6÷3

❺ 24÷8 ❻ 30÷6

❼ 35÷5 ❽ 27÷9

❾ 12÷3 ❿ 16÷2

⓫ 8÷1 ⓬ 4÷4

⓭ 36÷6 ⓮ 63÷7

⓯ 8÷4 ⓰ 7÷1

⓱ 49÷7 ⓲ 30÷5

色紙が45まいあります。5人で同じ数ずつ分けると、1人分は何まいになりますか。 1つ5〔10点〕

式

答え（　　　　）

●勉強した日　月　日

# 3 わり算(2)

時間 20分　とく点 /100点

計算をしましょう。　1つ5〔90点〕

① $14 \div 2$　② $40 \div 5$

③ $56 \div 7$　④ $36 \div 4$

⑤ $5 \div 1$　⑥ $40 \div 8$

⑦ $16 \div 4$　⑧ $24 \div 6$

⑨ $7 \div 7$　⑩ $63 \div 9$

⑪ $9 \div 3$　⑫ $42 \div 6$

⑬ $9 \div 1$　⑭ $15 \div 5$

⑮ $12 \div 2$　⑯ $21 \div 3$

⑰ $72 \div 8$　⑱ $36 \div 9$

35こあるあめを、1人に7こずつ分けると、何人に分けられますか。

式　1つ5〔10点〕

答え（　　）

●勉強した日　　月　　日

# 4 時こくと時間

時間20分

とく点

/100点

□にあてはまる数を書きましょう。　1つ6〔48点〕

❶ 1時間＝□分　　❷ 2分＝□秒(びょう)

❸ 3時間20分＝□分　　❹ 150分＝□時間□分

❺ 1分55秒＝□秒　　❻ 105秒＝□分□秒

❼ 4分38秒＝□秒　　❽ 196秒＝□分□秒

次(つぎ)の時こくをもとめましょう。　1つ10〔20点〕

❾ 3時30分から50分後の時こく

（　　　　）

❿ 5時20分から40分前の時こく

（　　　　）

次の時間をもとめましょう。　1つ10〔20点〕

⓫ 午前8時50分から午前9時40分までの時間

（　　　　）

⓬ 午後4時30分から午後5時10分までの時間

（　　　　）

国語を40分、算数を50分勉(べん)強しました。あわせて何時間何分勉強しましたか。　1つ6〔12点〕

式

答え（　　　　）

# 5 たし算とひき算(1)

時間20分　とく点　/100点

計算をしましょう。　1つ6〔54点〕

❶ 423+316　❷ 275+22　❸ 547+135

❹ 680+241　❺ 363+178　❻ 459+298

❼ 570+176　❽ 667+38　❾ 791+9

計算をしましょう。　1つ6〔36点〕

⓾ 837+362　⓫ 927+255　⓬ 693+854

⓭ 826+588　⓮ 982+18　⓯ 417+783

761cmと949cmのひもがあります。あわせて何cmありますか。

式　1つ5〔10点〕

答え（　　）

●勉強した日　月　日

# 6 たし算とひき算 (2)

時間 20分

とく点　/100点

🍎 計算をしましょう。 1つ6〔54点〕

❶ 827−113　❷ 758−46　❸ 694−235

❹ 568−276　❺ 921−437　❻ 726−356

❼ 854−86　❽ 573−9　❾ 618−584

🍓 計算をしましょう。 1つ6〔36点〕

❿ 708−365　⓫ 805−647　⓬ 900−289

⓭ 300−64　⓮ 507−439　⓯ 403−398

🍌 917だんある階（かい）だんがあります。いま、478だんまでのぼりました。あと何だんのこっていますか。 1つ5〔10点〕

式

答え（　　　）

# 7 たし算とひき算(3)

時間 20分

とく点 /100点

計算をしましょう。 1つ6〔36点〕

❶ 963+357　❷ 984+29　❸ 995+8

❹ 1000−283　❺ 1005−309　❻ 1002−7

計算をしましょう。 1つ6〔54点〕

❼ 1376+2521　❽ 4458+3736　❾ 5285+1832

❿ 1429−325　⓫ 1357−649　⓬ 2138−568

⓭ 3218−2107　⓮ 4385−3639　⓯ 3408−3099

3845円の服を買って、4000円はらいました。おつりはいくらですか。

式 1つ5〔10点〕

答え（　　　　）

●勉強した日　月　日

# 8 長さ

時間20分

とく点　/100点

□にあてはまる数を書きましょう。　1つ7〔84点〕

① 2km＝□m　② 5000m＝□km

③ 2800m＝□km□m　④ 4080m＝□km□m

⑤ 3km400m＝□m　⑥ 5km50m＝□m

⑦ 400m＋700m＝□km□m

⑧ 2km600m＋200m＝□km□m

⑨ 1km700m＋300m＝□km

⑩ 1km－400m＝□m

⑪ 2km－600m＝□km□m

⑫ 3km800m－500m＝□km□m

学校から駅(えき)までの道のりは1km900m、学校から図書館(かん)までの道のりは600mです。学校からは、駅までと図書館までのどちらの道のりのほうが何km何m長いですか。　1つ8〔16点〕

式

答え（　　）

●勉強した日　月　日

# 9 あまりのあるわり算(1)

時間 20分

とく点　/100点

計算をしましょう。　1つ5〔90点〕

① 27÷7　② 16÷5

③ 13÷2　④ 19÷7

⑤ 22÷5　⑥ 15÷2

⑦ 79÷9　⑧ 28÷3

⑨ 43÷6　⑩ 51÷8

⑪ 38÷4　⑫ 54÷7

⑬ 21÷6　⑭ 25÷4

⑮ 22÷3　⑯ 62÷8

⑰ 32÷5　⑱ 51÷9

70本のえん筆（ぴつ）を、9本ずつたばにします。何たばできて、何本あまりますか。　1つ5〔10点〕

式

答え（　　　　）

●勉強した日　　月　　日

# 10 あまりのあるわり算(2)

時間 20分

とく点　　/100点

計算をしましょう。 1つ5〔90点〕

| | |
|---|---|
| ① 13÷4 | ② 5÷3 |
| ③ 58÷7 | ④ 85÷9 |
| ⑤ 19÷9 | ⑥ 50÷6 |
| ⑦ 19÷3 | ⑧ 26÷5 |
| ⑨ 13÷8 | ⑩ 30÷4 |
| ⑪ 26÷3 | ⑫ 46÷8 |
| ⑬ 44÷5 | ⑭ 11÷2 |
| ⑮ 9÷2 | ⑯ 35÷4 |
| ⑰ 27÷6 | ⑱ 22÷7 |

あめが60こあります。1ふくろに8こずつ入れていきます。全部(ぜんぶ)のあめをふくろに入れるには、何ふくろいりますか。 1つ5〔10点〕

式

答え（　　　　）

# 11 1けたをかけるかけ算(1)

時間20分

とく点　　/100点

計算をしましょう。　1つ6〔54点〕

① 20×4　② 30×3　③ 10×7

④ 20×5　⑤ 30×8　⑥ 50×9

⑦ 200×3　⑧ 100×6　⑨ 400×8

計算をしましょう。　1つ6〔36点〕

⑩ 11×9　⑪ 24×2　⑫ 32×3

⑬ 12×5　⑭ 17×4　⑮ 14×6

1たば13まいある画用紙が7たばあります。全部で何まいありますか。　1つ5〔10点〕

式

答え（　　　　）

●勉強した日　月　日

# 12 1けたをかけるかけ算(2)

時間20分

とく点　/100点

計算をしましょう。　1つ6〔36点〕

❶ 64×2　❷ 52×4　❸ 73×3

❹ 41×7　❺ 92×2　❻ 21×8

計算をしましょう。　1つ6〔54点〕

❼ 32×5　❽ 27×9　❾ 15×7

❿ 35×4　⓫ 19×6　⓬ 53×8

⓭ 68×9　⓮ 46×3　⓯ 98×5

1こ85円のガムを6こ買うと、代(だい)金はいくらですか。　1つ5〔10点〕

式

答え（　　　）

# 13 Ⅰけたをかけるかけ算 (3)

時間 20分

とく点 /100点

計算をしましょう。　1つ6〔36点〕

❶ 434×2　❷ 122×4　❸ 332×3

❹ 318×3　❺ 235×4　❻ 189×5

計算をしましょう。　1つ6〔54点〕

❼ 520×6　❽ 791×8　❾ 648×7

❿ 863×5　⓫ 415×9　⓬ 973×2

⓭ 298×7　⓮ 504×6　⓯ 609×8

1こ345円のケーキを9こ買うと、代金(だい)はいくらですか。　1つ5〔10点〕

式

答え（　　　）

●勉強した日　　月　　日

# 14 1けたをかけるかけ算(4)

時間 20分

とく点　　/100点

計算をしましょう。　1つ6〔90点〕

❶ 326×2　❷ 142×4　❸ 151×6

❹ 284×3　❺ 878×2　❻ 923×3

❼ 461×7　❽ 547×4　❾ 834×8

❿ 730×9　⓫ 632×5　⓬ 367×4

⓭ 415×7　⓮ 127×8　⓯ 906×3

1しゅう218mの公園のまわりを6しゅう走りました。全部(ぜんぶ)で何m走りましたか。　1つ5〔10点〕

式

答え（　　　　）

# 15 大きい数

時間20分

とく点　/100点

□にあてはまる等号か不等号を書きましょう。　1つ5〔40点〕

❶ 50000 □ 30000　　❷ 40000 □ 70000

❸ 2000＋9000 □ 11000　　❹ 13000 □ 18000－5000

❺ 600万 □ 700万－200万　　❻ 900万 □ 400万＋500万

❼ 8200万 □ 4000万＋5000万　　❽ 7000万＋2000万 □ 1億

計算をしましょう。　1つ5〔60点〕

❾ 5万＋8万　　❿ 23万＋39万

⓫ 65万＋35万　　⓬ 14万－7万

⓭ 42万－28万　　⓮ 100万－63万

⓯ 30×10　　⓰ 52×10

⓱ 70×100　　⓲ 24×100

⓳ 120÷10　　⓴ 300÷10

●勉強した日　月　日

# 16 小数(1)

時間 20分

とく点

/100点

計算をしましょう。 1つ5〔90点〕

❶ 0.5＋0.2　　❷ 0.6＋1.3

❸ 0.2＋0.8　　❹ 0.7＋0.3

❺ 0.5＋3　　❻ 0.4＋0.7

❼ 0.6＋0.6　　❽ 0.9＋0.5

❾ 3.4＋5.3　　❿ 5.1＋1.7

⓫ 2.6＋4.6　　⓬ 3.3＋5.9

⓭ 4.4＋2.7　　⓮ 2.6＋3.4

⓯ 5.2＋1.8　　⓰ 4＋1.8

⓱ 4.7＋16　　⓲ 2.8＋7.2

1.6 L の牛にゅうと2.4 L の牛にゅうがあります。あわせて何 L ありますか。 1つ5〔10点〕

式

答え（　　　）

●勉強した日　月　日

# 17 小数 (2)

時間 20分

とく点 /100点

計算をしましょう。 1つ5〔90点〕

❶ 0.9−0.6　❷ 2.7−0.5

❸ 1−0.4　❹ 3.6−3

❺ 1.3−0.5　❻ 1.6−0.9

❼ 4.8−1.3　❽ 6.7−4.5

❾ 7.2−2.7　❿ 8.4−3.9

⓫ 2.6−1.8　⓬ 4.3−3.6

⓭ 5.9−5.2　⓮ 8.5−1.5

⓯ 6.3−4.3　⓰ 5−2.2

⓱ 14−3.4　⓲ 7.6−6

テープが8mあります。そのうち1.2mを使(つか)うと、何mのこりますか。

式 1つ5〔10点〕

答え（　　　　　）

●勉強した日　月　日

# 18 小数 (3)

時間 20分

とく点　/100点

計算をしましょう。 1つ5〔90点〕

❶ 0.7＋0.9　❷ 0.5＋0.6

❸ 2.7＋4.4　❹ 3.2＋1.8

❺ 13＋7.4　❻ 8.4＋3.7

❼ 7.5＋2.8　❽ 4.6＋5.4

❾ 6.1＋5.9　❿ 4.7−3.2

⓫ 8.7−5.5　⓬ 6.7−1.8

⓭ 7.3−2.7　⓮ 5.3−3

⓯ 4−2.3　⓰ 7.6−2.6

⓱ 6.2−5.7　⓲ 8.3−7.7

白いテープが8.2m、赤いテープが2.8mあります。どちらのテープが何m長いですか。 1つ5〔10点〕

式

答え（　　　　）

●勉強した日　月　日

# 19 分数(1)

時間 20分

とく点 /100点

計算をしましょう。 1つ6〔90点〕

① $\frac{1}{4}+\frac{2}{4}$

② $\frac{2}{9}+\frac{5}{9}$

③ $\frac{1}{6}+\frac{4}{6}$

④ $\frac{1}{2}+\frac{1}{2}$

⑤ $\frac{2}{5}+\frac{2}{5}$

⑥ $\frac{5}{7}+\frac{1}{7}$

⑦ $\frac{4}{8}+\frac{4}{8}$

⑧ $\frac{1}{9}+\frac{4}{9}$

⑨ $\frac{3}{6}+\frac{2}{6}$

⑩ $\frac{1}{3}+\frac{1}{3}$

⑪ $\frac{1}{8}+\frac{2}{8}$

⑫ $\frac{5}{7}+\frac{2}{7}$

⑬ $\frac{4}{9}+\frac{4}{9}$

⑭ $\frac{1}{5}+\frac{3}{5}$

⑮ $\frac{4}{8}+\frac{3}{8}$

$\frac{3}{10}$Lの水が入ったコップと$\frac{6}{10}$Lの水が入ったコップがあります。あわせて何Lありますか。 1つ5〔10点〕

式

答え（　　　　）

# 20 分数(2)

時間20分

とく点　　/100点

計算をしましょう。　1つ6〔90点〕

❶ $\frac{4}{5}-\frac{2}{5}$

❷ $\frac{7}{9}-\frac{5}{9}$

❸ $\frac{3}{6}-\frac{2}{6}$

❹ $\frac{5}{8}-\frac{3}{8}$

❺ $\frac{3}{4}-\frac{1}{4}$

❻ $\frac{7}{10}-\frac{4}{10}$

❼ $\frac{8}{9}-\frac{7}{9}$

❽ $\frac{6}{7}-\frac{3}{7}$

❾ $\frac{7}{8}-\frac{2}{8}$

❿ $1-\frac{1}{3}$

⓫ $1-\frac{5}{8}$

⓬ $1-\frac{5}{6}$

⓭ $1-\frac{2}{7}$

⓮ $1-\frac{3}{5}$

⓯ $1-\frac{4}{9}$

リボンが1mあります。そのうち$\frac{4}{7}$mを使(つか)うと、リボンは何mのこっていますか。　1つ5〔10点〕

式

答え（　　　　　）

# 21 重　さ

時間20分　とく点　/100点

□にあてはまる数を書きましょう。　1つ6〔84点〕

① 3kg=□g　② 1t=□kg

③ 9000g=□kg　④ 6000kg=□t

⑤ 3600g=□kg□g　⑥ 4090kg=□t□kg

⑦ 4kg300g=□g　⑧ 2t150kg=□kg

⑨ 4kg200g+500g=□kg□g

⑩ 550g+650g=□kg□g

⑪ 2kg800g+600g=□kg□g

⑫ 850kg−400kg=□kg

⑬ 1kg−900g=□g

⑭ 6kg900g−300g=□kg□g

150gの入れ物(もの)に、みかんを860g入れました。全体(ぜん)の重(おも)さは何kg何gになりますか。　1つ8〔16点〕

式

答え（　　　）

●勉強した日　　月　　日

# 22 □を使った式

時間20分

とく点

/100点

□にあてはまる数をもとめましょう。　1つ10〔100点〕

❶ 23＋□＝70

❷ □＋35＝72

❸ □－46＝29

❹ 8×□＝32

❺ □×4＝36

❻ 54＋□＝103

❼ □＋84＝111

❽ □－78＝25

❾ 65－□＝42

❿ □÷3＝5

●勉強した日　月　日

# 23 2けたをかけるかけ算(1)

時間20分

とく点 /100点

計算をしましょう。 1つ6〔54点〕

❶ 4×20　❷ 8×40　❸ 7×50

❹ 14×20　❺ 18×30　❻ 23×60

❼ 30×90　❽ 40×70　❾ 60×80

計算をしましょう。 1つ6〔36点〕

❿ 17×25　⓫ 22×38　⓬ 19×43

⓭ 29×31　⓮ 26×27　⓯ 36×16

1こ28円のおかしを34こ買うと、代(だい)金はいくらですか。 1つ5〔10点〕

式

答え（　　　　）

# 24 2けたをかけるかけ算(2)

時間20分

とく点 /100点

🍎計算をしましょう。 1つ6〔90点〕

❶ 95×18　❷ 63×23　❸ 78×35

❹ 55×52　❺ 86×26　❻ 71×85

❼ 46×39　❽ 38×94　❾ 58×74

❿ 91×17　⓫ 33×45　⓬ 64×57

⓭ 59×68　⓮ 83×21　⓯ 47×72

🍓1ふくろ35本入りのわゴムが、48ふくろあります。全部(ぜんぶ)で何本ありますか。 1つ5〔10点〕

式

答え（　　　）

●勉強した日　月　日

# 25 2けたをかけるかけ算(3)

時間 20分

とく点　/100点

計算をしましょう。　1つ6〔90点〕

❶ 232×32　❷ 328×29　❸ 259×33

❹ 637×56　❺ 298×73　❻ 541×69

❼ 807×38　❽ 309×51　❾ 502×64

❿ 53×50　⓫ 77×30　⓬ 34×90

⓭ 5×62　⓮ 9×46　⓯ 8×89

1しゅう198mのコースを12しゅう走りました。全部で何km何m走りましたか。　1つ5〔10点〕

式

答え（　　　）

●勉強した日　月　日

# 26 2けたをかけるかけ算(4)

時間20分

とく点　/100点

計算をしましょう。 1つ6〔90点〕

❶ 138×49　❷ 835×14　❸ 780×59

❹ 351×83　❺ 463×28　❻ 602×95

❼ 149×76　❽ 249×30　❾ 927×19

❿ 453×58　⓫ 278×61　⓬ 905×86

⓭ 783×40　⓮ 561×37　⓯ 341×65

1本235mL入りのジュースが24本あります。全部(ぜんぶ)で何L何mLありますか。 1つ5〔10点〕

式

答え（　　　）

●勉強した日　　月　　日

# 27 3年のまとめ(1)

時間 20分

とく点　　/100点

計算をしましょう。 1つ5〔90点〕

① 235＋293　② 146＋259　③ 814－367

④ 1035－387　⑤ 2.4＋4.9　⑥ 7.2－1.6

⑦ 18×4　⑧ 45×9　⑨ 265×4

⑩ 39×66　⑪ 476×37　⑫ 680×53

⑬ 48÷8　⑭ 27÷3　⑮ 72÷9

⑯ 0÷4　⑰ 35÷8　⑱ 50÷7

$\frac{9}{10}$、1.1、$\frac{1}{10}$の中で、いちばん大きい数はどれですか。 〔10点〕

⑲ (　　　　)

●勉強した日　月　日

# 28 3年のまとめ(2)

時間 20分

とく点　/100点

計算をしましょう。　1つ5〔90点〕

❶ 367+39　❷ 1267+2585　❸ 700−118

❹ 4025−66　❺ 3.2+5.8　❻ 16−4.3

❼ 55×6　❽ 487×3　❾ 35×15

❿ 84×53　⓫ 708×96　⓬ 966×22

⓭ 56÷8　⓮ 32÷4　⓯ 20÷5

⓰ 4÷1　⓱ 57÷9　⓲ 41÷6

180gの箱(はこ)に、1こ65gのケーキを8こ入れました。全体(ぜんたい)の重(おも)さは何gになりますか。　1つ5〔10点〕

式

答え（　　　　）

# 答え

**1**
❶ 8、24　❷ 4、28
❸ 5、10　❹ 3、3
❺ 9　❻ 9　❼ 6　❽ 6
❾ 0　❿ 0　⓫ 0　⓬ 0
⓭ 15、4、20、35
⓮ 9、54、9、36、90
⓯ 4、32、5、20、52
⓰ 6、60、5、30、90

**2**
① 9　② 4　③ 5　④ 2　⑤ 3
⑥ 5　⑦ 7　⑧ 3　⑨ 4　⑩ 8
⑪ 8　⑫ 1　⑬ 6　⑭ 9　⑮ 2
⑯ 7　⑰ 7　⑱ 6
式 45÷5＝9　答え 9まい

**3**
① 7　② 8　③ 8　④ 9　⑤ 5
⑥ 5　⑦ 4　⑧ 4　⑨ 1　⑩ 7
⑪ 3　⑫ 7　⑬ 9　⑭ 3　⑮ 6
⑯ 7　⑰ 9　⑱ 4
式 35÷7＝5　答え 5人

**4**
❶ 60　❷ 120
❸ 200　❹ 2、30
❺ 115　❻ 1、45
❼ 278　❽ 3、16
❾ 4時20分　❿ 4時40分
⓫ 50分（50分間）
⓬ 40分（40分間）
式 40＋50＝90　答え 1時間30分

**5**
① 739　② 297　③ 682
④ 921　⑤ 541　⑥ 757
⑦ 746　⑧ 705　⑨ 800
⑩ 1199　⑪ 1182　⑫ 1547
⑬ 1414　⑭ 1000　⑮ 1200
式 761＋949＝1710
答え 1710cm

**6**
① 714　② 712　③ 459
④ 292　⑤ 484　⑥ 370
⑦ 768　⑧ 564　⑨ 34
⑩ 343　⑪ 158　⑫ 611
⑬ 236　⑭ 68　⑮ 5
式 917－478＝439　答え 439だん

**7**
❶ 1320　❷ 1013　❸ 1003
❹ 717　❺ 696　❻ 995
❼ 3897　❽ 8194　❾ 7117
❿ 1104　⓫ 708　⓬ 1570
⓭ 1111　⓮ 746　⓯ 309
式 4000－3845＝155　答え 155円

**8**
① 2000　② 5
③ 2、800　④ 4、80
⑤ 3400　⑥ 5050
⑦ 1、100　⑧ 2、800
⑨ 2　⑩ 600
⑪ 1、400　⑫ 3、300
式 1km900m－600m＝1km300m
答え 駅（えき）までのほうが1km300m長い。

**9**
① 3あまり6　② 3あまり1
③ 6あまり1　④ 2あまり5
⑤ 4あまり2　⑥ 7あまり1
⑦ 8あまり7　⑧ 9あまり1
⑨ 7あまり1　⑩ 6あまり3
⑪ 9あまり2　⑫ 7あまり5
⑬ 3あまり3　⑭ 6あまり1
⑮ 7あまり1　⑯ 7あまり6
⑰ 6あまり2　⑱ 5あまり6
式 70÷9＝7あまり7
答え 7たばできて、7本あまる。

**10**
① 3あまり1　② 1あまり2
③ 8あまり2　④ 9あまり4
⑤ 2あまり1　⑥ 8あまり2
⑦ 6あまり1　⑧ 5あまり1
⑨ 1あまり5　⑩ 7あまり2
⑪ 8あまり2　⑫ 5あまり6
⑬ 8あまり4　⑭ 5あまり1
⑮ 4あまり1　⑯ 8あまり3
⑰ 4あまり3　⑱ 3あまり1
式 60÷8=7あまり4　7+1=8
答え 8ふくろ

**11**
① 80　② 90　③ 70
④ 100　⑤ 240　⑥ 450
⑦ 600　⑧ 600　⑨ 3200
⑩ 99　⑪ 48　⑫ 96
⑬ 60　⑭ 68　⑮ 84
式 13×7=91　答え 91まい

**12**
① 128　② 208　③ 219
④ 287　⑤ 184　⑥ 168
⑦ 160　⑧ 243　⑨ 105
⑩ 140　⑪ 114　⑫ 424
⑬ 612　⑭ 138　⑮ 490
式 85×6=510　答え 510円

**13**
① 868　② 488　③ 996
④ 954　⑤ 940　⑥ 945
⑦ 3120　⑧ 6328　⑨ 4536
⑩ 4315　⑪ 3735　⑫ 1946
⑬ 2086　⑭ 3024　⑮ 4872
式 345×9=3105　答え 3105円

**14**
① 652　② 568　③ 906
④ 852　⑤ 1756　⑥ 2769
⑦ 3227　⑧ 2188　⑨ 6672
⑩ 6570　⑪ 3160　⑫ 1468
⑬ 2905　⑭ 1016　⑮ 2718
式 218×6=1308　答え 1308m

**15**
① >　② <　③ =　④ =
⑤ >　⑥ =　⑦ <　⑧ <
⑨ 13万　⑩ 62万　⑪ 100万
⑫ 7万　⑬ 14万　⑭ 37万
⑮ 300　⑯ 520　⑰ 7000
⑱ 2400　⑲ 12　⑳ 30

**16**
① 0.7　② 1.9　③ 1
④ 1　⑤ 3.5　⑥ 1.1
⑦ 1.2　⑧ 1.4　⑨ 8.7
⑩ 6.8　⑪ 7.2　⑫ 9.2
⑬ 7.1　⑭ 6　⑮ 7
⑯ 5.8　⑰ 20.7　⑱ 10
式 1.6+2.4=4　答え 4L

**17**
① 0.3　② 2.2　③ 0.6
④ 0.6　⑤ 0.8　⑥ 0.7
⑦ 3.5　⑧ 2.2　⑨ 4.5
⑩ 4.5　⑪ 0.8　⑫ 0.7
⑬ 0.7　⑭ 7　⑮ 2
⑯ 2.8　⑰ 10.6　⑱ 1.6
式 8−1.2=6.8　答え 6.8m

**18**
① 1.6　② 1.1　③ 7.1
④ 5　⑤ 20.4　⑥ 12.1
⑦ 10.3　⑧ 10　⑨ 12
⑩ 1.5　⑪ 3.2　⑫ 4.9
⑬ 4.6　⑭ 2.3　⑮ 1.7
⑯ 5　⑰ 0.5　⑱ 0.6
式 8.2−2.8=5.4
答え 白いテープが5.4m長い。

**19** ① $\frac{3}{4}$　② $\frac{7}{9}$　③ $\frac{5}{6}$
④ 1　⑤ $\frac{4}{5}$　⑥ $\frac{6}{7}$
⑦ 1　⑧ $\frac{5}{9}$　⑨ $\frac{5}{6}$
⑩ $\frac{2}{3}$　⑪ $\frac{3}{8}$　⑫ 1
⑬ $\frac{8}{9}$　⑭ $\frac{4}{5}$　⑮ $\frac{7}{8}$
式 $\frac{3}{10}+\frac{6}{10}=\frac{9}{10}$　答え $\frac{9}{10}$L

**20** ① $\frac{2}{5}$　② $\frac{2}{9}$　③ $\frac{1}{6}$
④ $\frac{2}{8}$　⑤ $\frac{2}{4}$　⑥ $\frac{3}{10}$
⑦ $\frac{1}{9}$　⑧ $\frac{3}{7}$　⑨ $\frac{5}{8}$
⑩ $\frac{2}{3}$　⑪ $\frac{3}{8}$　⑫ $\frac{1}{6}$
⑬ $\frac{5}{7}$　⑭ $\frac{2}{5}$　⑮ $\frac{5}{9}$
式 $1-\frac{4}{7}=\frac{3}{7}$　答え $\frac{3}{7}$m

**21** ① 3000　② 1000　③ 9
④ 6　⑤ 3、600　⑥ 4、90
⑦ 4300　⑧ 2150　⑨ 4、700
⑩ 1、200　⑪ 3、400　⑫ 450
⑬ 100　⑭ 6、600
式 150＋860＝1010　答え 1kg10g

**22** ① 47　② 37　③ 75　④ 4
⑤ 9　⑥ 49　⑦ 27　⑧ 103
⑨ 23　⑩ 15

**23** ① 80　② 320　③ 350
④ 280　⑤ 540　⑥ 1380
⑦ 2700　⑧ 2800　⑨ 4800
⑩ 425　⑪ 836　⑫ 817
⑬ 899　⑭ 702　⑮ 576
式 28×34＝952　答え 952円

**24** ① 1710　② 1449　③ 2730
④ 2860　⑤ 2236　⑥ 6035
⑦ 1794　⑧ 3572　⑨ 4292
⑩ 1547　⑪ 1485　⑫ 3648
⑬ 4012　⑭ 1743　⑮ 3384
式 35×48＝1680　答え 1680本

**25** ① 7424　② 9512　③ 8547
④ 35672　⑤ 21754　⑥ 37329
⑦ 30666　⑧ 15759　⑨ 32128
⑩ 2650　⑪ 2310　⑫ 3060
⑬ 310　⑭ 414　⑮ 712
式 198×12＝2376　答え 2km376m

**26** ① 6762　② 11690　③ 46020
④ 29133　⑤ 12964　⑥ 57190
⑦ 11324　⑧ 7470　⑨ 17613
⑩ 26274　⑪ 16958　⑫ 77830
⑬ 31320　⑭ 20757　⑮ 22165
式 235×24＝5640
答え 5L640mL

**27** ① 528　② 405　③ 447
④ 648　⑤ 7.3　⑥ 5.6
⑦ 72　⑧ 405　⑨ 1060
⑩ 2574　⑪ 17612　⑫ 36040
⑬ 6　⑭ 9　⑮ 8　⑯ 0
⑰ 4あまり3　⑱ 7あまり1　⑲ 1.1

**28** ① 406　② 3852　③ 582
④ 3959　⑤ 9　⑥ 11.7
⑦ 330　⑧ 1461　⑨ 525
⑩ 4452　⑪ 67968　⑫ 21252
⑬ 7　⑭ 8　⑮ 4　⑯ 4
⑰ 6あまり3　⑱ 6あまり5
式 65×8＝520　180＋520＝700
答え 700g

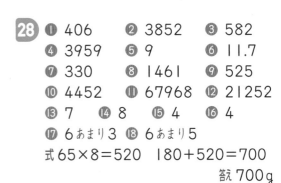

「小学教科書ワーク・
数と計算」で、
さらに練習しよう！

わくわくポスター 算数 3年

# たんい (時

## 時間

| 1秒 | 1分 | 1時間 | 1日 |
|---|---|---|---|
| (1びょう) | (1ぷん) | (1じかん) | (1にち) |
| | 1分＝60秒 | 1時間＝60分 | 1日＝24時間 |

60倍(ばい)

60倍

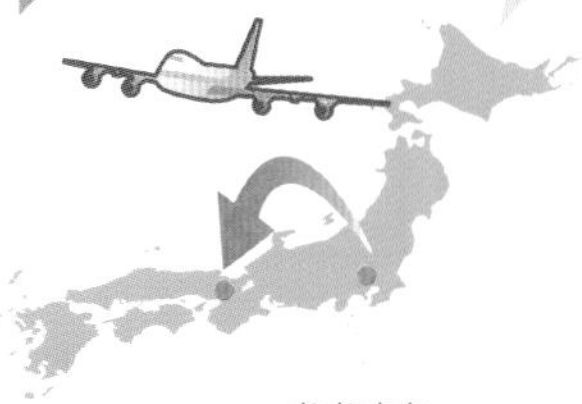

24倍

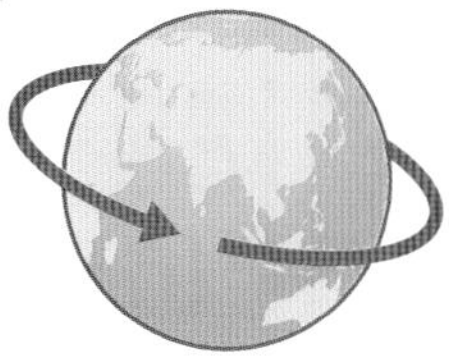

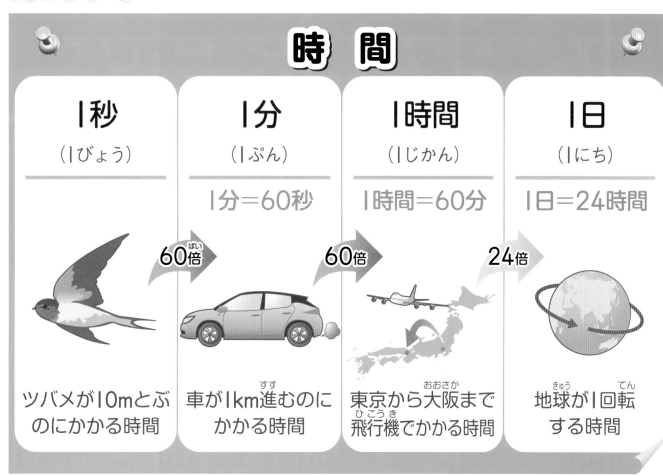

| ツバメが10mとぶのにかかる時間 | 車が1km進(すす)むのにかかる時間 | 東京から大阪(おおさか)まで飛行機(ひこうき)でかかる時間 | 地球(きゅう)が1回転(てん)する時間 |
|---|---|---|---|

## かさ

| 1mL | 1dL | 1L | 1kL |
|---|---|---|---|
| (1ミリリットル) | (1デシリットル) | (1リットル) | (1キロリットル) |
| | 1dL＝100mL | 1L＝10dL<br>1L＝1000mL | 1kL＝1000L |

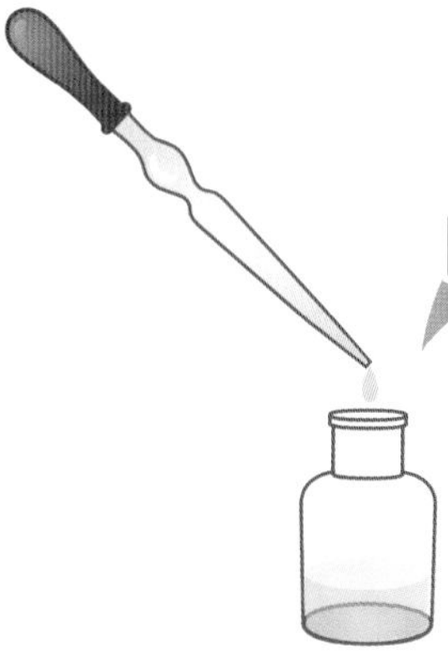

100倍

10倍

1000倍

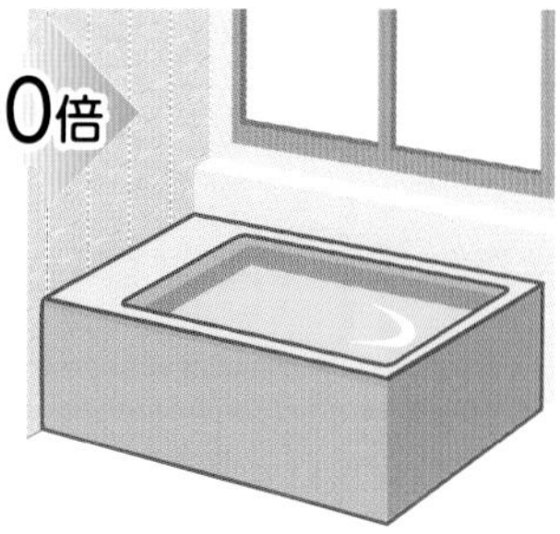

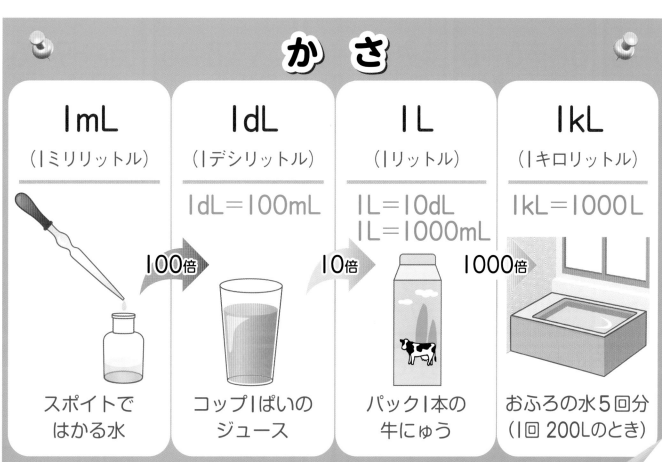

| スポイトではかる水 | コップ1ぱいのジュース | パック1本の牛にゅう | おふろの水5回分(1回 200Lのとき) |
|---|---|---|---|

## 長さ

| 1mm | 1cm | 1m | 1km |
|---|---|---|---|
| (1ミリメートル) | (1センチメートル) | (1メートル) | (1キロメートル) |
| | 1cm=10mm | 1m=100cm<br>1m=1000mm | 1km=1000m |
|  |  | 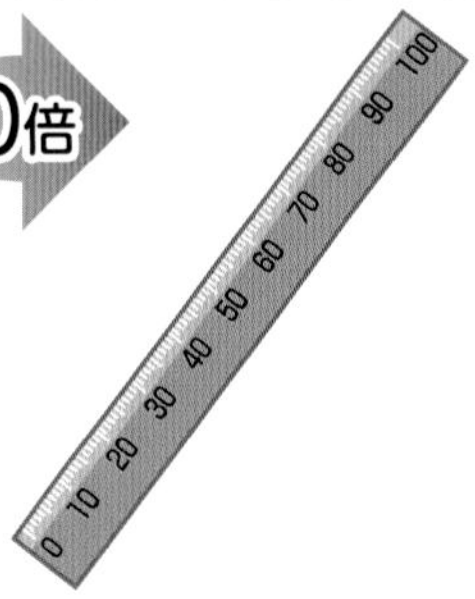 |  |
| カードのあつさ | 1円玉の半径(はんけい) | 1mの長さのじょうぎ | 人が15分で歩くきょり |

1mm →10倍→ 1cm →100倍→ 1m →1000倍→ 1km

## 重さ

| 1mg | 1g | 1kg | 1t |
|---|---|---|---|
| (1ミリグラム) | (1グラム) | (1キログラム) | (1トン) |
| | 1g=1000mg | 1kg=1000g | 1t=1000kg |
| 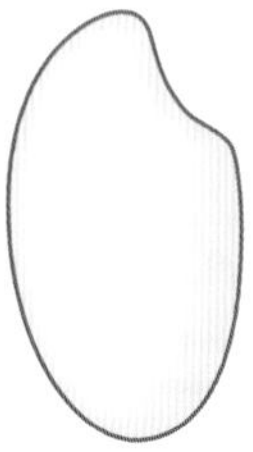 |  |  |  |
| 米つぶ(1つぶ20mg) | 1円玉1まいの重(おも)さ | 水1Lの重さ | 軽自動車(けいじどうしゃ)の重さ |

1mg →1000倍→ 1g →1000倍→ 1kg →1000倍→ 1t

**2** 次の計算をしましょう。　教科書 13ページ2 3

❶ 4×10　❷ 8×10　❸ 10×7　❹ 10×2

## きほん 3　0のかけ算のしかたがわかりますか。

☆次の計算をしましょう。　❶ 3×0　❷ 0×4

**とき方** ❶ かけ算のきまりを使って考えると、
3×0 は、3×1 より □ 小さくなるから、
3×0＝3×1－□＝□
❷ 0×4 は、0 の 4 こ分と考えて、
0×4＝0＋0＋0＋0＝□

**たいせつ**
どんな数に 0 をかけても答えは 0 です。
また、0 にどんな数をかけても答えは 0 です。

**答え** ❶ □　❷ □

**3** 次の計算をしましょう。　教科書 14ページ5

❶ 4×0　❷ 9×0　❸ 0×7　❹ 0×0

## きほん 4　かけ算を使って、□にあてはまる数をみつけられますか。

☆□にあてはまる数をみつけましょう。　❶ 4×□＝12　❷ □×6＝54

**とき方** 《1》九九の表を次のように見て、□にあてはまる数をみつけます。

❶

| | | 3 |
|---|---|---|
| | | ↑ |
| 4 | → | 12 |

表より、
4×□＝12
になります。

❷

| | | 6 |
|---|---|---|
| | | ↓ |
| 9 | ← | 54 |

表より、
□×6＝54
になります。

《2》九九を使って、□にあてはまる数をみつけます。

❶ 4 のだんの九九を使います。
4×1＝4
4×2＝8
4×□＝12

❷ □×6＝6×□ だから、6 のだんの九九を使います。
6×1＝6
6×2＝12
⋮
6×□＝54

**答え** ❶ □　❷ □

**4** □にあてはまる数をみつけましょう。　教科書 15ページ2

❶ 3×□＝27　❷ 8×□＝24

❸ □×9＝36　❹ □×5＝45

**ポイント** どんな数に 0 をかけても答えは 0 です。
また、0 にどんな数をかけても答えは 0 です。

勉強した日　月　日

# 練習のワーク

教科書 ㊤ 10〜17ページ　答え 2ページ

できた数　/27問中

おわったら シールを はろう

## 1 かけ算のきまり □にあてはまる数をかきましょう。

❶ 8×4 は、8×3 より □ 大きい。

❷ 8×4 は、8×5 より □ 小さい。

❸ 8×4＝□×8

❹ 10×10 は、10×9 より □ 大きいので、□ です。

かけ算のきまりをおぼえて、使(つか)えるようになろう。

## 2 10のかけ算 次(つぎ)の□にあてはまる数をかきましょう。

❶ 10×3＝3×□＝□　　❷ 10×5＝5×□＝□

## 3 0のかけ算 次の計算をしましょう。

❶ 1×0　　❷ 0×6

❸ 2×0　　❹ 0×5

❺ 0×10　　❻ 0×0

**0のかけ算**
どんな数に0をかけても、0にどんな数をかけても、答えは0です。

## 4 □にあてはまる数をみつける □にあてはまる数をみつけましょう。

❶ 2×□＝16

2×6＝12、2×7＝14、…とじゅんに数をあてはめていき、2のだんの九九で答えが16になる数をみつけます。

❷ □×3＝21

3×□＝21 と考えて、3のだんの九九を考えます。

❸ 8×□＝56　　❹ □×9＝54

❺ 5×□＝30　　❻ □×6＝36

❼ 4×□＝36　　❽ □×7＝28

❾ 6×□＝48　　❿ □×8＝64

⓫ 7×□＝63　　⓬ □×5＝15

**できるナビ** かけ算では、かける数が1ふえると、答えはかけられる数だけ大きくなり、かける数が1へると、答えはかけられる数だけ小さくなります。

# まとめのテスト

教科書 ㊤ 10〜17ページ　答え 2ページ

時間 20分　とく点 /100点　おわったらシールをはろう

**1** 下の❶から❸は、九九の表(ひょう)の一部(いちぶ)です。あ、い、う、え、お、かにあてはまる数を答えましょう。　1つ6〔36点〕

❶

| | | |
|---|---|---|
| 21 | 28 | あ |
| い | 32 | 40 |
| 27 | 36 | 45 |

❷

| | | |
|---|---|---|
| 35 | 40 | 45 |
| 42 | う | 54 |
| 49 | 56 | え |

❸

| | | |
|---|---|---|
| お | 10 | 12 |
| 12 | 15 | 18 |
| 16 | か | 24 |

あ(　　　)　う(　　　)　お(　　　)
い(　　　)　え(　　　)　か(　　　)

**2** よく出る □にあてはまる数をみつけましょう。　1つ6〔36点〕

❶ 3×□＝24　　❷ □×8＝72

❸ 7×8＝□×7　　❹ □×2＝2×9

❺ 5×7は、5×□より5大きい。

❻ 7×3は、7×□より7小さい。

**3** ケーキが5こはいっている箱(はこ)が10箱あります。ケーキは全部(ぜんぶ)で何こありますか。　1つ7〔14点〕

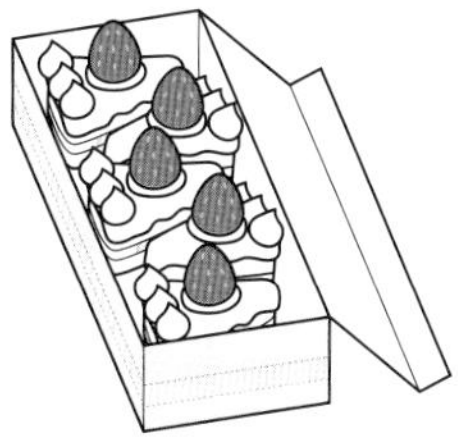

式

答え(　　　　)

**4** ゆうきさんはおはじき入れをしました。右の表は、そのせいせきです。とく点の合計をもとめましょう。　1つ7〔14点〕

ゆうきさんのせいせき

| 点数 | 3 | 2 | 1 | 0 |
|---|---|---|---|---|
| はいった数 | 0 | 3 | 2 | 5 |

式

答え(　　　　)

ふろくの「計算練習ノート」2ページをやろう！

チェック
□かけ算のきまり、10のかけ算、0のかけ算がわかったかな？
□九九を使って、□にあてはまる数がみつけられたかな？

勉強した日　月　日

# ❶ Ｉ人分の数をもとめる計算
# ❷ 分けられる人数をもとめる計算
# ❸ ２つの分け方

## きほんのワーク

もくひょう　同じ数ずつに分ける計算の「わり算」ができるようになろう。

おわったらシールをはろう

教科書 上18～26ページ　答え 3ページ

### きほん1　同じ数ずつ分けるときのＩ人分のもとめ方がわかりますか。

☆ I5このあめを、３人に同じ数ずつ分けると、Ｉ人分は何こになりますか。

とき方　右の図のようにＩこずつ配（くば）ってみると、Ｉ人分は□こになります。この計算の

式（しき）を［全部（ぜんぶ）の数］□÷［人数］□＝［Ｉ人分の数］□とかきます。
　　　　　I5　わる　３　は　５

この「I5÷3」のような計算を「わり算」といいます。　答え □こ

あめの分け方

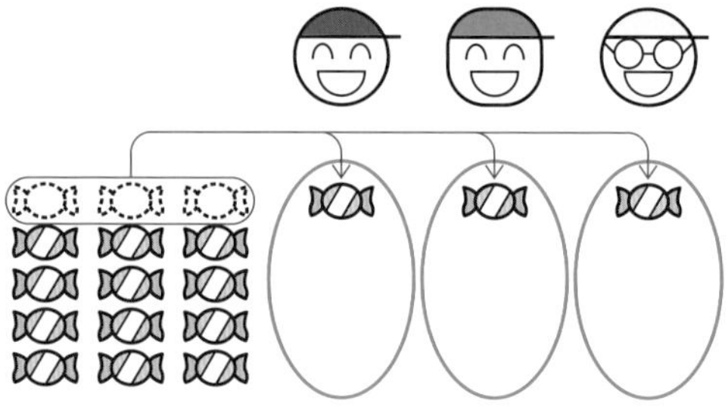

❶ 次（つぎ）のとき、Ｉ人分をもとめるわり算の式をかきましょう。　教科書 20ページ2

❶ I0本のえん筆（ぴつ）を、５人に同じ数ずつ分けるとき　（　　　）

❷ ８このなしを、４人に同じ数ずつ分けるとき　（　　　）

### きほん2　わり算の答えのみつけ方がわかりますか。

☆ 24このあめを、４人に同じ数ずつ分けると、Ｉ人分は何こになりますか。

とき方　Ｉ人分の数×４が24こだから、Ｉ人分の数は、□×４＝24の□にあてはまる数と同じになります。
□に、Ｉ、２、…、５、６をあてはめると、右のようになるから、
24÷4＝□です。　答え □こ

Ｉ×４＝４
２×４＝８
⋮
５×４＝20
６×４＝24

❷ 32まいのおり紙を、８人に同じ数ずつ分けると、Ｉ人分は何まいになりますか。

式

教科書 21ページ4 5

答え（　　　）

さんすうはかせ　【わり算の記号（きごう）(1)】「÷」の記号は、I659年にスイスのラーンという人がはじめて使（つか）ったんだよ。

## きほん 3 同じ数ずつ分けるときの人数のもとめ方がわかりますか。

☆24このあめを、1人に4こずつ分けると、何人に分けられますか。

**とき方** 24こを、1人に4こずつ分けるときの人数をもとめる計算も、わり算の式になります。4×人数が24こだから、人数は、4×□＝24の□にあてはまる数と同じになります。答えは、4のだんの九九を使ってもとめられます。

4のだんの九九を使ってもとめると、4×6＝24になるね。

全部の数　1人分の数　人数

24　÷　4　＝ [ ]

**答え** [ ] 人

**わられる数・わる数**

24÷4の式で、24を「**わられる数**」、4を「**わる数**」といいます。

**3** 54このみかんを、1ふくろに9こずつ入れると、何ふくろできますか。

式

教科書 23ページ 2 3

答え（　　　　　）

**4** 次のわり算の答えは、何のだんの九九を使ってもとめればよいですか。また、答えをもとめましょう。

教科書 24ページ 2

❶ 27÷3　　❷ 40÷5　　❸ 5÷1

だん（　　　）　だん（　　　）　だん（　　　）

答え（　　　）　答え（　　　）　答え（　　　）

## きほん 4 わり算の式になる問題をつくることができますか。

☆8÷2の式になる2つの問題(もんだい)をつくりました。□に数やことばをつけたして、問題をつくりましょう。

問題1　クッキーが [ ] こあります。2人に同じ数ずつ分けると、1人分は、[ ] 。

問題2　クッキーが [ ] こあります。1人に2こずつ分けると、何人に [ ] 。

**たいせつ**

1人分の数をもとめるときも、分けられる人数をもとめるときも、わり算の式になります。

**答え** 問題文中に記入

**5** 12÷4の式になる問題を1つつくりましょう。

教科書 25ページ 1 2

（　　　　　　　　　　）

**ポイント** わり算の答えは、わる数のだんの九九を使ってもとめます。九九を使えるようにすることが大切です。

勉強した日　月　日

# ④ わり算を使った問題
# ⑤ 答えが九九にないわり算

## きほんのワーク

もくひょう
いろいろなわり算のきまりや、計算のしかたを理かいしよう。

おわったらシールをはろう

教科書 ㊤ 27～29ページ　答え 3ページ

### きほん 1　わり算を使って問題がとけますか。

☆ 16このケーキを、1皿(さら)に2こずつのせました。お皿は、まだ4まいのこっています。お皿は、全部(ぜんぶ)で何まいありますか。

とき方　まず、ケーキがのっているお皿の数をもとめると、16 □ 2 = □

ケーキがのっていないお皿が4まいのこっているから、全部のお皿の数は、

ケーキがのっているお皿の数 ＋ のこっているお皿の数 より、

□ ＋4＝ □　　答え □ まい

16このケーキを2こずつ分けるから、お皿の数は「わり算」でもとめればいいんだね。


1 やまとさんは、18本のえん筆(ぴつ)を、1ふくろに3本ずつ入れて、そのうち2ふくろを妹にあげました。ふくろは、何ふくろのこっていますか。　教科書 27ページ 1 2 3

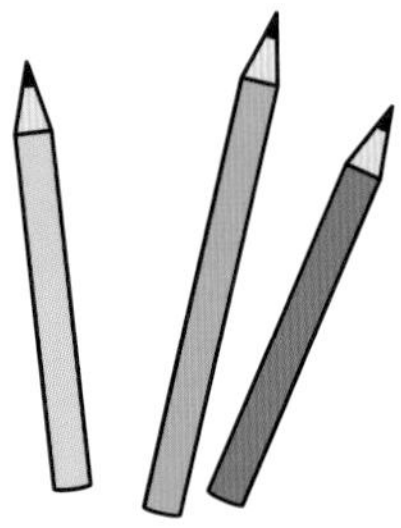

式

答え（　　　　）

2 子どもが15人います。45このみかんを、1人に5こずつ配(くば)りました。みかんをもらっていない子どもは、何人いますか。　教科書 27ページ 1 2 3

式

答え（　　　　）

3 32人の子どもが4人ずつ長いすにすわりました。長いすは、まだ5きゃくのこっています。長いすは、全部で何きゃくありますか。　教科書 27ページ 1 2 3

式

答え（　　　　）

さんすうはかせ　【わり算の記号(きごう)⑵】「÷」はイギリスやアメリカ合衆国(がっしゅうこく)などで使(つか)われているけれど、世界中(せかいじゅう)で通じる記号ではなく、「：」が使われている国もあるよ。

## きほん2 答えが九九にないわり算の答えのもとめ方がわかりますか。

☆ 次(つぎ)の計算をしましょう。 ❶ 90÷9 ❷ 0÷5

**とき方** ❶ 9×10＝90 だから、

90÷9＝□ です。

❷ 5×0＝0 だから、

0÷5＝□ です。

❶は、9×□＝90 ❷は、5×□＝0 の□にあてはまる数を考えればいいね。

**答え** ❶ □ ❷ □

**4** 次の計算をしましょう。 教科書 28ページ2

❶ 60÷6 ❷ 0÷3 ❸ 0÷6

**5** あめが 80 こあります。 教科書 28ページ3

❶ 8 人に同じ数ずつ分けると、1 人分は何こになりますか。

式

答え（ ）

❷ 1 人に 8 こずつ分けると、何人に分けられますか。

式

答え（ ）

## きほん3 答えが 10 をこえるわり算の計算のしかたがわかりますか。

☆ 次の計算をしましょう。 ❶ 90÷3 ❷ 46÷2

**とき方** ❶ 90 は 10 が □ こ

90÷3 は 10 が(9÷3)こになるから、

90÷3＝□

❷ 46 を 40 と □ に分けて考えます。

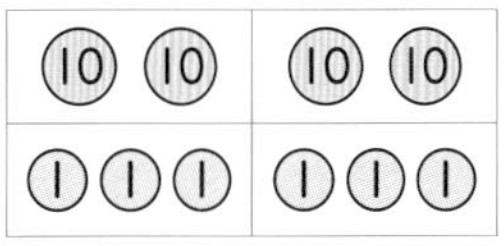


40÷2 は □

6÷2 は □ だから、

46÷2＝□＋□＝□

**答え** ❶ □ ❷ □

**6** 次の計算をしましょう。 教科書 29ページ2

❶ 80÷2 ❷ 86÷2 ❸ 63÷3

**ポイント** 10 や 0 のかけ算を考えることによって、答えが九九にないわり算の答えをもとめることができます。

勉強した日　月　日

# 練習のワーク①

教科書 ㊤18～31ページ　答え 4ページ

できた数　/8問中

おわったらシールをはろう

**1** １人分は何こ　36 このいちごを、4 人に同じ数ずつ分けると、１人分は何こになりますか。

式

答え（　　　　）

**2** 何人に分けられる　45 まいの画用紙を、１人に 9 まいずつ分けると、何人に分けられますか。

式

答え（　　　　）

**3** 何本できる　20cm のリボンを、5cm ずつに切ると、5cm のリボンは何本できますか。

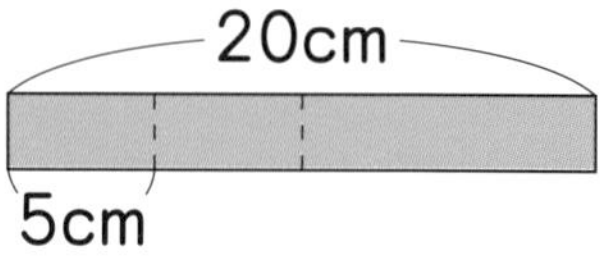


式

答え（　　　　）

**4** わり算を使った問題　72 このあめを、9 こずつふくろに入れました。ふくろは、まだ 6 ふくろのこっています。ふくろは、全部（ぜんぶ）で何ふくろありますか。

式

答え（　　　　）

**5** 答えが九九にないわり算　次（つぎ）の計算をしましょう。

❶ $0 \div 1$　　❷ $33 \div 3$

❸ $82 \div 2$　　❹ $48 \div 4$

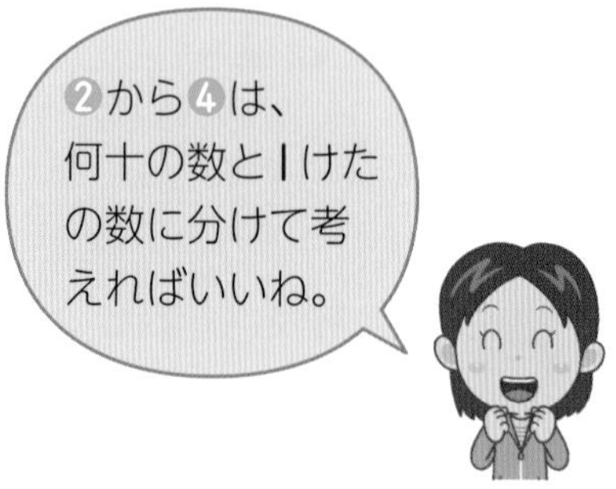

❷から❹は、何十の数と１けたの数に分けて考えればいいね。


できるナビ　わり算の答えをみつけるためには、かけ算の九九を使（つか）います。九九をしっかりおぼえておきましょう。

# 練習のワーク②

教科書 上18〜31ページ　答え 5ページ

できた数　　/13問中

おわったら シールを はろう

**1** わり算の計算　次の計算をしましょう。

❶ 63÷9　❷ 18÷6　❸ 93÷3

❹ 24÷8　❺ 49÷7　❻ 84÷2

❼ 8÷8　❽ 9÷1　❾ 0÷8

**2** 1人分は何こ　25このくりを、5人に同じ数ずつ分けると、1人分は何こになりますか。

式

答え（　　　）

**3** 何人に分けられる　36このおはじきを、1人に9こずつ分けると、何人に分けられますか。

式

答え（　　　）

**4** わり算を使った問題　あみさんは、24このドーナツを、6こずつ箱（はこ）に入れました。箱は、まだ2箱のこっています。箱は、全部で何箱ありますか。

式

答え（　　　）

**5** 答えが10をこえるわり算　30このりんごを、3こずつ箱に入れていくと、箱は、何箱できますか。

式

答え（　　　）

できるナビ　1人分の数をもとめるときも、何人に分けられるかをもとめるときも、わり算の式になることを、しっかりかくにんしておきましょう。

勉強した日　月　日

# まとめのテスト①

時間 20分　とく点　/100点　おわったらシールをはろう

教科書 ㊤ 18～31ページ　答え 5ページ

**1** よく出る 次の計算をしましょう。　1つ7〔63点〕

❶ 18÷2　❷ 99÷9　❸ 20÷4

❹ 0÷6　❺ 12÷3　❻ 7÷1

❼ 48÷8　❽ 2÷2　❾ 81÷9

**2** みさきさんは、54ページある本を、毎日同じページ数ずつよみます。6日で全部よみ終わるためには、1日に何ページずつよめばよいですか。　1つ7〔14点〕

式

答え（　　　　）

**3** 45本の花を5本ずつたばにすると、花たばはいくつできますか。　1つ7〔14点〕

式

答え（　　　　）

**4** □の中に、ことばや数をかいて、35÷5の式になる問題をつくりましょう。　〔9点〕

問題 □ が35こあります。5人に同じ数ずつ分けると、□ は □ こになりますか。

チェック
□ 1つ分の数をもとめることができたかな？
□ いくつに分けられるかをもとめることができたかな？

# まとめのテスト②

教科書 ㊤18～31ページ　答え 5ページ

時間 20分　とく点 /100点　おわったらシールをはろう

**1** えん筆が36本あります。　1つ5〔20点〕

❶ 6人に同じ数ずつ分けると、1人分は何本になりますか。

式

答え（　　　）

❷ 1人に6本ずつ分けると、何人に分けられますか。

式

答え（　　　）

**2** 56このりんごを、7こずつ箱に入れていきます。何箱できますか。　1つ10〔20点〕

式

答え（　　　）

**3** 48この荷物を、1回に2こずつ運びます。全部の荷物を運ぶには、何回運べばよいですか。　1つ10〔20点〕

式

答え（　　　）

**4** 64まいの色紙を、さきさんたち8人で同じ数ずつ分けました。さきさんは、そのうち3まいを妹にあげました。さきさんの色紙は、何まいになりましたか。　1つ10〔20点〕

式

答え（　　　）

**5** お皿が12まいあります。27このシュークリームを、1皿に3こずつのせました。シュークリームがのっていないお皿は、何まいありますか。　1つ10〔20点〕

式

答え（　　　）

ふろくの「計算練習ノート」3～4ページをやろう！

チェック
□わり算の式にかいて、答えがもとめられたかな？
□わり算を使う問題で、じゅんに考えて、答えをもとめられたかな？

勉強した日 月 日

# 学びのワーク あれ？たくさんいたのに……

おわったら シールを はろう

教科書 上 32～35ページ　答え 6ページ

## きほん 1 はじめの数のもとめ方がわかりますか。

☆ 公園に、子どもがいました。そのうちの８人が帰りました。また、12人が帰ったので、のこりは６人になりました。はじめ、子どもは何人いましたか。

とき方 図にかいて、はじめの数のもとめ方を考えます。

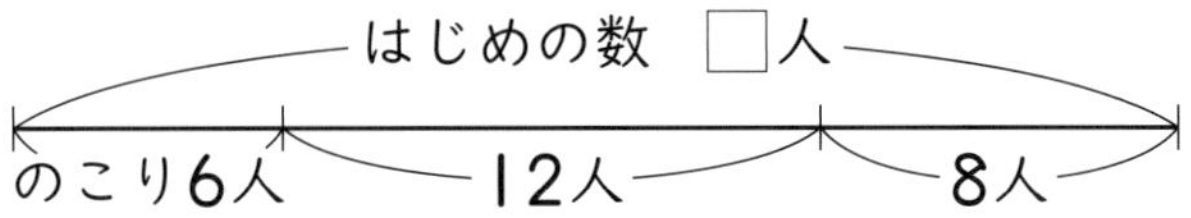

はじめの数は、□＋12＋8＝□

より、□人です。　答え □人

**1** 物語（ものがたり）の本を、きのうは 30 ページ、今日は 40 ページよみました。まだ、10 ページのこっています。　教科書 32ページ1 33ページ2

❶ □にあてはまる数をかきましょう。

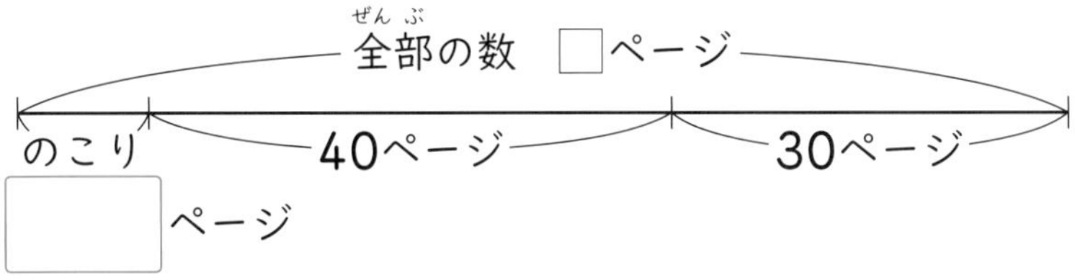


❷ この本は全部で何ページありますか。

式

答え（　　　　）

**2** いちごを買いました。７こずつ２人の友だちにあげたら、のこりは 12 こになりました。はじめ、いちごは何こありましたか。　教科書 32ページ1 33ページ2

式

答え（　　　　）

さんすうはかせ　1489年「計算親方」とよばれたドイツのウィッドマンが、ライプツィヒで発表（はっぴょう）した書物（しょもつ）の中で「＋」や「－」の記号（きごう）を使（つか）いだしたんだよ。

## きほん2 ふえた数のもとめ方がわかりますか。

☆あめとチョコレートを買いに行きました。あめは70円、チョコレートは120円でした。ガムもほしくなって買ったら、全部で280円になりました。ガムは何円でしたか。

**とき方** 図にかいて、ふえた数のもとめ方を考えます。

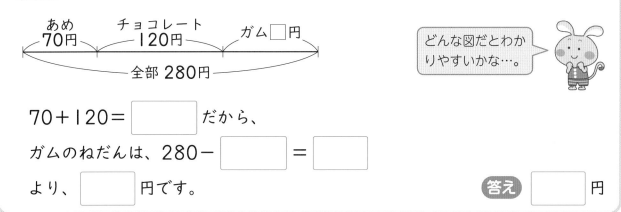

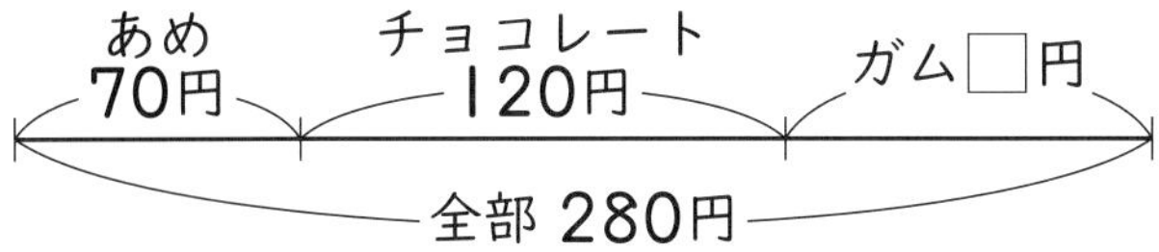

70＋120＝□だから、

ガムのねだんは、280－□＝□

より、□円です。

**答え** □円

**3** おはじきを45こもっています。お姉さんに30こもらい、妹にも何こかもらったので、全部で90こになりました。

教科書 34ページ1 35ページ2

❶ □にあてはまる数をかきましょう。

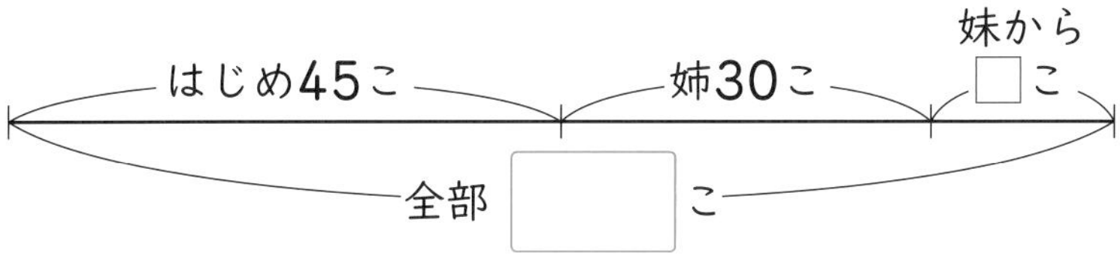


❷ 妹からもらったおはじきは何こですか。

式

答え（　　　　）

**4** ちゅう車場に、白い車が16台、青い車が7台とまっていました。そこへ、車が何台かはいって来たので、全部で29台になりました。車は何台はいって来ましたか。

教科書 34ページ1 35ページ2

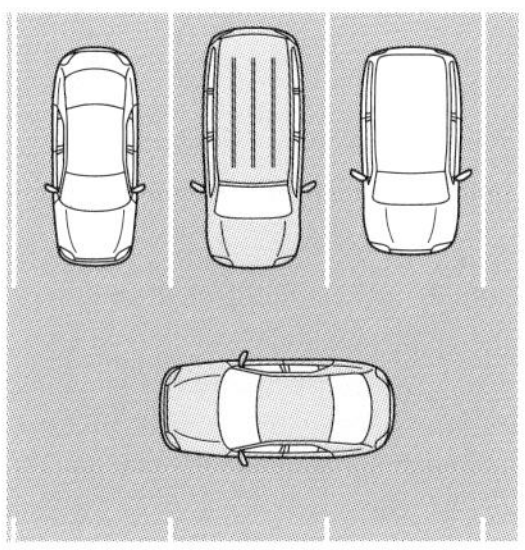

式

答え（　　　　）

**ポイント** 図にかくと、わからない数が図のどの部分にあたるのかがよくわかります。図を見て、わからない数をもとめるには、どんな計算をすればよいのか考えましょう。

勉強した日 月 日

# ❶ たし算の筆算 ❷ ひき算の筆算 [その1]

## きほんのワーク

もくひょう：3けたの数のたし算、ひき算の筆算のしかたを理かいしよう。

おわったらシールをはろう

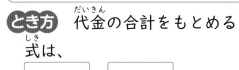

教科書 上 36～42ページ　答え 6ページ

## きほん1 3けたの数のたし算の筆算のしかたがわかりますか。

☆358円のケーキと215円のおかしを買うと、何円になりますか。

とき方 代金の合計をもとめる式は、
□＋□で、
たし算の筆算は、右のように、位をそろえてかいて、一の位からじゅんに計算します。

$$\begin{array}{r} 358 \\ +215 \\ \hline 3 \end{array} \rightarrow \begin{array}{r} 358 \\ +215 \\ \hline \square 3 \end{array} \rightarrow \begin{array}{r} 358 \\ +215 \\ \hline \square 73 \end{array}$$

一の位は 8＋5＝13 十の位に1くり上げる。
十の位は 1＋5＋1＝7
百の位は 3＋2＝5

答え □円

### 1 次の計算をしましょう。

教科書 37ページ 2

❶ $\begin{array}{r} 247 \\ +138 \\ \hline \end{array}$　❷ $\begin{array}{r} 519 \\ +372 \\ \hline \end{array}$　❸ $\begin{array}{r} 408 \\ +406 \\ \hline \end{array}$

❹ $\begin{array}{r} 924 \\ +57 \\ \hline \end{array}$　❺ $\begin{array}{r} 158 \\ +39 \\ \hline \end{array}$　❻ $\begin{array}{r} 369 \\ +629 \\ \hline \end{array}$

けた数が大きくなっても、位をそろえて一の位からじゅんに計算するよ。

## きほん2 十の位にくり上がりがある筆算のしかたがわかりますか。

☆279＋157を筆算でしましょう。

とき方 位をそろえてかきます。

$$\begin{array}{r} 279 \\ +157 \\ \hline \square \end{array} \rightarrow \begin{array}{r} 279 \\ +157 \\ \hline \square 6 \end{array} \rightarrow \begin{array}{r} 279 \\ +157 \\ \hline \square 36 \end{array}$$

一の位は 9＋7＝16 十の位に1くり上げる。
十の位は くり上げた1とで 1＋7＋5＝13 百の位に1くり上げる。
百の位は くり上げた1とで 1＋2＋1＝4

十の位にくり上がりがあるときは、百の位に1くり上げるんだね。

答え □

### 2 次の計算をしましょう。

教科書 38ページ 3 4 5 6

❶ $\begin{array}{r} 234 \\ +187 \\ \hline \end{array}$　❷ $\begin{array}{r} 349 \\ +256 \\ \hline \end{array}$　❸ $\begin{array}{r} 158 \\ +55 \\ \hline \end{array}$

さんすうはかせ 【3けたのたし算】右のれいのように1から9までの9つの数字をすべて1回ずつ使って、たし算をつくってみよう。（答えは60ページ）

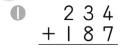

（れい） $\begin{array}{r} 257 \\ +634 \\ \hline 891 \end{array}$

## きほん3 百の位にくり上がりがある筆算のしかたがわかりますか。

☆945＋278を筆算でしましょう。

**とき方** 位をそろえてかきます。

$$\begin{array}{r} \square\phantom{00}\\ 945\\ +278\\ \hline \square \end{array} \Rightarrow \begin{array}{r} \square 1\phantom{0}\\ 945\\ +278\\ \hline \square 3 \end{array} \Rightarrow \begin{array}{r} 11\phantom{0}\\ 945\\ +278\\ \hline \square\square 23 \end{array}$$

一の位は
5+8＝13
十の位に 1 くり上げる。

十の位は
くり上げた 1 とで
1+4+7＝12
百の位に 1 くり上げる。

百の位は
くり上げた 1 とで
1+9+2 ＝ 12
千の位に 1 くり上げる。

百の位にくり上がりがあるときは、千の位に 1 くり上げるんだね。

**答え** □

### 3 筆算でしましょう。

教科書 39ページ7 8

❶ 426＋841　❷ 609＋574　❸ 788＋896

### 4 次の計算をしましょう。

教科書 39ページ9 10

❶ $\begin{array}{r} 516\\ +897\\ \hline \end{array}$　❷ $\begin{array}{r} 947\\ +\phantom{0}57\\ \hline \end{array}$　❸ $\begin{array}{r} 998\\ +\phantom{00}3\\ \hline \end{array}$　❹ $\begin{array}{r} 146\\ +854\\ \hline \end{array}$

## きほん4 3けたの数のひき算の筆算のしかたがわかりますか。

☆325円の筆箱（ふでばこ）と150円のボールペンのねだんのちがいは何円ですか。

**とき方** ねだんのちがいをもとめる式は、

□－□で、

ひき算の筆算は、右のように、一の位からじゅんにします。

$$\begin{array}{r} 325\\ -150\\ \hline 5 \end{array} \Rightarrow \begin{array}{r} \square\phantom{00}\\ \not{3}25\\ -150\\ \hline \square 5 \end{array} \Rightarrow \begin{array}{r} 2\phantom{00}\\ \not{3}25\\ -150\\ \hline \square 75 \end{array}$$

一の位は
5−0＝5

十の位は
百の位から
1 くり下げて
12−5＝7

百の位は
2−1＝1

**答え** □円

### 5 次の計算をしましょう。

教科書 41ページ2 3 4
42ページ5 6

❶ $\begin{array}{r} 271\\ -156\\ \hline \end{array}$　❷ $\begin{array}{r} 774\\ -583\\ \hline \end{array}$　❸ $\begin{array}{r} 456\\ -179\\ \hline \end{array}$　❹ $\begin{array}{r} 323\\ -\phantom{0}28\\ \hline \end{array}$

**ポイント** 筆算のしかたは、けた数がふえてもかわりません。筆算では、位をそろえてかくので、位ごとの計算がしやすくなります。

# ② ひき算の筆算 [その2]
# ③ 4けたの数の筆算
# ④ 計算のくふう
# きほんのワーク

勉強した日　月　日

もくひょう
何けたの数のひき算・たし算でも、筆算で計算できるようになろう。

おわったらシールをはろう

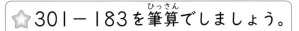

教科書 上 43～46ページ　答え 8ページ

## きほん 1 ひかれる数の十の位が0のときの筆算はできますか。

☆301－183を筆算でしましょう。

とき方　ひかれる数の十の位が0で、くり下げられないときは、百の位から1くり下げます。百の位も十の位も1小さい数になります。

答え □

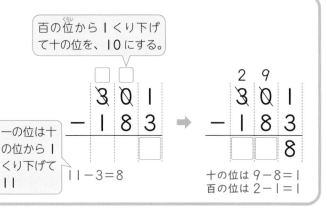

百の位から1くり下げて十の位を、10にする。

| | □ | □ | |
|---|---|---|---|
| | 3 | 0 | 1 |
| − | 1 | 8 | 3 |
| | | | □ |

一の位は十の位から1くり下げて11
11−3＝8

→

| | 2 | 9 | |
|---|---|---|---|
| | 3 | 0 | 1 |
| − | 1 | 8 | 3 |
| | □ | □ | 8 |

十の位は 9−8＝1
百の位は 2−1＝1

**1** 次の計算をしましょう。 教科書 43ページ 7 8 9 10

❶
$$\begin{array}{r} 806 \\ -\ 527 \\ \hline \end{array}$$

❷
$$\begin{array}{r} 402 \\ -\ 369 \\ \hline \end{array}$$

❸
$$\begin{array}{r} 500 \\ -\ 148 \\ \hline \end{array}$$

❹
$$\begin{array}{r} 1000 \\ -\ \ \ 96 \\ \hline \end{array}$$

## きほん 2 4けたの数のたし算を筆算で計算することができますか。

☆2593＋4762を筆算でしましょう。

とき方　筆算は、位をそろえてかいて、一の位からじゅんにします。けた数が大きくなっても計算のしかたはかわりません。

| | 2 | 5 | 9 | 3 |
|---|---|---|---|---|
| + | 4 | 7 | 6 | 2 |
| | | | | □ |

一の位は
3+2=5

→

| | | □ | | |
|---|---|---|---|---|
| | 2 | 5 | 9 | 3 |
| + | 4 | 7 | 6 | 2 |
| | | | □ | 5 |

十の位は
9+6=15
百の位に
1くり上げる。

→

| | □ | 1 | | |
|---|---|---|---|---|
| | 2 | 5 | 9 | 3 |
| + | 4 | 7 | 6 | 2 |
| | | □ | 5 | 5 |

百の位は
1+5+7=13
千の位に
1くり上げる。

→

| | 1 | 1 | | |
|---|---|---|---|---|
| | 2 | 5 | 9 | 3 |
| + | 4 | 7 | 6 | 2 |
| | □ | 3 | 5 | 5 |

千の位は
1+2+4=7

答え □

**2** 次の計算をしましょう。 教科書 45ページ 1 2

❶
$$\begin{array}{r} 3748 \\ +\ 2165 \\ \hline \end{array}$$

❷
$$\begin{array}{r} 6589 \\ +\ 1443 \\ \hline \end{array}$$

❸
$$\begin{array}{r} 4792 \\ +\ \ 518 \\ \hline \end{array}$$

❹
$$\begin{array}{r} 8756 \\ +\ \ \ 94 \\ \hline \end{array}$$

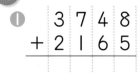

さんすうはかせ　フランスのヴィエタ（1540年から1603年まで）によって、「＋」、「－」の記号がいっぱんに使われるようになったんだよ。

## きほん3 4けたの数のひき算を筆算で計算することができますか。

☆5249－3786を筆算でしましょう。

**とき方** 筆算は、位をそろえてかいて、一の位からじゅんにします。けた数が大きくなっても計算のしかたはかわりません。

$$\begin{array}{r} 5249 \\ -\ 3786 \\ \hline \square \end{array} \Rightarrow \begin{array}{r} 5\overset{1}{\cancel{2}}49 \\ -\ 3786 \\ \hline \square 3 \end{array} \Rightarrow \begin{array}{r} \overset{4}{\cancel{5}}\overset{1}{\cancel{2}}49 \\ -\ 3786 \\ \hline \square 63 \end{array} \Rightarrow \begin{array}{r} \overset{4}{\cancel{5}}\overset{1}{\cancel{2}}49 \\ -\ 3786 \\ \hline \square 463 \end{array}$$

一の位は
9－6＝3

十の位は
百の位から1くり下げて
14－8＝6

百の位は
千の位から1くり下げて
11－7＝4

千の位は
4－3＝1

**答え** □

**3** 次の計算をしましょう。 教科書 45ページ1 2

❶
$$\begin{array}{r} 7434 \\ -\ 6825 \\ \hline \end{array}$$

❷
$$\begin{array}{r} 4257 \\ -\ 2368 \\ \hline \end{array}$$

❸
$$\begin{array}{r} 1324 \\ -\ 759 \\ \hline \end{array}$$

❹
$$\begin{array}{r} 9146 \\ -\ 87 \\ \hline \end{array}$$

## きほん4 たすじゅんじょをくふうして計算することができますか。

☆156円のチョコレートと、53円のガムと、47円のあめを買うと、全部(ぜんぶ)で何円になりますか。

**とき方** 3つの数のたし算は、たすじゅんじょをくふうすると、かんたんになることがあります。

ガムとあめのねだんをさきにたすと、

53＋47＝□

156＋□＝□

100や200になるたし算をさきにすると、計算がかんたんになるね。

**答え** □円

**4** たすじゅんじょをくふうして、次の計算をしましょう。 教科書 46ページ2

❶ 298＋31＋69

❷ 359＋73＋27

❸ 197＋118＋82

❹ 689＋33＋267

**ポイント** 3けたのひき算の筆算と、4けたの数の筆算のしかたを学習(がくしゅう)します。けた数が大きくなっても筆算のしかたは同じです。くり上がり、くり下がりに注意(ちゅうい)して計算しましょう。

勉強した日　月　日

# 練習のワーク

教科書 ㊤36〜48ページ　答え 9ページ

できた数　/13問中

おわったらシールをはろう

## 1 3けたの数の筆算　次の計算をしましょう。

❶
$$\begin{array}{r} 315 \\ +\,405 \\ \hline \end{array}$$

❷
$$\begin{array}{r} 574 \\ +\,\ \ 69 \\ \hline \end{array}$$

❸
$$\begin{array}{r} 853 \\ -\,766 \\ \hline \end{array}$$

❹
$$\begin{array}{r} 602 \\ -\,486 \\ \hline \end{array}$$

**ちゅうい**

くり上げやくり下げをしたときには、その数をわすれないように、かいておきましょう。

（れい・たし算）
$$\begin{array}{r} {\scriptstyle 1\,1}\phantom{0} \\ 846 \\ +\,275 \\ \hline 1121 \end{array}$$

（れい・ひき算）
$$\begin{array}{r} {\scriptstyle 1\,2\,0}\phantom{0} \\ 2314 \\ -\ \ 639 \\ \hline 1675 \end{array}$$

## 2 4けたの数の筆算　次の計算をしましょう。

❶
$$\begin{array}{r} 4665 \\ +\ \ 718 \\ \hline \end{array}$$

❷
$$\begin{array}{r} 5569 \\ -\,1831 \\ \hline \end{array}$$

❸
$$\begin{array}{r} 2057 \\ +\,7454 \\ \hline \end{array}$$

❹
$$\begin{array}{r} 9032 \\ -\,2578 \\ \hline \end{array}$$

## 3 計算のくふう　たすじゅんじょをくふうして、次の計算をしましょう。

❶ 348＋64＋36　　❷ 278＋43＋257

## 4 4けたの数の計算　工場のそう庫に品物が7248こはいっています。そのうち3657こを外に運び出しました。そう庫にのこっている品物は何こですか。

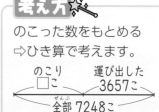

式

答え（　　　　　）

**考え方**

のこった数をもとめる
⇨ひき算で考えます。

## 5 3けたの数の筆算　次の筆算で、■でかくれている数字を答えましょう。

❶
$$\begin{array}{r} 572 \\ +\,\blacksquare 43 \\ \hline 815 \end{array}$$

↑十の位にくり上がりがあるので、百の位に１くり上げます。

（　　　　　）

❷
$$\begin{array}{r} 6\blacksquare 3 \\ -\,245 \\ \hline 428 \end{array}$$

（　　　　　）

ひき算の答えは、たし算でたしかめられるから、428＋245の計算をしてもいいね。

できるナビ　けた数の多い計算は、筆算でするようにしましょう。

勉強した日　月　日

# まとめのテスト

教科書 (上) 36～48ページ　答え 10ページ

時間 20分　とく点 /100点　おわったらシールをはろう

**1** よく出る 次の計算をしましょう。　1つ5〔40点〕

❶ $\begin{array}{r} 273 \\ +604 \\ \hline \end{array}$　❷ $\begin{array}{r} 308 \\ +292 \\ \hline \end{array}$　❸ $\begin{array}{r} 829 \\ -340 \\ \hline \end{array}$　❹ $\begin{array}{r} 503 \\ -416 \\ \hline \end{array}$

❺ $\begin{array}{r} 6234 \\ +\ 829 \\ \hline \end{array}$　❻ $\begin{array}{r} 3265 \\ +2766 \\ \hline \end{array}$　❼ $\begin{array}{r} 4825 \\ -\ 936 \\ \hline \end{array}$　❽ $\begin{array}{r} 7236 \\ -3451 \\ \hline \end{array}$

**2** 筆算でしましょう。　1つ6〔36点〕

❶ 878+122　❷ 907−214

❸ 5567+1823　❹ 3598+26

❺ 7853−4956　❻ 1435−68

**3** 785円の絵の具(ぐ)セットと940円の工作セットを買うと、何円になりますか。　1つ6〔12点〕

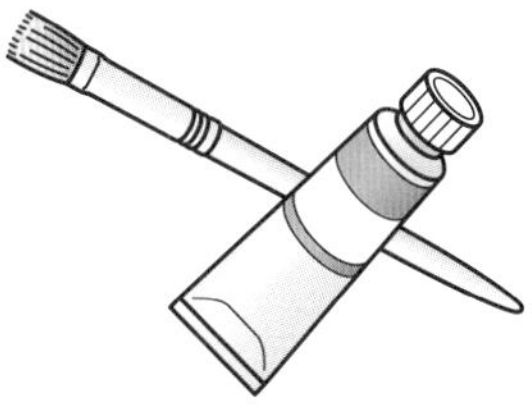

式

答え（　　　）

**4** よく出る ある学校では、コピー用紙を先週は1755まい、今週は2352まい使(つか)いました。使ったまい数のちがいは何まいですか。　1つ6〔12点〕

式

答え（　　　）

ふろくの「計算練習ノート」6～8ページをやろう！

チェック
□ けた数が大きい数のたし算・ひき算の筆算ができたかな？
□ くり上がりやくり下がりがあっても、正しく計算できたかな？

勉強した日　　月　　日

# 時こくと時間
## きほんのワーク

**もくひょう**
時こくや時間のもとめ方を学び、時間のたんいを理かいしよう。

おわったらシールをはろう

教科書 ㊤ 50〜53ページ　答え 11ページ

### きほん1 時こくや時間のもとめ方がわかりますか。

☆ 家を９時40分に出ます。家から図書館（かん）まで30分かかります。
❶ 図書館に着（つ）く時こくは、何時何分ですか。
❷ 図書館を11時5分に出ます。図書館にいる時間はどれだけですか。

**とき方** ❶

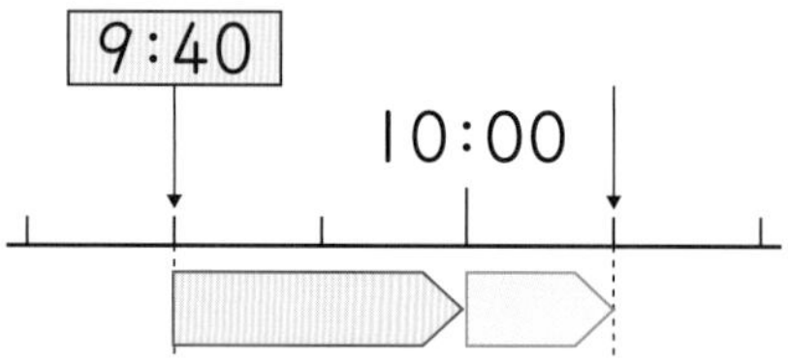

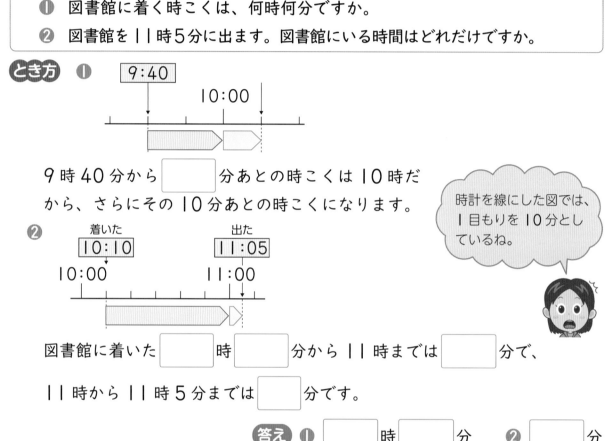

9時40分から□分あとの時こくは10時だから、さらにその10分あとの時こくになります。

時計を線にした図では、1目もりを10分としているね。

❷

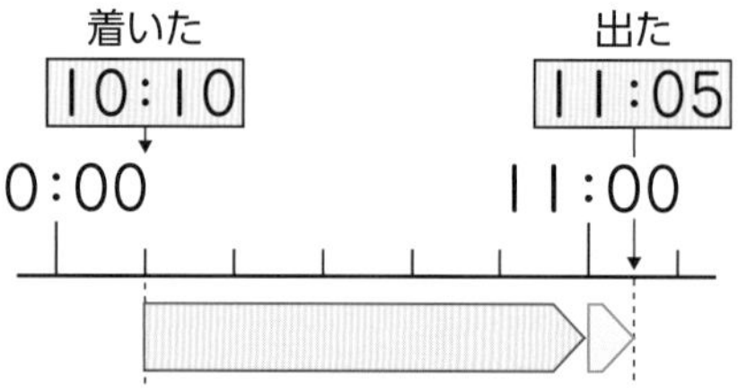


図書館に着いた□時□分から11時までは□分で、
11時から11時5分までは□分です。

**答え** ❶ □時□分　❷ □分

**1** 2時35分の50分あとの時こくは、何時何分ですか。　教科書 51ページ3

（　　　　）

**2** ある動物園（どうぶつえん）は、日曜日には午前9時30分に開（ひら）き、午後6時にしまります。動物園の開いている時間は何時間何分ですか。　教科書 51ページ4

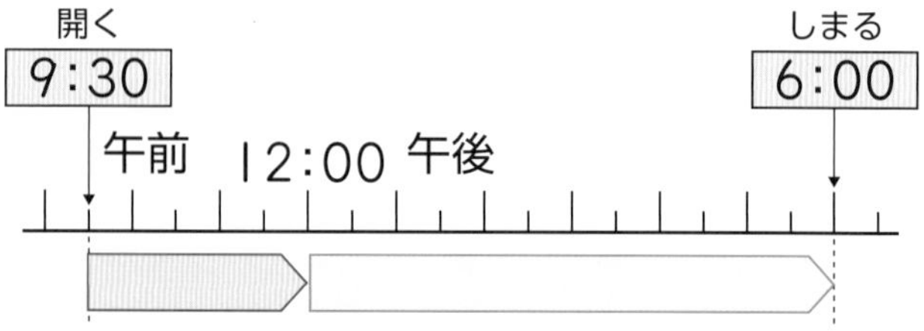


（　　　　）

午前と午後に分けて考えよう。

**さんすうはかせ** 明治時代（めいじじだい）より前の日本では、日の出から日の入りまでを昼、それ以外（いがい）を夜ときめ、それぞれを6等分（とうぶん）したので、昼と夜やきせつによって1時間の長さがちがったんだよ。

## きほん2 ○分前の時こくをもとめることができますか。

☆ 公園から家まで25分かかります。2時10分に家にもどってくるには、公園を何時何分に出るとよいですか。

とき方

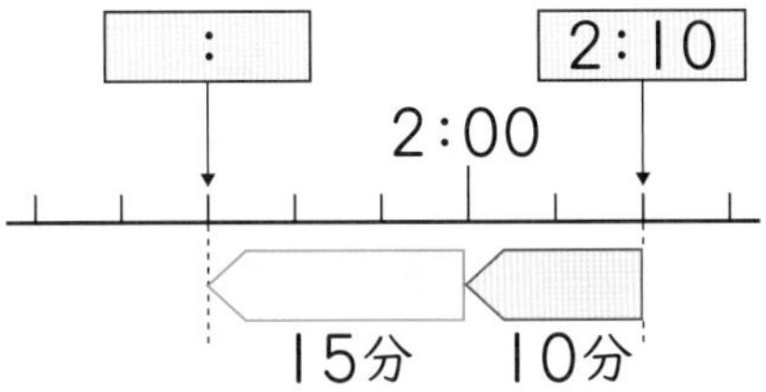


2時10分の［　］分前は2時だから、さらにその15分前と考えます。

答え ［　］時［　］分

**3** ［　］にあてはまる数をかきましょう。 教科書 52ページ6

❶ 1時間38分＝［　］分

❷ 86分＝［　］時間［　］分

❸ 133分＝［　］時間［　］分

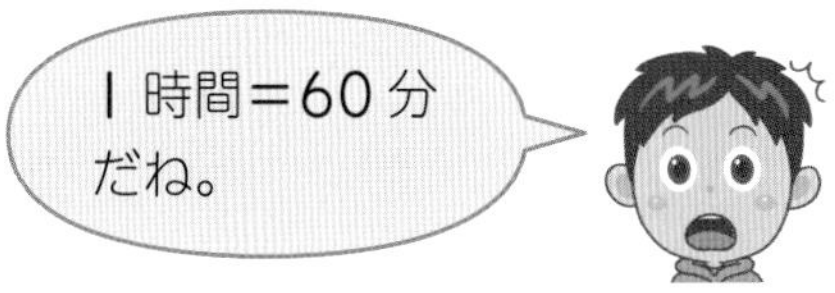


**4** 家からおばさんの家まで40分かかります。4時30分におばさんの家に着くには、家を何時何分に出るとよいですか。 教科書 52ページ7

（　　　　）

**5** 午前2時40分の5時間30分前の時こくは、午後何時何分ですか。 教科書 52ページ8

（　　　　）

## きほん3 短い時間がわかりますか。

☆ 次の問題に答えましょう。

❶ 2分は何秒(びょう)ですか。　❷ 80秒は何分何秒ですか。

とき方 ❶ 2分は、60秒と［　］秒です。

❷ 80秒は、60秒と［　］秒です。

答え ❶［　］秒　❷［　］分［　］秒

**たいせつ**
1分より短(みじか)い時間のたんいに秒があります。1分＝60秒

**6** 次の問題に答えましょう。 教科書 53ページ2

❶ 1分15秒は何秒ですか。（　　　　）

❷ 100秒は何分何秒ですか。（　　　　）

**ポイント** 時こくや時間をもとめるときは、時計や時計を線にした図を使(つか)って考えると、わかりやすくなります。また、1時間＝60分、1分＝60秒の関係(かんけい)をしっかりおぼえましょう。

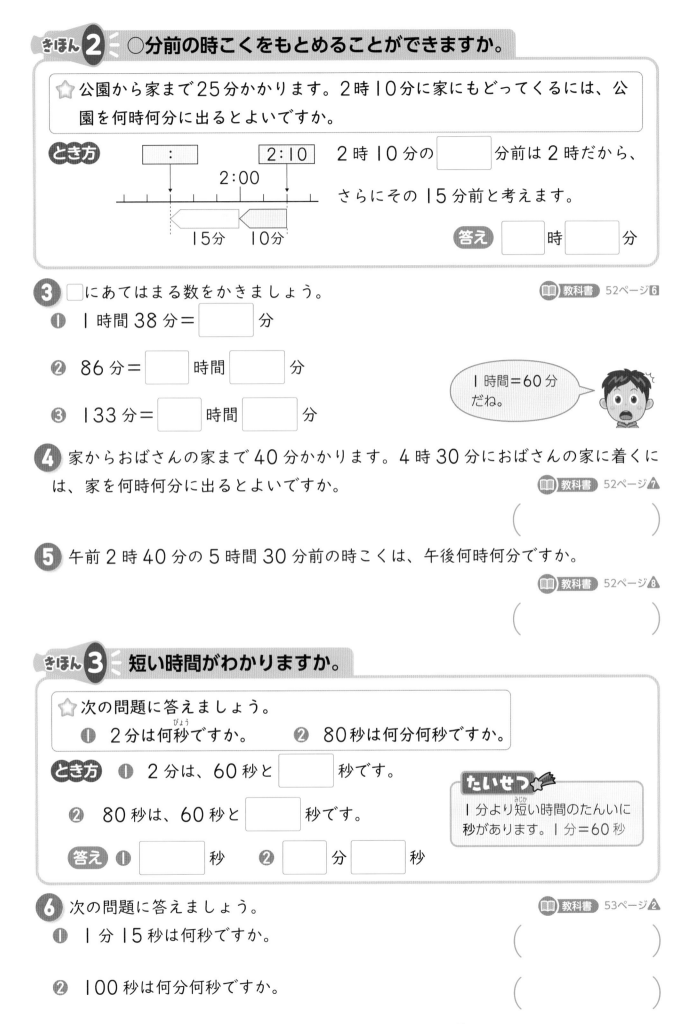

勉強した日　月　日

# 練習のワーク

教科書 ㊤50～55ページ　答え 12ページ

できた数　/11問中

おわったらシールをはろう

**1** 時間をもとめる　次(つぎ)の時間をもとめましょう。

❶ 午前７時１５分から午前８時１０分まで

（　　　　）

❷ 午前１０時から午後３時２０分まで

（　　　　）

**考え方**

時計を線にした図で考えます。

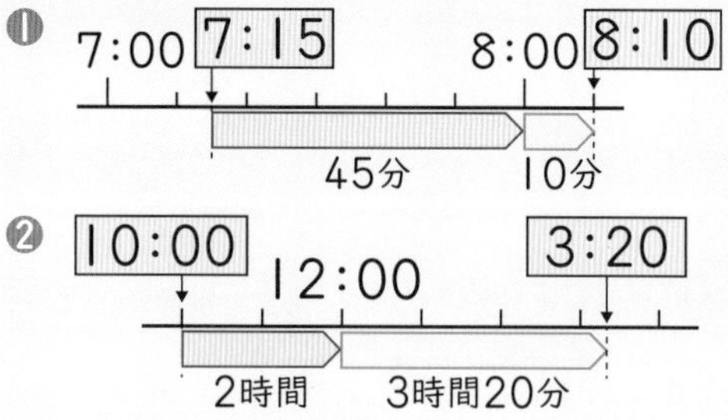


**2** 時こくをもとめる　いま、７時３５分です。次の時こくをもとめましょう。

❶ ４０分あと　（　　　　）

❷ ４０分前　（　　　　）

**3** 短い時間　□にあてはまる数をかきましょう。

❶ ３分＝□秒(びょう)

❷ １１０秒＝□分□秒

**4** 時間のたんい　□にあてはまる時間のたんいをかきましょう。

❶ 遠足で歩いた時間　１□

❷ １００ｍを走るのにかかる時間　２２□

❸ 昼休みの時間　４５□

❹ 歌を１曲(きょく)歌うのにかかる時間　２□

**5** 時こくをもとめる　かなさんは、家を１０時３５分に出ました。はじめに１０分歩いて、そのあと２５分バスに乗(の)ると、ショッピングモールに着(つ)きました。ショッピングモールに着いた時こくは、何時何分ですか。ただし、バスを待(ま)つ時間は考えないものとします。

**考え方**

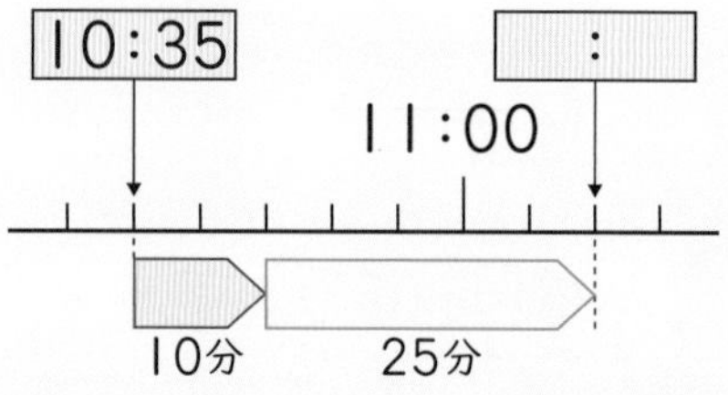


１目もりは、５分になっています。

（　　　　）



できるナビ　ちょうどの時こくまで、「あと何分」、「あと何時間」かを正しくもとめられるようにします。

勉強した日　　月　　日

# まとめのテスト

教科書 ㊤ 50〜55ページ　答え 12ページ

時間 20分　とく点　/100点　おわったらシールをはろう

**1** よく出る □にあてはまる数をかきましょう。　1つ6〔24点〕

❶ 1分＝□秒　❷ 95秒＝□分□秒

❸ 1時間6分＝□分　❹ 130秒＝□分□秒

**2** 次の時間をもとめましょう。　1つ8〔32点〕

❶ 午前9時40分から午前10時20分まで　（　　　）

❷ 午後5時50分から午後6時40分まで　（　　　）

❸ 午前11時30分から午後2時まで　（　　　）

❹ 午前10時から午後3時15分まで　（　　　）

**3** 8時40分に学校を出て、55分バスに乗って、子どもの国公園に着きました。公園に着いた時こくは何時何分ですか。　〔14点〕

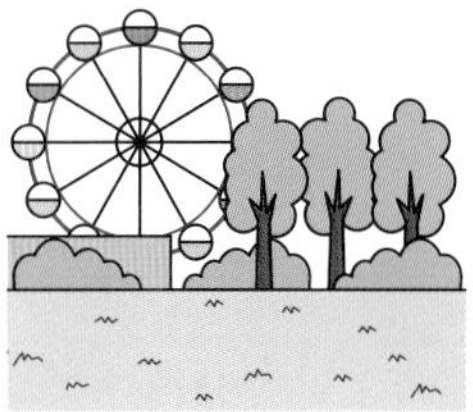

（　　　）

**4** 家からおばさんの家まで35分かかります。11時20分におばさんの家に着くには、家を何時何分に出るとよいですか。　〔15点〕

（　　　）

**5** ひろみさんは、午後1時15分に買い物に出かけて、午後4時10分に家に帰ってきました。出かけていたのは何時間何分ですか。　〔15点〕

（　　　）

ふろくの「計算練習ノート」5ページをやろう！

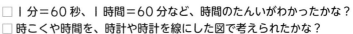

チェック
□ 1分＝60秒、1時間＝60分など、時間のたんいがわかったかな？
□ 時こくや時間を、時計や時計を線にした図で考えられたかな？

勉強した日 月 日

# 1 万の位 ［その1］

## きほんのワーク

もくひょう
一万をこえる大きな数の表し方やしくみを理かいしよう。

おわったらシールをはろう

教科書 上 56～63ページ 答え 13ページ

### きほん1 大きな数のしくみがわかりますか。

☆ □にあてはまる数やことばをかきましょう。

14638020は、千万を □ こ、百万を □ こ、十万を □ こ、一万を □ こ、千を □ こ、十を □ こあわせた数です。

また、よみ方を漢字(かんじ)でかくと □ です。

とき方 大きな数のしくみは次(つぎ)のようになっています。

千が 10 こで一万 → 10000
一万が 10 こで十万 → 100000
十万が 10 こで百万 → 1000000
百万が 10 こで千万 → 10000000
千万が 10 こで一億(いちおく) → 100000000

| 一億の位 | 千万の位 | 百万の位 | 十万の位 | 一万の位 | 千の位 | 百の位 | 十の位 | 一の位(くらい) |
|---|---|---|---|---|---|---|---|---|
| | 1 | 4 | 6 | 3 | 8 | 0 | 2 | 0 |

10倍 10倍 10倍 10倍 10倍 10倍 10倍 10倍

たいせつ
千万を10倍(ばい)した数を**一億**といい、100000000と書きます。

答え 問題(もんだい)文中に記入

**1** 数字で表(あらわ)された数は漢字で、漢字で表された数は数字でかきましょう。

教科書 58ページ2 3 60ページ6 7

❶ 79025
（　　　　　）

❷ 8590000
（　　　　　）

❸ 三万二千五百四十
（　　　　　）

❹ 五千六百三十六万三百
（　　　　　）

**2** □にあてはまる数をかきましょう。

教科書 58～61ページ

❶ 93000は、10000を □ こ、1000を □ こあわせた数です。

❷ 10000000を2こ、1000000を7こ、10000を5こあわせた数は □ です。

❸ 3600000は、1万を □ こ集(あつ)めた数です。また、1000を □ こ集めた数です。

さんすうはかせ
「万」の上の位は「億」で、その上の位は「兆(ちょう)」というよ。国の予算(よさん)などで○兆円という金がくを耳にするよね。

## きほん 2 大きな数の大小のくらべ方がわかりますか。

☆次の数の大小を、□に不等号を入れて表しましょう。

36200 □ 35900

**たいせつ** 大小を表すしるし＞、＜を不等号といいます。 大＞小 小＜大

**とき方** 一万の位の数字が同じだから、千の位の数字でくらべます。

**答え** 問題文中に記入

**3** 次の数の大小を、不等号を使って式にかきましょう。 教科書 62ページ2

❶ 34100 34099 ❷ 67800 68200

❸ 423000 417000 ❹ 586000 587000

## きほん 3 数直線をよむことができますか。

☆下の数直線のあ、い、う、えにあたる数をかきましょう。

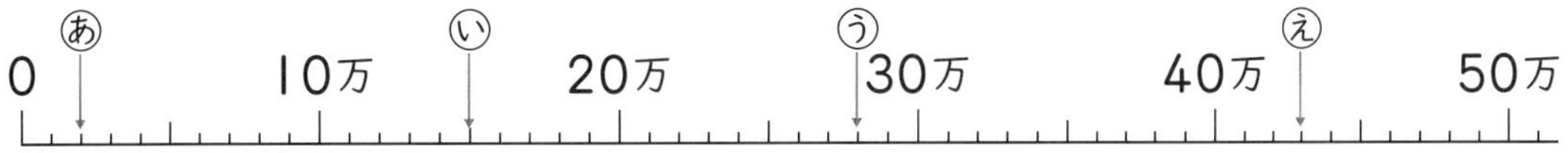


**とき方** いちばん小さい1目もりの大きさは □ です。

**たいせつ** 上のような数の直線を**数直線**といいます。数は、数直線上の点で表すことができます。数直線では、右にいくほど数が大きくなっています。

**答え** あ □ い □ う □ え □

**4** 下の数直線について答えましょう。 教科書 63ページ2 3

❶ いちばん小さい1目もりの大きさはいくつですか。 (　　　)

❷ あ、い、うにあたる数をかきましょう。

あ(　　　) い(　　　) う(　　　)

❸ 740万にあたる目もりに↓をかきましょう。

**ポイント** 2つの数の大きさをくらべるときは、まずけた数をくらべます。けた数が同じときは、上の位の数からじゅんにくらべていきます。

勉強した日　月　日

# ◆1 万の位 [その2]
# ◆2 10倍した数、10でわった数

## きほんのワーク

もくひょう
大きな数の計算のしかたを理かいし、くふうして計算してみよう。

おわったらシールをはろう

教科書 上 64～69ページ　答え 14ページ

### きほん1 大きな数のたし算やひき算ができますか。

☆次の計算をしましょう。 ❶ 12000＋9000 ❷ 24万－6万

とき方 ❶ 1000をもとにすると、
1000が12＋9＝［　］より、［　］こあります。

❷ 1万をもとにすると、1万が24－6＝［　］より、［　］こあります。

答え ❶［　］ ❷［　］

**1** 次の計算をしましょう。 教科書 64ページ3

❶ 5000＋2000　　❷ 90000－30000

❸ 7万＋5万　　❹ 8万－2万

### きほん2 10倍、100倍、1000倍した数はどんな数になりますか。

☆35を10倍した数は何ですか。また、100倍、1000倍した数は何ですか。

とき方 35×10は、35を30と5に分けて考えます。100倍は10倍の10倍、1000倍は100倍の10倍です。

35＜30の10倍で［　］
　　5の10倍で［　］
あわせて［　］

たいせつ
どんな数でも10倍すると、位が1つ上がり、右はしに0を1こつけた数になります。また、100倍すると、位が2つ上がり、右はしに0を2こつけた数に、1000倍すると、位が3つ上がり、右はしに0を3こつけた数になります。

| 万 | 千 | 百 | 十 | 一 |
| --- | --- | --- | --- | --- |
| | | | 3 | 5 |
| | | 3 | 5 | 0 |
| | 3 | 5 | 0 | 0 |
| 3 | 5 | 0 | 0 | 0 |

（10倍、100倍、1000倍）

35×100は、35×10を10倍して［　］、

35×1000は、35×100を10倍して［　］です。

答え 10倍［　］　100倍［　］　1000倍［　］



さんすうはかせ 10でわることは、同じ大きさに10こに分けることだよ。

## 2 次の計算をしましょう。

教科書 65ページ 2

❶ 60×10　　❷ 58×10　　❸ 170×10

❹ 290×10　　❺ 8300×10

10倍するときは、右はしに0を1こつければいいんだね。


## 3 次の計算をしましょう。

教科書 67ページ 3 4

❶ 8×100　　❷ 14×100　　❸ 567×100

❹ 4×1000　　❺ 63×1000　　❻ 100×1000

## きほん3 一の位に0のある数を10でわると、どんな数になりますか。

☆240を10でわると、どんな数になりますか。

**とき方** 一の位が0の数を10でわると、一の位の0をとった数になるから、□になります。

240を24×10と考えるんだね。


**答え** □

**たいせつ**
一の位が0の数を10でわると、位が1つ下がり、一の位の0をとった数になります。

| 百 | 十 | 一 |
|---|---|---|
| 2 | 4 | 0 |
|  | 2 | 4 |

10でわる

## 4 次の計算をしましょう。

教科書 68ページ 2

❶ 90÷10　　❷ 740÷10　　❸ 610÷10

❹ 200÷10　　❺ 8000÷10

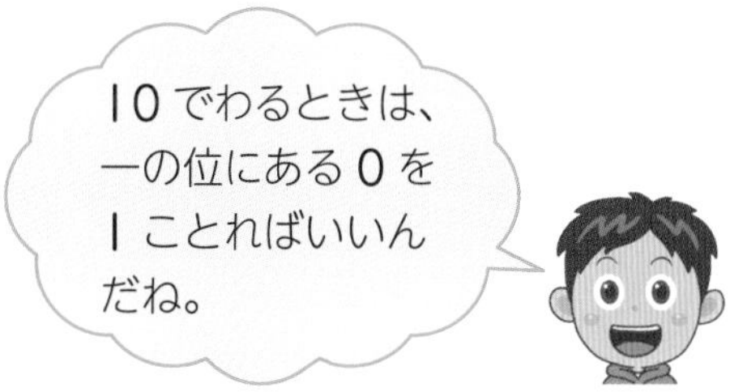

10でわるときは、一の位にある0を1ことればいいんだね。


**ポイント** 10倍や100倍、1000倍するときや10でわるときは、0をつけたり、とったりすることで答えがもとめられます。

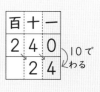

勉強した日　月　日

# 練習のワーク

教科書 (上) 56〜71ページ　答え 14ページ

できた数　/16問中

おわったら シールを はろう

## 1 大きな数のしくみ　□にあてはまる数をかきましょう。

❶ 70490は、1万を□こ、100を□こ、10を□こあわせた数です。

❷ 6800000は、1万を□こ集めた数です。
また、1000を□こ集めた数です。

❸ 1000万を9こ、10万を2こ、1万を8こ、10を4こあわせた数は□です。

❹ 933000は、□を9330こ集めた数です。

## 2 数直線　あ、いにあたる数をかきましょう。

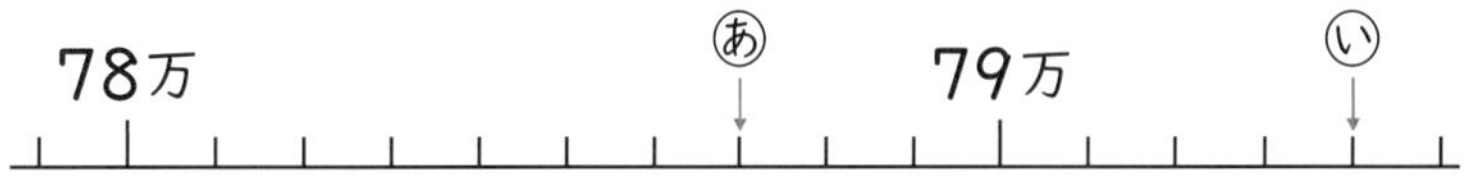


あ（　　　）
い（　　　）

## 3 数の大小　次の数の大小を、不等号を使って式にかきましょう。

❶ 61300　62100　❷ 479318　479289

何の位の数字の大きさをくらべればいいか考えよう。

## 4 10倍した数、10でわった数　1本の長さが58cmになるようにテープを切ったら、ちょうど10本できました。はじめにテープは何cmありましたか。

式

答え（　　　）

## 5 大きな数の計算　57＋29＝86、83－46＝37を使って、次の答えをもとめましょう。

❶ 57000＋29000
「1000」をもとにして計算します。

❷ 83000－46000

❸ 57万＋29万
「1万」をもとにして計算します。

❹ 83万－46万

できるナビ　大きい数では、0のかきわすれや数えまちがいをしないように注意しましょう。

勉強した日　　月　　日

# まとめのテスト

教科書 ㊤56～71ページ　答え 15ページ

時間 20分　とく点　　/100点　おわったらシールをはろう

## 1 よく出る 数字でかきましょう。　1つ6〔24点〕

❶ 九万六千三十五　(　　　　)

❷ 三千四十万八百　(　　　　)

❸ 1万を790こ集めた数　(　　　　)

❹ 1000万を10こ集めた数　(　　　　)

## 2 □にあてはまる数をかきましょう。　1つ6〔30点〕

470000　㋐□　490000　㋑□　510000　520000

㋒□　8000万　8500万　㋓□　9500万　㋔□

## 3 数の大きいじゅんにならべ、記号で答えましょう。　〔8点〕

㋐ 97006000　㋑ 97600000　㋒ 97060000

(　　→　　→　　)

## 4 930を10倍(ばい)、100倍、1000倍した数、10でわった数をかきましょう。　1つ6〔24点〕

10倍した数 (　　　　)　100倍した数 (　　　　)

1000倍した数 (　　　　)　10でわった数 (　　　　)

## 5 7200まいの紙を、同じ数ずつまとめて10のたばをつくりました。1たばは何まいですか。　1つ7〔14点〕

式

答え (　　　　)

ふろくの「計算練習ノート」16ページをやろう！

チェック
□ 大きな数を数字でかいたり、よんだりできたかな？
□ 10倍、100倍、1000倍した数、10でわった数がわかったかな？

勉強した日　　月　　日

# 1 整理のしかた ［その1］

きほんのワーク

もくひょう
表にわかりやすく整理するしかたやぼうグラフのよみ方を学ぼう。

おわったらシールをはろう

教科書 ㊤72～75ページ　答え 16ページ

## きほん1 調べたことを表にわかりやすく整理することができますか。

☆ 左の表(ひょう)は、ひろさんの組の27人のペット調(しら)べの人数を表(あらわ)したものです。正の字を数字にかきなおして、右の表に整理(せいり)しましょう。

ペット調べ

| | |
|---|---|
| 犬 | 正𠄌 |
| 金魚 | 正 |
| 小鳥 | 下 |
| モルモット | 一 |
| ねこ | 正一 |
| ハムスター | T |
| うさぎ | 一 |

ペット調べ

| しゅるい | 人数(人) |
|---|---|
| 犬 | 9 |
| 金魚 | |
| 小鳥 | |
| ねこ | |
| ハムスター | |
| その他 | |
| 合　計 | |

とき方 人数を調べるには、正の字をかくとべんりです。
数の少ないものはまとめて その他(た) とします。
また、合計をかくらんもつくります。

答え 左の表に記入

一…1　T…2
下…3　𠄌…4
正…5　正一…6
正T…7
を表すね。

1 1人1つずつ、すきなくだものの名前がかかれたカードをえらびました。左の表に、正の字をかいて人数を調べてから、右の表に整理しましょう。

教科書 73.ページ1

| | | | | |
|---|---|---|---|---|
| メロン | いちご | りんご | さくらんぼ | いちご |
| ぶどう | さくらんぼ | いちご | ぶどう | メロン |
| いちご | バナナ | メロン | いちご | さくらんぼ |

| | |
|---|---|
| いちご | |
| メロン | |
| りんご | |
| ぶどう | |
| さくらんぼ | |
| バナナ | |

すきなくだもの調べ

| しゅるい | 人数(人) |
|---|---|
| いちご | |
| メロン | |
| ぶどう | |
| さくらんぼ | |
| その他 | |
| 合　計 | |

合計もわすれずにかくんだね。

さんすうはかせ 江戸時代(えどじだい)は、数えるときに、「正」を使わず、「玉」の字で数えていたんだよ。

## きほん2 ぼうグラフのよみ方がわかりますか。

☆下のグラフは、おとしもののこ数を表したものです。いちばん多いおとしものは何で、何こですか。

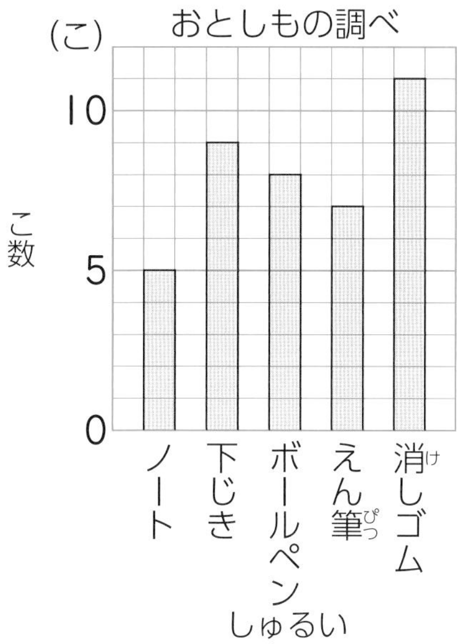


**とき方** このようなグラフを、ぼうグラフといいます。いちばん多いおとしものは、いちばんぼうが長い ☐ です。

|目もりが表している大きさは ☐ こだから、いちばん長いぼうは、☐ こを表しています。

**たいせつ**
ぼうの長さで、数の大きさを表したグラフを、**ぼうグラフ**といいます。ぼうの長さが表す数を考えます。

**答え** おとしもの ☐
こ数 ☐ こ

**2** 下のぼうグラフは、|週間に学校を休んだ人数を調べたものです。

教科書 74ページ1 75ページ2

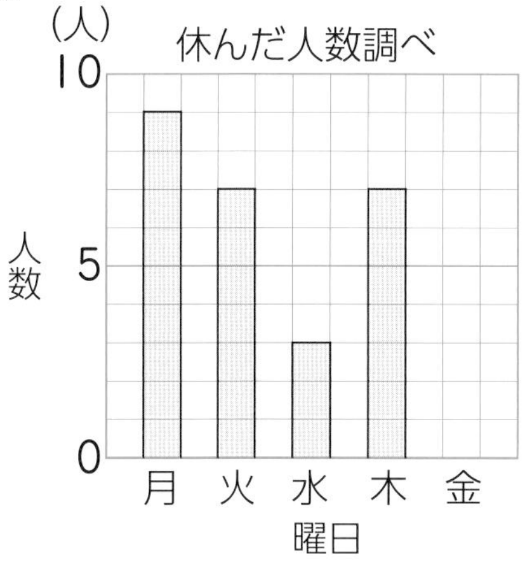


❶ |目もりが表している人数は何人ですか。

(　　　　)

❷ 木曜日に休んだのは何人ですか。

(　　　　)

❸ 休んだ人数がいちばん少ないのは、何曜日ですか。

(　　　　)

❹ 休んだ人数がいちばん多いのは、何曜日ですか。

(　　　　)

❺ 休んだ人数が火曜日と同じなのは、何曜日ですか。

(　　　　)

**ポイント** 調べたことを、表にわかりやすく整理したり、ぼうグラフでいろいろな大きさを表したりします。

勉強した日　月　日

# 1 整理のしかた［その2］
# 2 整理のしかたのくふう
# 3 表やグラフを組み合わせて
## きほんのワーク

もくひょう
ぼうグラフのかき方と、くふうした表やぼうグラフについて学ぼう。

おわったらシールをはろう

教科書 上 76〜86ページ　答え 16ページ

## きほん1 ぼうグラフのかき方がわかりますか。

☆ 下の表は、2組の人が1週間に図書室でよんだ本のさっ数を表したものです。ぼうグラフにかきましょう。

よんだ本調べ

| しゅるい | 物語 | 図かん | でん記 | その他 |
|---|---|---|---|---|
| 本の数(さつ) | 9 | 3 | 6 | 4 |

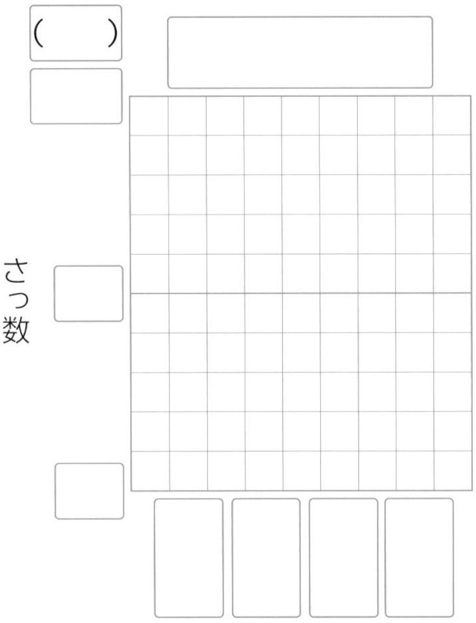


とき方　ぼうグラフは、次のようにしてかきます。

1 表題をかく。
2 たてのじくにさっ数をとり、目もりの数字とたんいをかく。いちばん多いさっ数がはいるように、1目もりが表す大きさをきめるよう気をつける。
3 横のじくに、本のしゅるいを数の多いじゅんにかく。
4 さっ数にあわせてぼうをかく。

答え　左の問題に記入

「その他」は数が多くても、さいごにかくんだよ。


1 下の表は、みきさんが家族の身長を調べたものです。ぼうグラフにかきましょう。

教科書 80ページ2

家族の身長調べ

| 家族 | 身長(cm) |
|---|---|
| 父 | 175 |
| 母 | 160 |
| 兄 | 140 |
| みき | 135 |
| 妹 | 130 |

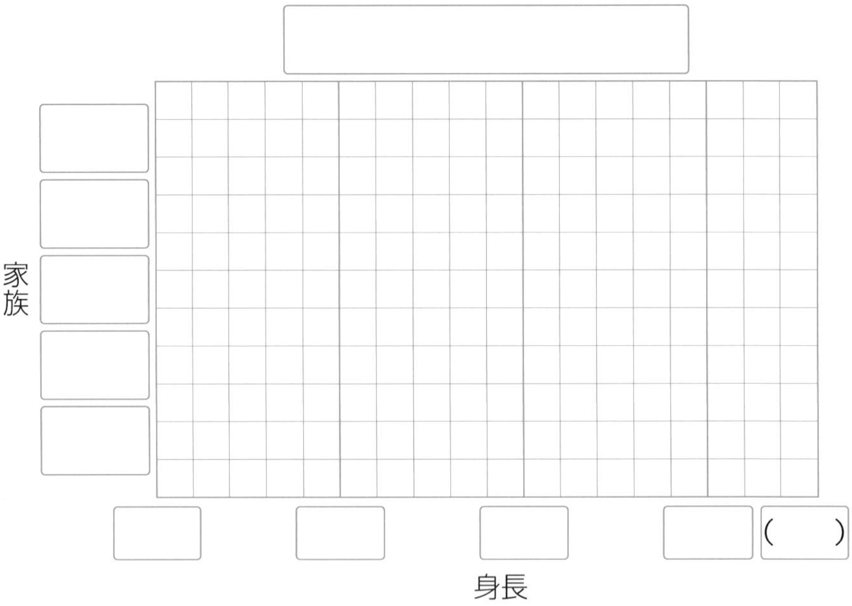




さんすうはかせ　数えるときの「正」の字は中国や韓国でも使われているよ。

## きほん2 いくつかの表を、１つの表にまとめられますか。

☆下の表は、１年生と２年生が１０月にしたけがのしゅるいと人数を表したものです。２つの表を１つの表に整理(せいり)しましょう。

けが調べ(１年生)

| しゅるい | 人数(人) |
|---|---|
| すりきず | 6 |
| うちみ | 4 |
| 切りきず | 8 |
| つき指(ゆび) | 5 |
| その他 | 3 |
| 合　計 | 26 |

けが調べ(２年生)

| しゅるい | 人数(人) |
|---|---|
| すりきず | 5 |
| うちみ | 2 |
| 切りきず | 7 |
| つき指 | 6 |
| その他 | 2 |
| 合　計 | 22 |

けが調べ(人)(１年生と２年生)

| しゅるい＼学年 | １年生 | ２年生 | 合計 |
|---|---|---|---|
| すりきず | 6 | 5 | 11 |
| うちみ | 4 | 2 | |
| 切りきず | 8 | | |
| つき指 | | | |
| その他 | | | |
| 合　計 | | | |

**とき方** それぞれの学年のけがをした人数を表にかき、たてと横の合計もかきます。

**答え** 上の表に記入

**2** きほん2 の表を見て、１年生と２年生で、けがをした人数の合計は何人か答えましょう。

教科書 84ページ1

(　　　　)

## きほん3 くふうしたぼうグラフがわかりますか。

☆右のグラフは、１組と２組のすきな食べ物(もの)調べの人数を表したものです。

❶ １組の人数の合計は何人ですか。

❷ １組と２組をくらべて、２組のほうが人数の多い食べ物は何ですか。

すきな食べ物調べ（１組と２組）

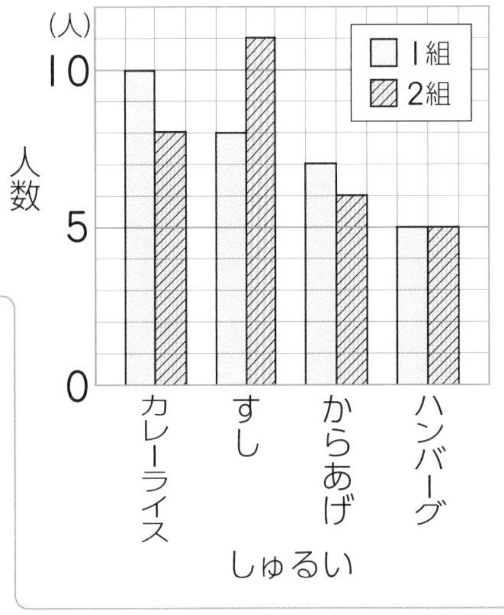


**とき方** ❶ 目もりが表す大きさをよみとります。

10＋[　　]＋[　　]＋5＝[　　]

❷ ２つのぼうグラフが、食べ物のしゅるいごとにならんでいるから、その長さをくらべて、２組のぼうのほうが長い食べ物をみつけると、[　　]です。

**答え** ❶ [　　]人 ❷ [　　]

**3** きほん3 のぼうグラフを見て、からあげがすきな人が多いのは１組と２組のどちらか答えましょう。

教科書 86ページ1

(　　　　)

**ポイント** いくつかの表を１つの表にまとめると、全体(ぜんたい)のようすがわかりやすくなります。
また、ぼうグラフに表すと、ぼうの長さで数の大きさをくらべることができてべんりです。

# 練習のワーク

教科書 ㊤ 72〜87ページ　答え 17ページ

勉強した日　月　日

できた数　/7問中

おわったらシールをはろう

## 1 ぼうグラフをかく

下の表は、１組で、家族の人数が何人かを調べたものです。

家族の人数調べ（１組）

| 家族の人数 | 2人 | 3人 | 4人 | 5人 | 6人 | 7人 |
|---|---|---|---|---|---|---|
| 家の数（けん） | 3 | 6 | 12 | 8 | 4 | 1 |

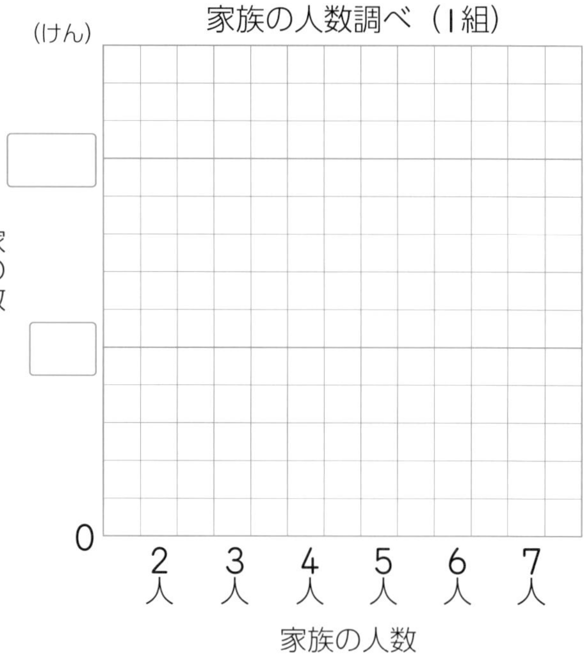


❶ 上の表を、右のグラフ用紙に、ぼうグラフにかきます。１目もりの大きさを何けんにすればよいですか。

いちばん多いけん数がかける大きさにします。

（　　　　）

❷ ぼうグラフにかきましょう。

❸ 何人家族がいちばん多いですか。

（　　　　）

❹ 何人家族がいちばん少ないですか。

（　　　　）

❺ ５人家族の家と６人家族の家の数は、何けんちがいますか。

（　　　　）

## 2 ぼうグラフをえらぶ

５月と６月に図書室からかりられた物語とでん記の本のさっ数を調べました。次のことがよみとりやすいのは、右のあ、いのどちらのグラフですか。記号で答えましょう。

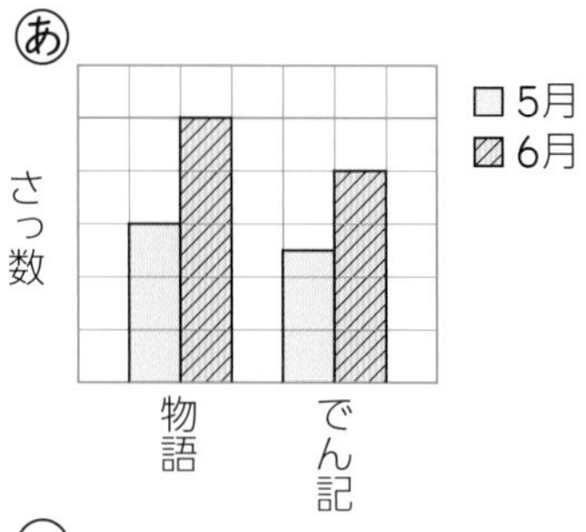


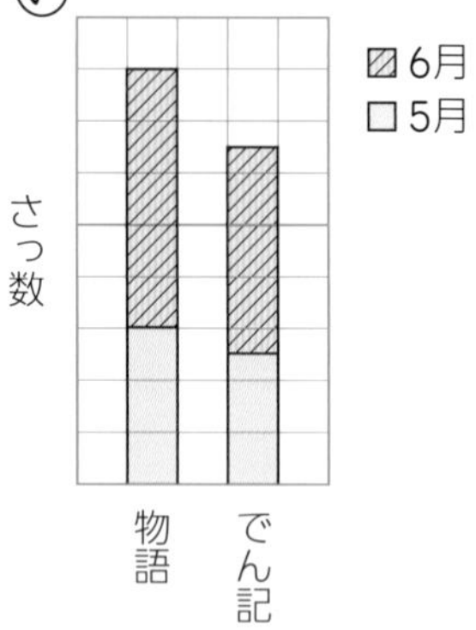


❶ ５月と６月をあわせて、多くかりられたのは、物語とでん記のどちらか

（　　　　）

❷ 物語が多くかりられたのは、５月と６月のどちらか

（　　　　）

できるナビ　調べた数が多いか少ないかを、見てたしかめられる「ぼうグラフ」をいかせるように、１目もりの大きさやグラフのならべ方をくふうしましょう。

# まとめのテスト

教科書 (上)72〜87ページ　答え 17ページ

時間20分　とく点 /100点　おわったらシールをはろう

**1** よく出る 右のぼうグラフは、まゆみさんが1週間に本をよんだ時間を表したものです。　1つ10〔30点〕

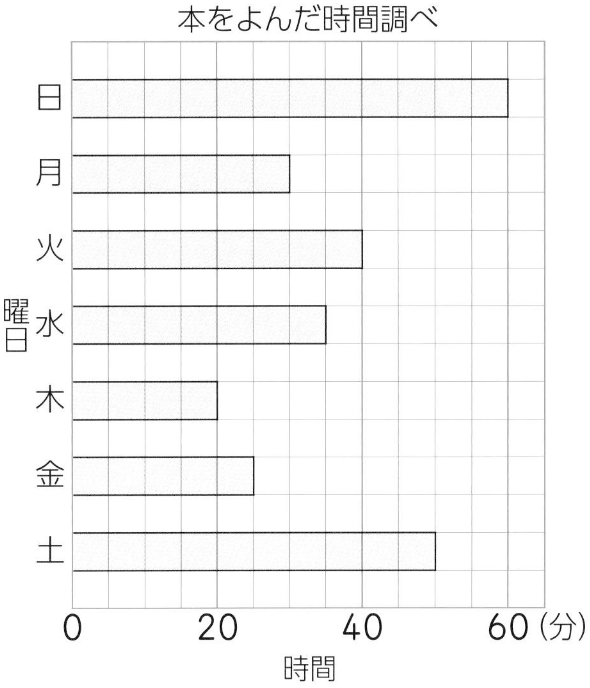


❶ 本をよんだ時間がいちばん長かったのは何曜日ですか。

(　　　　)

❷ 金曜日は何分、本をよみましたか。

(　　　　)

❸ 本をよんだ時間が木曜日より20分長いのは何曜日ですか。

(　　　　)

**2** よく出る 下の表は、3年生の2クラスで、すきなスポーツの人数を調べたものです。下の表をかんせいさせ、しゅるいごとの人数の合計を多い順にぼうグラフにかきましょう。　1つ35〔70点〕

すきなスポーツ調べ(人)

| しゅるい＼組 | 1組 | 2組 | 合計 |
|---|---|---|---|
| 野球 | 6 | 11 | あ |
| サッカー | 9 | 7 | い |
| バスケットボール | 12 | 10 | う |
| 水泳 | 2 | 0 | え |
| その他 | 2 | 3 | お |
| 合計 | か | き | く |

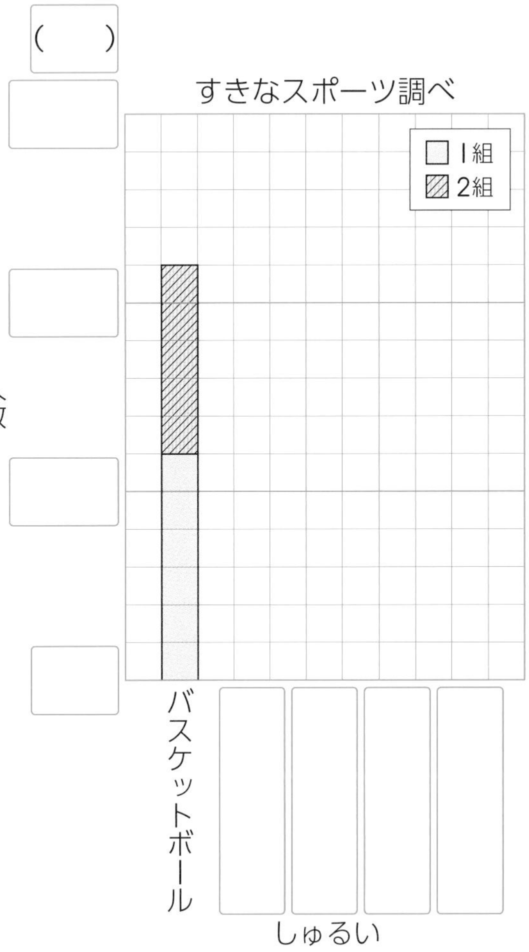


チェック
□ ぼうグラフをかいたり、よみとったりできたかな？
□ くふうした表やグラフがかけたかな？

勉強した日　月　日

# たし算とひき算

# きほんのワーク

もくひょう

かんたんなたし算やひき算を暗算でするしかたを学習しよう。

おわったら シールを はろう

教科書 ㊤88～89ページ　答え 18ページ

## きほん1　たし算を暗算でするしかたがわかりますか。

☆46＋83を暗算(あんざん)でしましょう。

46＋83
80 3

とき方　たす数の83を80と□に分けて考えます。

46＋80＝126　126＋□＝□

答え □

**1** 次(つぎ)の計算を暗算でしましょう。　教科書 88ページ 2 4

❶ 42＋27　❷ 50＋35　❸ 63＋15

❹ 27＋73　❺ 82＋59　❻ 96＋48

## きほん2　ひき算を暗算でするしかたがわかりますか。

☆次の計算を暗算でしましょう。　❶ 74－27　❷ 100－52

とき方　くり下がりに気をつけて計算します。

❶ ひく数の27を20と□に分けて考えます。

74－20＝54　54－□＝□

74－27
20 7

❷ ひく数の52を50と2に分けて考えます。

100－50＝50　50－□＝□

100－52
50 2

答え ❶ □　❷ □

**2** 次の計算を暗算でしましょう。　教科書 89ページ 6 8

❶ 74－32　❷ 85－12　❸ 60－13

❹ 100－57　❺ 100－29　❻ 100－68

ポイント　数のしくみを使(つか)ってくふうすると、暗算でたし算やひき算ができます。自分のやりやすい暗算のしかたをみつけていきましょう。

勉強した日　　月　　日

# まとめのテスト

教科書 ㊤88～89ページ　答え 18ページ

時間 20分

とく点　　/100点

おわったら シールを はろう

**1** 次の計算を暗算でしましょう。　1つ4〔60点〕

❶ 46＋53　❷ 49＋34　❸ 48＋32

❹ 83＋50　❺ 70＋86　❻ 93＋87

❼ 68＋13　❽ 92－52　❾ 82－36

❿ 76－39　⓫ 43－19　⓬ 50－19

⓭ 100－22　⓮ 100－73　⓯ 100－91

**2** 次の問題に答えましょう。　1つ10〔40点〕

❶ 85円のノートと95円のえん筆を買うと、何円になりますか。

式

答え（　　　　　）

❷ ふみやさんの学校の3年生の男子と女子の人数は100人で、そのうち女子は48人です。男子は何人いますか。

式

答え（　　　　　）

チェック
□たし算を暗算でできたかな？
□ひき算を暗算でできたかな？

勉強した日　　月　　日

# 学びのワーク

おわったら シールを はろう

教科書 ㊤90〜91ページ　答え 19ページ

## きほん 1 どんな計算になるか、わかりますか。

☆次の問題について、式をかいて答えをもとめましょう。

❶ 45まいの色紙を、9人に同じ数ずつ分けようと思います。1人に何まいずつ分けるとよいですか。

❷ チョコレートが6こはいっている箱が、7箱あります。チョコレートは、全部で何こありますか。

❸ 24本のえん筆を、1人に3本ずつ分けると、何人に分けられますか。

とき方 ❶ 45まいを9人に同じ数ずつ分けるから、☐算で計算します。

式は　45☐9です。

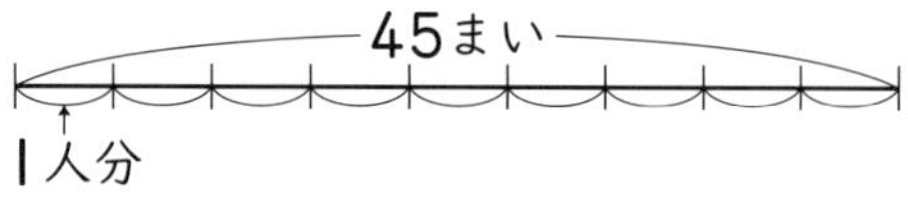


❷ 6こはいっている箱が7箱あるから、☐算で計算します。

式は　6☐7です。

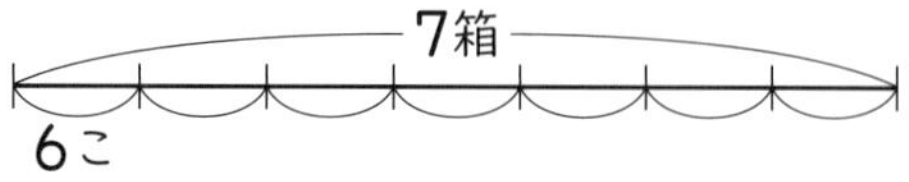


❸ 24本を、1人に3本ずつ分けるから、☐算で計算します。

式は　24☐3です。

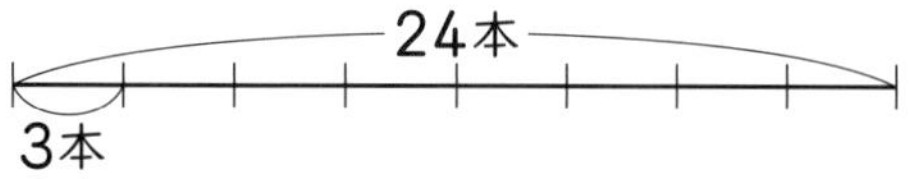


答え ❶ ☐まい　❷ ☐こ　❸ ☐人

**1** クラスの28人を、4人ずつのはんに分けます。はんは何はんできますか。

教科書 90〜91ページ

式

答え（　　　　）

**2** 14dLのジュースを、7人に同じかさずつ分けます。1人分は何dLになりますか。

教科書 90〜91ページ

式

答え（　　　　）

さんすうはかせ　日本では、かけ算の九九を「1×1から9×9まで」おぼえるけれど、海外では、「12×12まで」や「20×20まで」を学習する国があるんだよ。

**3** 計算問題が 72 題あります。1 日に 8 題ずつとくと、何日で全部とき終わりますか。

教科書 90～91ページ

式

答え（　　　　　　）

**4** 5 本を 1 組にした花たばが 9 つあります。花は全部で何本ありますか。

教科書 90～91ページ

式

答え（　　　　　　）

**5** おにぎりが 3 こはいっているパックが、8 つあります。おにぎりは全部で何こありますか。

教科書 90～91ページ

式

答え（　　　　　　）

**6** 42 このクッキーを、7 人に同じ数ずつ分けると、1 人分は何こになりますか。

教科書 90～91ページ

式

答え（　　　　　　）

**7** 1 日に 2 本の牛にゅうを飲むと、6 日では何本飲むことになりますか。

教科書 90～91ページ

式

答え（　　　　　　）

ポイント　まよったときは、図に表してみると、どんな計算になるかがわかりやすくなります。

# 長さ

## きほんのワーク

もくひょう
まきじゃくの使い方や新しい長さのたんいkmを学んでいこう。

おわったらシールをはろう

教科書 上 96〜100ページ　答え 19ページ

### きほん1 長いものやまるいもののはかり方がわかりますか。

☆ 次のあ、い、う、えのものをはかるには、ものさしとまきじゃくのどちらを使えばよいですか。あ、い、う、えの記号で答えましょう。

あ ノートのたての長さ　　い 黒板の横の長さ

う 木のまわりの長さ　　え 学校のろう下の長さ

とき方 長いものや、まるいものの長さをはかるときは、まきじゃくを使うとべんりです。
長いものは □ と □ 、まるいものは □ です。

答え ものさしを使う □　　まきじゃくを使う □ と □ と □

**1** 次のあ、い、う、え、おの長さをはかるには、まきじゃくとものさしのどちらを使えばよいですか。あ、い、う、え、おの記号で答えましょう。 教科書 97ページ1 2

あ 体育館の横の長さ　　い 本のあつさ

う えん筆の長さ　　え 頭のまわりの長さ

お プールのたての長さ

まきじゃく（　　　　）　ものさし（　　　　）

**2** 下のまきじゃくのあ、い、う、え、おの目もりをよみましょう。 教科書 97ページ1 2

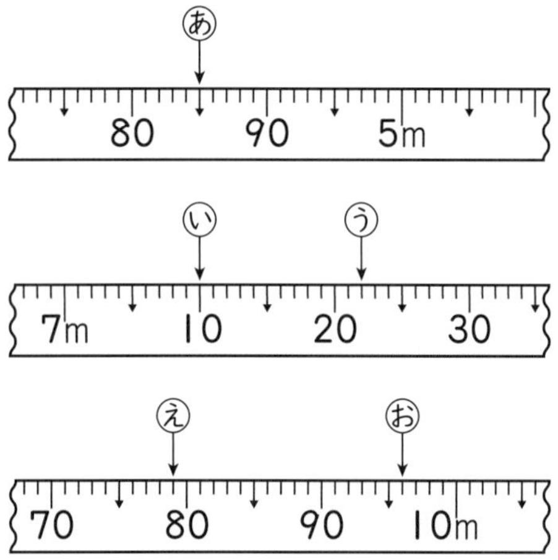


あ（　　　　）

い（　　　　）

う（　　　　）

え（　　　　）

お（　　　　）

さんすうはかせ
「じょうぎ」は線などをひくための文ぼう具で、「ものさし」はものの長さをはかるための道具のことをいうよ。

## きほん2　道のりとは、どのような長さのことかわかりますか。

☆ 家から小学校までの道のりは1400mです。これは何km何mですか。

**とき方**　1000mは1kmだから、
1400mは、□km□mです。

**答え**　□km□m

**たいせつ**
道にそってはかった長さを**道のり**といいます。1000mの長さを1kmとかき、**1キロメートル**とよみます。1km=1000m

**3**　□にあてはまる数をかきましょう。　教科書 98ページ3

❶ 5000m=□km　　❷ 9200m=□km□m

❸ 7km800m=□m　　❹ 6km40m=□m

## きほん3　道のりときょりのちがいがわかりますか。

☆ 家から駅（えき）までの道のりときょりのちがいは何mですか。

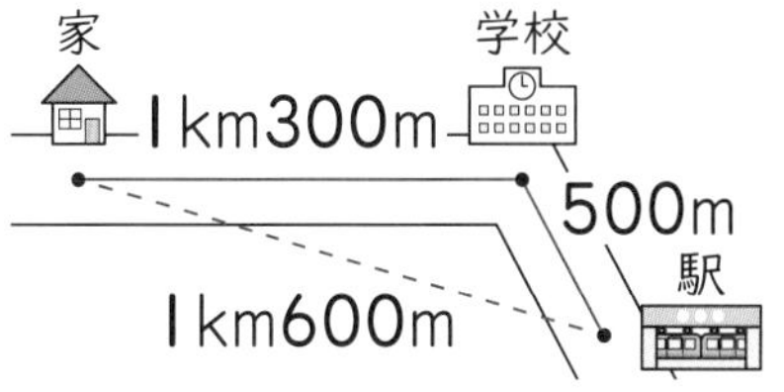


**とき方**　道のりは同じたんいの長さどうしで、たし算をします。

1km300m+500m
=□km□m

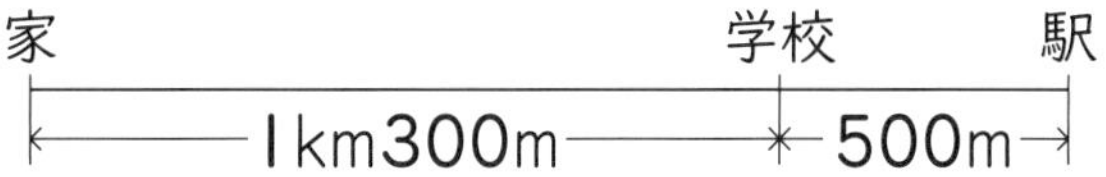


きょりは、まっすぐはかった長さだから、1km600mです。
ちがいは同じたんいの長さどうしで、ひき算します。

□km□m−1km600m=□m　　**答え**　□m

**4**　ともみさんの家から駅までの道のりときょりのちがいは、何mですか。　教科書 99ページ4

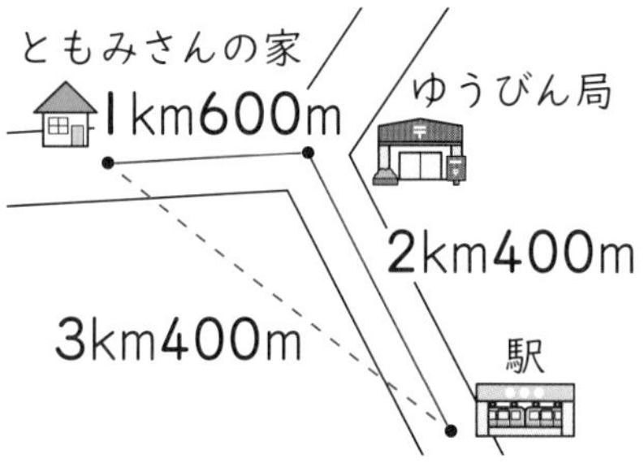


式

答え（　　　　）

**5**　次の計算をしましょう。　教科書 99ページ5

❶ 1km600m+400m　　❷ 2km500m+900m

❸ 3km−800m　　❹ 4km400m−700m

**ポイント**　道にそってはかった長さを「道のり」といいます。「道のり」は、たし算をしたり、ひき算をしたりすることができます。

勉強した日　月　日

# 練習のワーク

教科書 上 96～101ページ　答え 20ページ

できた数　/12問中

おわったらシールをはろう

## 1 キロメートル □にあてはまる数をかきましょう。

長さのたんい
1cm＝10mm
1m＝100cm
1km＝1000m

❶ 8000m＝□km

❷ 9km＝□m

❸ 6520m＝□km□m

❹ 4km70m＝□m

❺ 5034m＝□km□m

❻ 10km8m＝□m

## 2 長さのたんい □にあてはまる長さのたんいをかきましょう。

❶ 家から学校までの道のり　1□

❷ 教科書のあつさ　6□

❸ 絵はがきの横(よこ)の長さ　10□

❹ サクラの木の高さ　9□

## 3 長さの計算 右の図を見て、問題(もんだい)に答えましょう。

❶ 家から図書館(かん)までの道のりは何mですか。

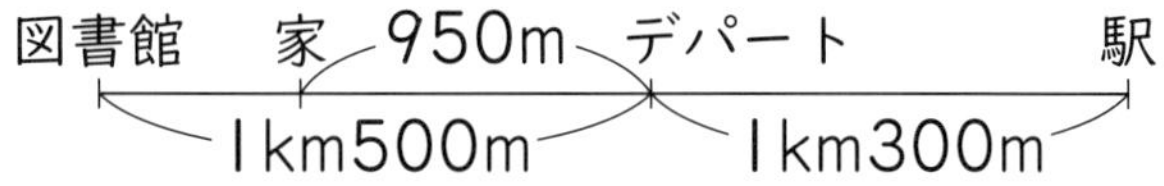


式

答え（　　　）

❷ 家から図書館までの道のりと、家から駅(えき)までの道のりのちがいは何km何mですか。

式

答え（　　　）



できるナビ　長さの計算をするときは、同じたんいの長さどうしを計算することに注意(ちゅうい)しましょう。

# まとめのテスト

教科書 ㊤96～101ページ　答え 20ページ

時間 20分　とく点 /100点　おわったらシールをはろう

**1** よく出る ㋐、㋑、㋒、㋓の目もりは、それぞれ何m何cmを表(あらわ)していますか。　1つ5〔20点〕

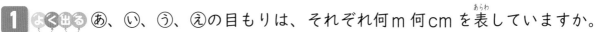

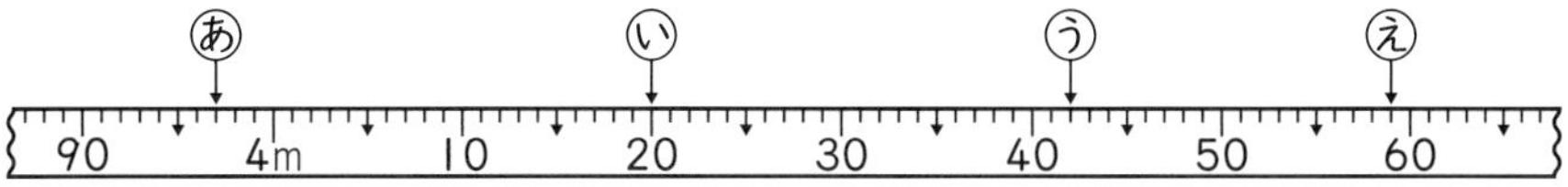


㋐（　　　　）　㋑（　　　　）

㋒（　　　　）　㋓（　　　　）

**2** よく出る □にあてはまる数をかきましょう。　1つ5〔20点〕

❶ 6010m＝□km□m　❷ 8205m＝□km□m

❸ 4km710m＝□m　❹ 3km15m＝□m

**3** 次(つぎ)の計算をしましょう。　1つ5〔50点〕

❶ 1km400m＋700m　❷ 900m＋2km500m

❸ 1km700m＋1km500m　❹ 3km800m＋500m

❺ 950m＋4km50m　❻ 6km200m－500m

❼ 1km300m－800m　❽ 5km－600m

❾ 1km600m－900m　❿ 2km300m－400m

**4** □にあてはまる数をかきましょう。　1つ5〔10点〕

1mの□倍(ばい)の長さは1kmで、100mの□倍の長さです。

ふろくの「計算練習ノート」9ページをやろう！

チェック✔
□まきじゃくの目もりをよむことができたかな？
□長さの計算をすることができたかな？

勉強した日　　月　　日

## 1 あまりのあるわり算のしかた

**もくひょう**
あまりのあるわり算のしかたをおぼえ、答えのたしかめもしよう。

おわったらシールをはろう

# きほんのワーク

教科書 上 102～109ページ　答え 21ページ

## きほん1 あまりのあるわり算のしかたがわかりますか。

☆ 15このケーキを、1箱に4こずつ入れていきます。何箱できて、何こあまりますか。

**とき方** 同じ数ずつ分けるから、式は 15÷□ です。15÷4 の答えをもとめるときも、4のだんの九九を使います。

箱が2箱 → 4×2=8　　15− 8 = 7　□ このこる。

箱が3箱 → 4×3=□　15−□=□　□ このこる。

箱が4箱 → 4×4=□　16−□=□　□ こたりない。

箱が4箱ではケーキがたりなくなるから、いちばん多くできた □ 箱のときが答えです。このことを式にかくと、

15÷4=3 あまり 3 になります。

**たいせつ**
あまりがないときは、**わり切れる**といい、あまりがあるときは、**わり切れない**といいます。

**答え** □ 箱できて、□ こあまる。

**1** 20このチョコレートを、1ふくろに3こずつ入れていきます。何ふくろできて、何こあまりますか。

教科書 103ページ1

式

答え（　　　　　　）

## きほん2 わる数とあまりの大きさの関係がわかりますか。

☆ まちがいがあればなおしましょう。17÷2=7あまり3

**とき方** あまりの3が、わる数の2より大きいから、正しくありません。

二八16で、8　あまりは、17−16=1で、

□ だから、答えは、□ あまり □ です。

**答え** 17÷2=□ あまり □

**ちゅうい**
わり算のあまりは、いつもわる数より小さくなるようにします。
**あまり<わる数**

**さんすうはかせ** 「□÷○=△あまり☆」のとき、□は「わられる数」、○は「わる数」、△を「商」、☆を「あまり」といって、商とあまりがこのわり算の答えになるよ。

**2** まちがいがあればなおしましょう。 教科書 106ページ2

❶ 21÷4=4 あまり 5 ❷ 44÷7=5 あまり 9

**3** 次の計算をしましょう。 教科書 107ページ4

❶ 52÷9 ❷ 39÷6 ❸ 62÷8

**4** 55 このおはじきを、7 人に同じ数ずつ分けます。1 人何こになって、何こあまりますか。 教科書 107ページ5

式

答え（　　　　）

## きほん 3 わり算の答えのたしかめのしかたはわかりますか。

☆29÷3=9 あまり 2 としました。この答えが正しいかどうかをたしかめましょう。

**とき方** 計算でたしかめるときは、次のようにします。

29 ÷ 3 = 9 あまり 2

↓ ↓ ↓

3 × 9 + 2 = 29

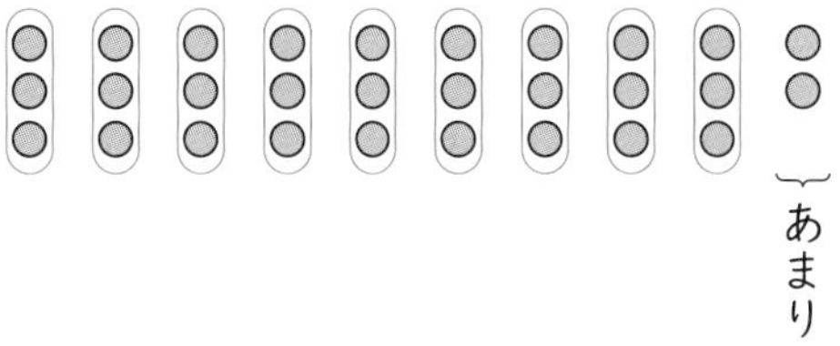


**答え** 3×9+2=□ となり、正しい。

**5** 計算をして、答えをたしかめましょう。 教科書 108ページ2

❶ 20÷6 たしかめ（　　　　）

❷ 66÷7 たしかめ（　　　　）

**6** 次のわり算の答えが正しいかどうか、（　）の中にたしかめの式をかき、[　]の中に、正しければ○を、まちがいがあれば正しい答えをかきましょう。 教科書 108ページ3

❶ 22÷9=2 あまり 3 （　　　　）[　　　　]

❷ 32÷7=4 あまり 4 （　　　　）[　　　　]

**ポイント** あまりがわる数よりも大きくなっていたら、たしかめの計算をした答えがわられる数になっていても、まちがいです。あまりは、わる数よりも小さくなります。

勉強した日　　月　　日

# ② あまりを考えて

## きほんのワーク

もくひょう
あまりをどうすればよいのかを考えて、答えをもとめていこう。

おわったらシールをはろう

教科書 上 110～111ページ　答え 22ページ

### きほん 1 問題の意味にあうように、答えをもとめられますか。

☆ 32人が自動車１台に５人ずつ乗ります。みんなが乗るには、自動車が何台いりますか。

とき方 式をかいて計算すると、□÷□＝□あまり□

自動車が６台では、２人が乗れません。のこりの２人が乗るためには、自動車がもう１台いります。

6＋□＝□

答え □台

32人全員が乗れるようにするんだね。

**1** 38このクッキーを、１ふくろに５こずつ入れます。全部のクッキーを入れるには、ふくろは何ふくろいりますか。

教科書 110ページ 1 2 3

式

答え（　　　）

**2** 45このボールを、7こずつはいる箱に入れます。全部のボールを入れるには、箱が何箱いりますか。

教科書 110ページ 1 2 3

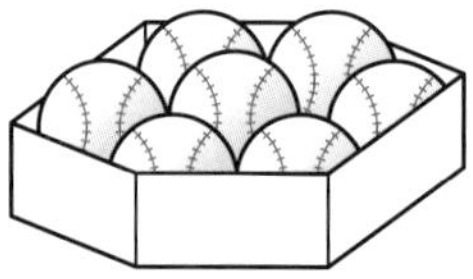

式

答え（　　　）

**3** 58人の子どもが、長いす１きゃくに６人ずつすわっていきます。みんながすわるには、長いすが何きゃくいりますか。

教科書 110ページ 1 2 3

式

答え（　　　）

**4** 荷物が70こあります。１回に８こずつ運ぶと、何回で全部運べますか。

教科書 110ページ 1 2 3

式

答え（　　　）

さんすうはかせ
わり算は等しく分けるというのがきまりなんだ。だから、分けられないときはあまるし、さらに細かく分ける計算のしかたもあとで学習するよ。

## きほん2 あまりをどうすればよいのかわかりますか。

☆ りんご26こを、1箱に8こずつ入れて売ります。何箱できますか。

**とき方** 式をかいて計算すると、

□÷□＝□ あまり □

りんごが8こはいった箱が□箱できて、□こあまります。8こ入りの箱の数を答えるから、あまった2このりんごは考えません。

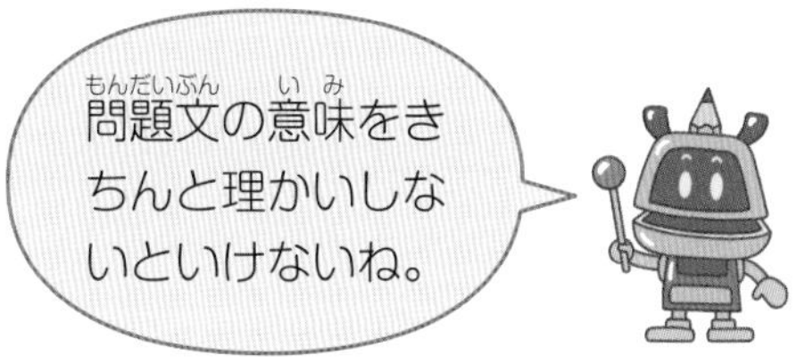

問題文の意味をきちんと理かいしないといけないね。


**答え** □箱

**5** 画びょうが17こあります。1まいの絵をはるのに画びょうを4こ使います。何まいの絵をはることができますか。

教科書 111ページ4 5

式

答え（　　　　）

**6** はばが25cmの本立てに、あつさ3cmの本を立てていきます。本は何さつ立てられますか。

教科書 111ページ4 5

式

答え（　　　　）

**7** バラの花が54本あります。8本ずつで1つの花たばをつくります。

教科書 111ページ6

❶ 花たばはいくつできますか。

式

答え（　　　　）

❷ バラの花があと何本あると、もう1つ花たばができますか。

式

答え（　　　　）

**ポイント** あまりのあるわり算の問題をとくとき、あまった分をふやして答えるのか、はぶいて答えるのか、よく考えます。

# 練習のワーク

教科書 上 102～113ページ　答え 22ページ

勉強した日　月　日

できた数　/13問中

おわったら シールを はろう

**1** あまりのある計算　次（つぎ）の計算をしましょう。

❶ 50÷6　❷ 37÷4

❸ 48÷5　❹ 63÷8

**たいせつ**
わり算の**あまりは わる数より小さく** なります。

**2** 答えのたしかめ　次の計算をして、答えをたしかめましょう。

❶ 30÷7

30÷7＝● あまり ▲
7×●＋▲＝30

たしかめ（　　　　）

❷ 78÷9

たしかめ（　　　　）

**3** あまりのある問題　49 このかきを、5 人に同じ数ずつ分けます。1 人分は何こになって、何こあまりますか。

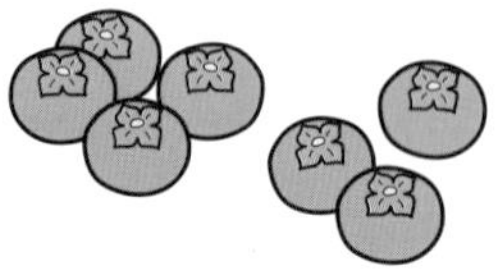

式

答え（　　　　）

**4** あまりを考える問題　1 まいの画用紙から 8 まいのカードがつくれます。カードを 62 まいつくるには、画用紙は何まいいりますか。

式

画用紙が 7 まいだと、カードは 56 まいしかつくれないね。


答え（　　　　）

**5** あまりを使って　1、6、3、5、4、2 の 6 しゅるいのカードが 5 まいずつあります。28 人に、このカードをこのじゅんばんに、1 まいずつ配（くば）っていきます。さいごの人がもらったカードにかかれている数字は何ですか。

（　　　　）

できるナビ　あまりのあるわり算では、たしかめをしてミスをしないようにしましょう。

# まとめのテスト

教科書 ㊤102〜113ページ　答え 23ページ

時間 20分　とく点　　/100点　おわったらシールをはろう

**1** よく出る 次(つぎ)の計算をしましょう。　1つ5〔60点〕

❶ 61÷8　❷ 59÷6　❸ 33÷5

❹ 48÷7　❺ 26÷3　❻ 79÷8

❼ 50÷9　❽ 31÷4　❾ 22÷7

❿ 43÷6　⓫ 12÷5　⓬ 27÷4

**2** 39このいちごを、1人に4こずつ分けます。何人に分けられて、何こあまりますか。　1つ5〔10点〕

式

答え（　　　　）

**3** 計算問題(もんだい)が52題あります。1日に7題ずつとくと、全部(ぜんぶ)とき終(お)わるのに何日かかりますか。　1つ5〔10点〕

式

答え（　　　　）

**4** 7Lのしょう油(ゆ)を、9dLずつびんに分けていきます。9dLはいったびんは何本できますか。　1つ5〔10点〕

式

答え（　　　　）

**5** 右のカレンダーで、26日は何曜日ですか。　〔10点〕

| 日 | 月 | 火 | 水 | 木 | 金 | 土 |
|---|---|---|---|---|---|---|
| 1 | 2 | 3 | 4 | 5 | 6 | 7 |
| 8 | 9 | 10 | 11 | 12 | 13 | 14 |
| | | | | | | |

（　　　　）

ふろくの「計算練習ノート」10〜11ページをやろう！

チェック
□ あまりのあるわり算ができたかな？
□ あまりを考えて、答えをもとめることができたかな？

勉強した日　月　日

# ❶ 重さの表し方
# ❷ たんいのかんけい

## きほんのワーク

**もくひょう**
重さのたんいを理かいし、はかりがよめるようになろう。

おわったらシールをはろう

教科書 上 114〜125ページ　答え 23ページ

## きほん 1　はかりを使って重さがはかれますか。

☆ はかりを使(つか)って、重(おも)さをはかったら、❶、❷のようになりました。それぞれのはかりの目もりをよみましょう。

❶

❷

**とき方** ❶ いちばん小さい１目もりは10gを表(あらわ)していて、1000gまではかれるはかりです。はりのさしている重さは500gより９目もり分重いから、[　　]gです。

❷ いちばん小さい１目もりは[　　]gを表していて、[　　]kgまではかれるはかりです。はりのさしている重さは１kgより５目もり分重いから、[　　]kg[　　]gです。

**たいせつ**
重さのたんいにgがあり、１gは「１グラム」とよみます。
また、重さのたんいには、kgもあって1000gの重さを１kgとかき、「**１キログラム**」とよみます。

１kg＝1000g

**答え** ❶ [　　]g　❷ [　　]kg[　　]g

**1** １円玉の重さは、ちょうど１gです。１円玉175ことつりあう重さのチョコレートがあります。チョコレートの重さは何gですか。

教科書 115ページ1

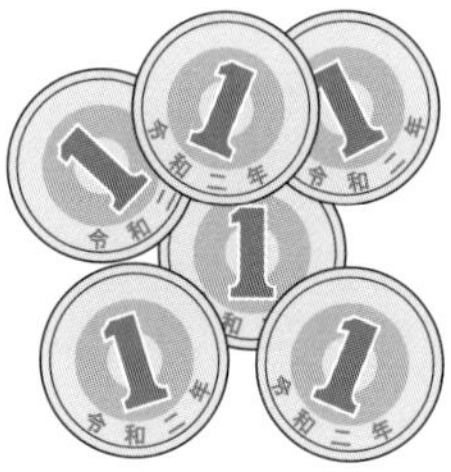

(　　　　)

**2** はかりの目もりをよんで、(　)の中にかきましょう。

教科書 116ページ1 118ページ1

❶
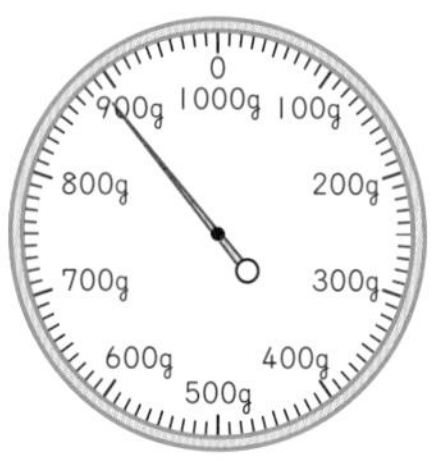

❷
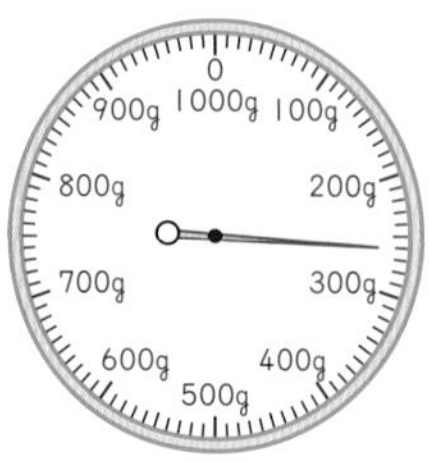

❸

❹
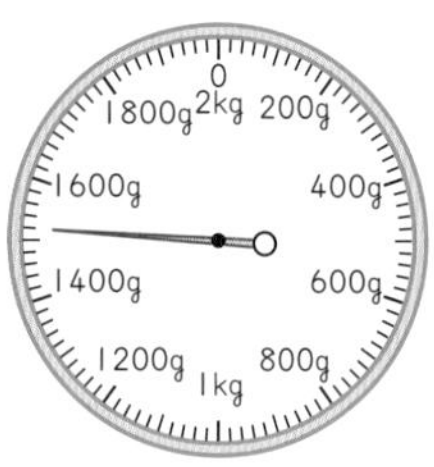

(　　　　)　(　　　　)　(　　　　)　(　　　　)

**さんすうはかせ**
7000年ほど前のエジプトで「てんびん」というはかりが使われていて、日本でも江戸時代(えどじだい)には両替(りょうがえ)をするのに使われていたんだよ。

## きほん2 重さの計算ができますか。

☆600gのかごに、くりを2kg300g入れました。全体(ぜんたい)の重さは何kg何gになりますか。

**とき方** かごの重さと、くりの重さをたして、全体の重さをもとめます。

□g＋□kg□g

＝□kg□g　**答え** □kg□g

**ちゅうい**
重さも、たし算をしたり、ひき算をしたりすることができます。同じたんいどうしの数を計算します。

**3** 300gのいれものにりんごを入れて重さをはかったら、1kg500gありました。りんごの重さは何kg何gですか。 教科書 122ページ2

式

答え（　　　　）

## きほん3 たんいのかんけいがわかりますか。

☆次(つぎ)の□にあてはまる数をもとめましょう。

❶ 1km＝□m　❷ 1kg＝□g　❸ 1L＝□mL　❹ 1000kg＝□t

**とき方** 1000こ集(あつ)めると大きなたんいになります。

長さ　1mm →(10倍) 1cm →(100倍) 1m →(1000倍) □m＝1km　（1mm から 1m へ 1000倍(ばい)）

かさ　1mL →(100倍) 1dL →(10倍) 1L　（1mL から 1L へ 1000倍）

重さ　1g →(1000倍) □g＝1kg →(1000倍) □kg＝1t

**たいせつ**
とても重いものをはかるときのたんいに、「t(トン)」があります。
1t＝1000kg

**答え** ❶ □m　❷ □g　❸ □mL　❹ □t

**4** 体重(たいじゅう)が3000kgのゾウがいます。これは何tですか。 教科書 124ページ1

（　　　　）

**5** □にあてはまる数をかきましょう。 教科書 124ページ2

❶ 1m＝□mm　❷ 1000mL＝□L

❸ 1000g＝□kg　❹ 1000m＝□km

**ポイント** いままで学習(がくしゅう)したたんいには、次のようなものがあります。
長さ→mm、cm、m、km　重さ→g、kg、t　かさ→mL、dL、L

# 練習のワーク

教科書 上 114~127ページ　答え 24ページ

できた数　/7問中　おわったらシールをはろう

**1** 重さ　てんびんのかたほうに同じ重さのつみ木をのせて、いろいろなものの重さを調べました。右の表を見て、問題に答えましょう。

（それぞれ、つみ木何こ分の重さになっているかを調べます。）

重さ調べ

| はかったもの | つみ木の数 |
|---|---|
| 国語の教科書 | 7 |
| セロハンテープ | 2 |
| 筆箱 | 12 |
| じしゃく | 7 |
| はさみ | 9 |

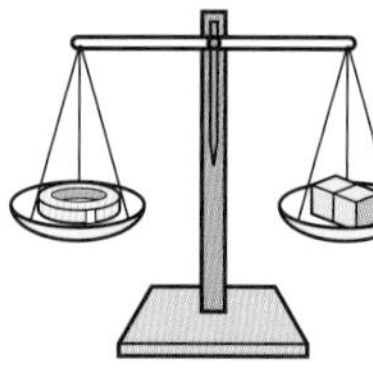

❶ いちばん重いものは何ですか。

（　　　　）

❷ いちばん軽いものは何ですか。

（　　　　）

❸ 同じ重さのものは、何と何ですか。

（つみ木の数が同じものは、同じ重さになります。）

（　　　　）

❹ つみ木 1 こが 30 この 1 円玉とつりあいました。セロハンテープの重さは、何gですか。1 円玉 1 この重さは 1gです。

1円玉 1 この重さは 1gだから、つみ木 1 こは 30gになるね。


（　　　　）

**2** はかり　はかりを使って、いれものの重さをはかったら、右のようになりました。このいれものにさとうを入れて重さをはかったら、1kg200gになりました。
何gのさとうを入れましたか。

（さとうの重さ = 全体の重さ − いれものの重さ）

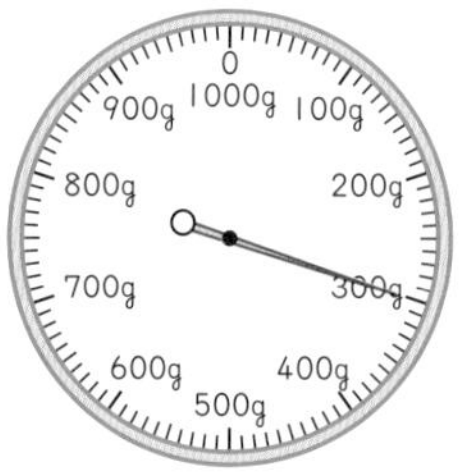


**はかりの使い方**

1 はかりは、平らなところにおく。
2 はりが 0 をさしていることをたしかめる。
3 はかるものをのせて、正面から目もりをよむ。

式

答え（　　　　）

**3** たんい　□にあてはまる重さのたんいをかきましょう。

❶ たけしさんの体重　28 □

❷ トラックの重さ　3 □

**重さのたんい**
1kg=1000g　1t=1000kg

できるナビ　いろいろなものの重さをはかったり、よみとったりできるようになりましょう。

# まとめのテスト

教科書 上 114〜127ページ　答え 24ページ

時間 20分　とく点　/100点　おわったらシールをはろう

**1** よく出る はかりの目もりをよみましょう。　1つ5〔20点〕

❶
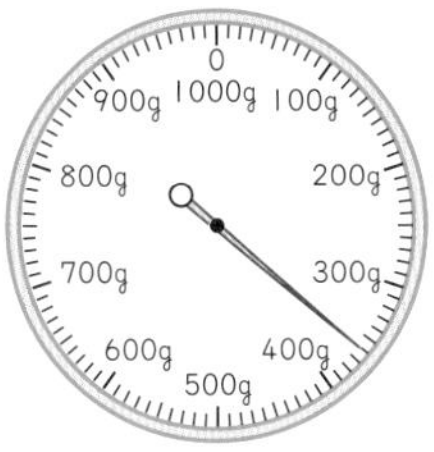


❷

❸

❹

(　　　　)　(　　　　)　(　　　　)　(　　　　)

**2** □にあてはまる数をかきましょう。　1つ6〔24点〕

❶ 1kg800g=□g　　❷ 2180g=□kg□g

❸ 4kg60g=□g　　❹ 5t900kg=□kg

**3** 次(つぎ)の計算をしましょう。　1つ6〔24点〕

❶ 200g+400g　　❷ 1kg100g+900g

❸ 800g−600g　　❹ 1kg300g−500g

**4** 400gのいれものにみかんを2kg700g入れました。全体の重さは何kg何gですか。　1つ6〔12点〕

式

答え(　　　　)

**5** かばんに本を入れて重さをはかったら、1kgありました。本の重さは300gです。かばんの重さは何gですか。

式　1つ6〔12点〕

答え(　　　　)

**6** 次の重さを、軽いじゅんにならべて、記号(きごう)で答えましょう。　〔8点〕

あ 1090kg　　い 1t110kg　　う 999kg　　え 1t10kg

(　　→　　→　　→　　)

ふろくの「計算練習ノート」22ページをやろう！

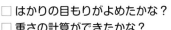

チェック
□はかりの目もりがよめたかな？
□重さの計算ができたかな？

勉強した日　　月　　日

# 円と球

## きほんのワーク

**もくひょう**
円のせいしつや、コンパスの使い方、また、球の形について学ぼう。

おわったら シールを はろう

教科書 ㊦ 2～11ページ　答え 25ページ

## きほん1 コンパスを使って、円がかけますか。

☆ 半径が2cmの円をかきましょう。

**とき方** 円をかくときは、コンパスを使います。

<コンパスの使い方>

1. 2cmにコンパスを開く。
2. 中心をきめて、はりをさす。
3. 手首を自分のほうにひねりながら、コンパスをひとまわりさせる。

**答え**

**たいせつ**
コンパスでかいたようなまるい形を、**円**といいます。円のまん中の点を円の**中心**、中心から円のまわりまでひいた直線を円の**半径**といいます。

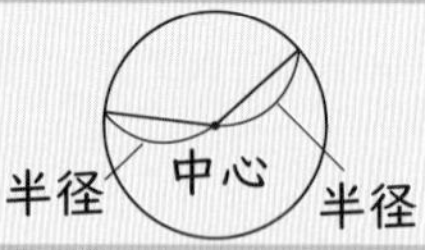

**1** コンパスを使って、次の半径の円をノートにかきましょう。　教科書 4ページ1 6ページ3

❶ 半径が3cm　　❷ 半径が7cm

## きほん2 円のとくちょうがわかりますか。

☆ 右の円について答えましょう。

❶ 半径が4cmのとき、直径は何cmですか。

❷ 右の円の中にひいた直線のうちで、いちばん長い直線はどれですか。記号で答えましょう。

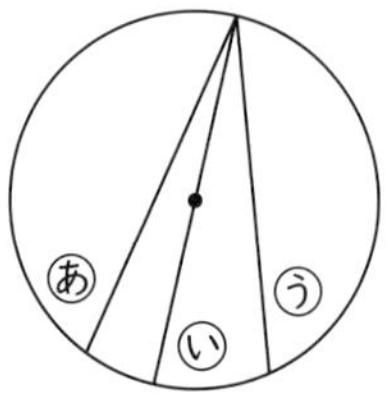


**とき方** ❶ 直径は半径の□倍だから、□cmです。

❷ 円の中にひける直線のうちで、中心を通っている直線がいちばん長い直線だから、□になります。

**たいせつ**
円の中心を通って、まわりからまわりまでひいた直線を円の**直径**といいます。
直径は半径の2倍です。

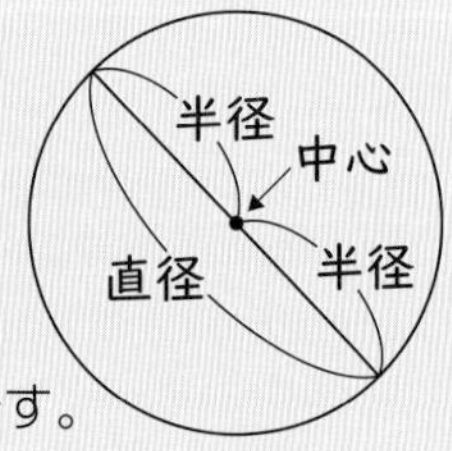


**答え** ❶ □cm　❷ □

**2** 半径が7cmの円の直径は、何cmですか。　教科書 7ページ5

（　　　　　）

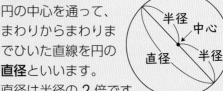

さんすうはかせ　円をたて方向や横方向にのばしたり、ちぢめたりした形を「だ円」というよ。

## きほん3 コンパスを使って長さを写しとれますか。

☆㋐と㋑のどちらが長いですか。コンパスで長さを写(うつ)しとってくらべましょう。

**とき方** ㋐を4つに分けて、それぞれコンパスを使って長さをはかり、㋑に写しとります。
□のほうが□より長くなります。

**答え** □

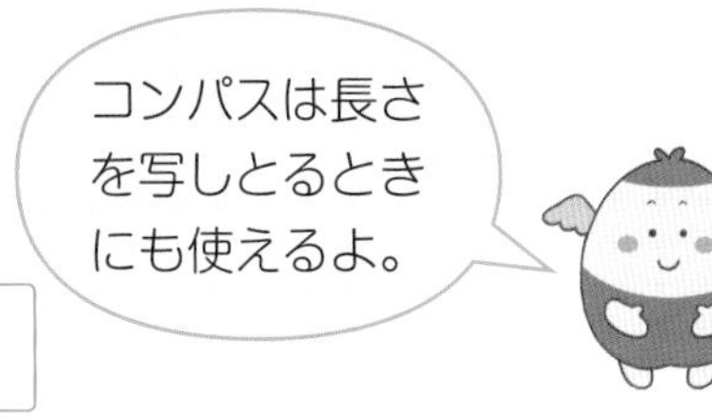

コンパスは長さを写しとるときにも使えるよ。


**3** 右の㋐、㋑、㋒の直線の長さをくらべ、長いじゅんに記号で答えましょう。 教科書 9ページ1

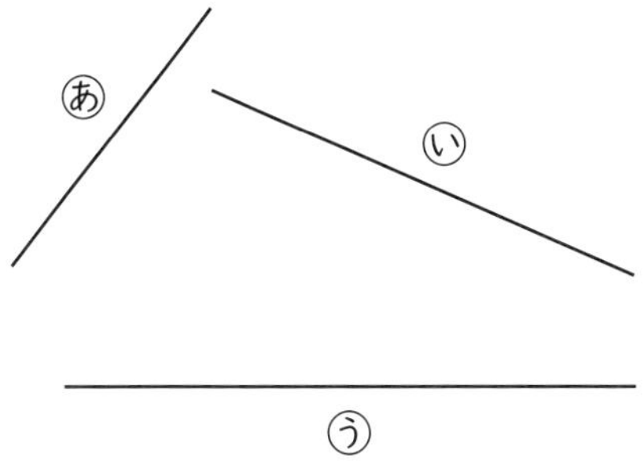


（　　→　　→　　）

## きほん4 球のとくちょうがわかりますか。

☆球(きゅう)の形をしたものをえらび、記号で答えましょう。

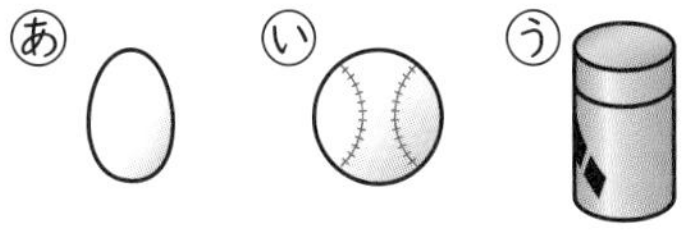


**とき方** どこから見ても円に見える形を 球 といいます。㋐は、ま横から見ると円には見えません。㋒は、ま横から見ると長方形に見えます。

**答え** □

**たいせつ**

どこから見ても円に見える、ボールのような形を、**球**といいます。球をま2つに切ったとき、切り口の円がいちばん大きくなります。また、この切り口の円の中心、半径、直径を、それぞれ球の中心、半径、直径といいます。

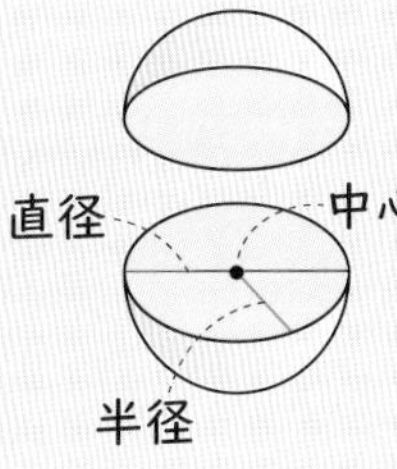


**4** □にあてはまることばや数をかきましょう。 教科書 10ページ1

❶ 球をどこで切っても、切り口は□になります。

❷ 直径が12cmの球の半径は、□cmです。

❸ 半径が5cmの球の直径は、□cmです。

**ポイント** 1つの円では、半径はみんな同じ長さです。
球は、ま2つに切ったときの切り口の円がいちばん大きくなります。

勉強した日 月 日

# 練習のワーク

教科書 下 2～12ページ　答え 25ページ

できた数 /7問中

おわったらシールをはろう

**1 円と球のとくちょう** □にあてはまる数やことばをかきましょう。

❶ 直径(ちょっけい)が 10cm の円の半径(はんけい)は □ cm です。

❷ 球(きゅう)をま上から見ると、□ に見えます。

❸ 半径が 6cm の球の直径は □ cm です。

**円と球**
・円の半径は直径の半分です。
・球はどこから見ても円に見えます。
・球の直径は半径の2倍(ばい)です。

**2 円のとくちょう** 右の図で、アの点から 2cm 5mm のところにある点を全部(ぜんぶ)答えましょう。

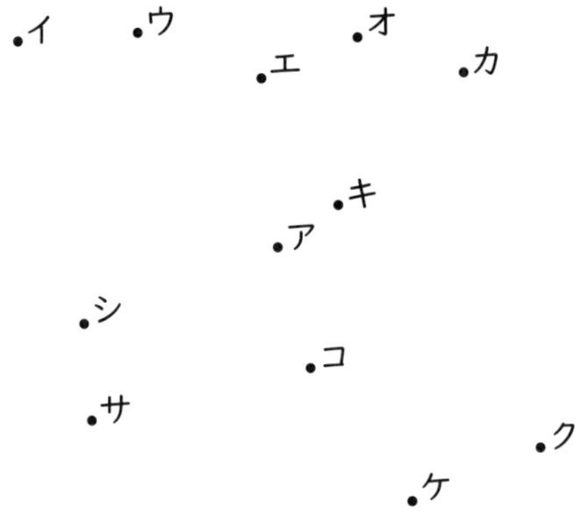


（　　　　　　）

**考え方**
コンパスを使(つか)って、アの点を中心とする半径 2cm 5mm の円をかいて調(しら)べます。

**3 円のとくちょう** 右の図のように、半径が 6cm の大きい円の中に、同じ大きさの小さい円が 2 つぴったりはいっています。小さい円の半径は何 cm ですか。

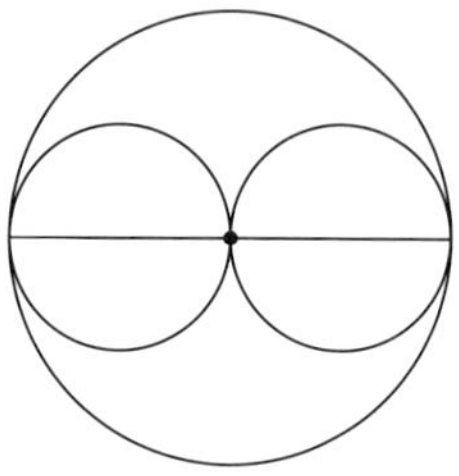

（　　　　　　）

**4 球のとくちょう** 右のように、同じ大きさのボールが箱(はこ)にぴったりはいっています。

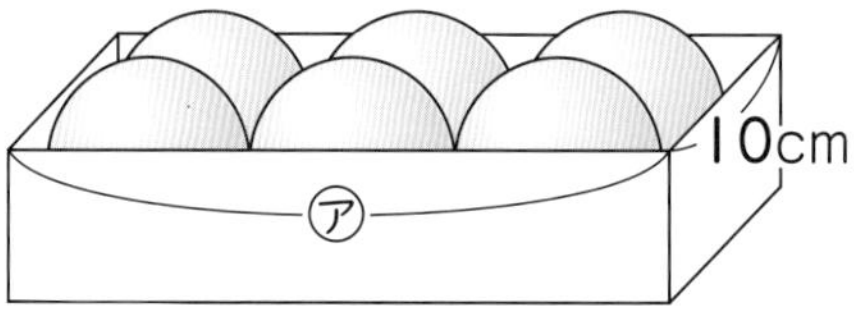


❶ ボールの直径は何 cm ですか。

（　　　　　　）

❷ ㋐の長さは何 cm ですか。

（　　　　　　）

**考え方**
上から見た図をかくと、次(つぎ)のようになります。

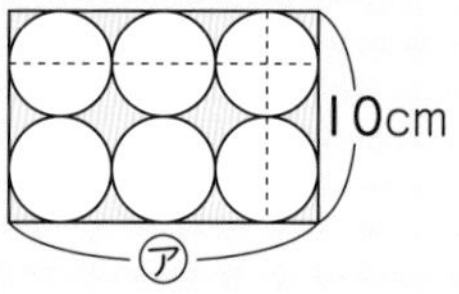


箱のたての長さの 10cm はボールの直径の 2 こ分の長さで、㋐の長さはボールの直径の 3 こ分の長さになります。



できるナビ　円や球のとくちょうをおぼえておきましょう。また、コンパスの使い方になれましょう。

# まとめのテスト

教科書 ㊦ 2～12ページ　答え 26ページ

時間 20分　とく点 ／100点　おわったらシールをはろう

**1** 右の長方形の中に、半径が3cmの円を重(かさ)ならないようにできるだけたくさんかきます。何この円がかけますか。〔15点〕

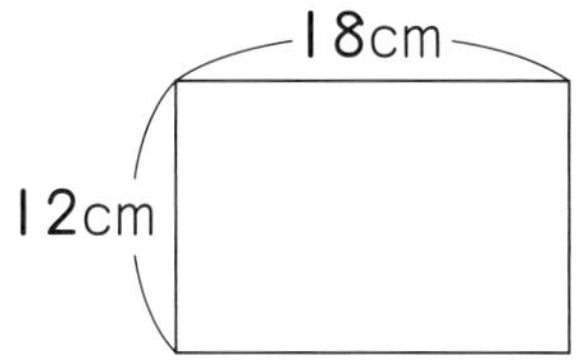


(　　　　)

**2** よく出る 右の図のように、直径が4cmの円をならべました。　1つ15〔45点〕

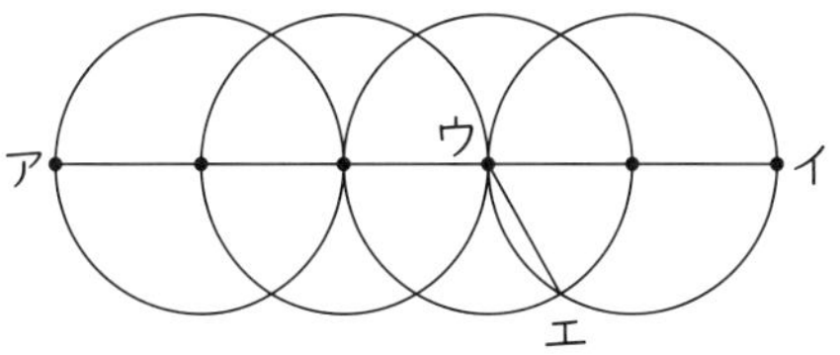


❶ アの点からウの点までの長さは何cmですか。

(　　　　)

❷ アの点からイの点までの長さは何cmですか。　(　　　　)

❸ ウの点からエの点までの長さは何cmですか。　(　　　　)

**3** 右のように、直径が8cmのボールが3こ、つつの中にぴったりはいっています。つつの高さは何cmですか。〔20点〕

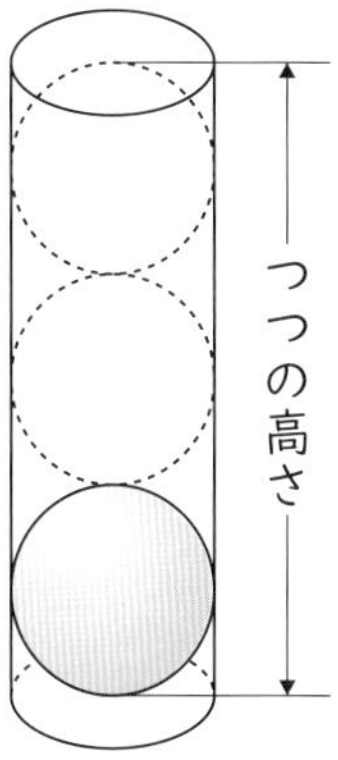


(　　　　)

**4** コンパスを使って、下の図と同じもようをかきましょう。〔20点〕

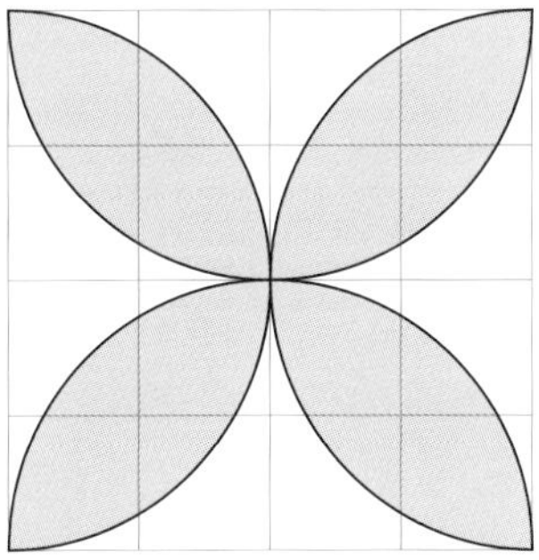

チェック
□円や球のとくちょうがわかったかな？
□コンパスを使って円をかいたり、もようをかいたりできたかな？

勉強した日　　月　　日

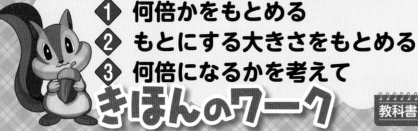

# 1 何倍かをもとめる
# 2 もとにする大きさをもとめる
# 3 何倍になるかを考えて
# きほんのワーク

もくひょう
何倍になるかをもとめたり、何倍かを考えて問題をといていこう。

おわったらシールをはろう

教科書 ㊦13～19ページ　答え 26ページ

## きほん 1 何倍になるかをもとめることができますか。

☆ 赤いテープの長さは32m、青いテープの長さは4mです。赤いテープの長さは、青いテープの長さの何倍ですか。

**とき方** 図をかいて、どんな計算になるかを考えます。

青 4m →(□倍)→ 赤 32m

32mが4mの何倍かをもとめることは、4mを何倍すると32mになるかをもとめることと同じだから、4×□＝32の□にあてはまる数をもとめることになります。式は、32 □ 4で、

答えは □ です。　**答え** □ 倍

何倍になるかは、わり算でもとめられるんだね。


**1** れおなさんは7まい、ゆみさんは28まいの切手を持っています。

教科書 14ページ1 15ページ2

❶ 下の□にあてはまる数をかきましょう。

れおな □まい →(□倍)→ ゆみ □まい

❷ ゆみさんの切手の数は、れおなさんの切手の数の何倍ですか。

式

答え（　　　　）

## きほん 2 もとにする大きさをもとめることができますか。

☆ 1回に同じ数ずつ荷物を運びます。全部の荷物は24こで、1回に運んだ荷物のこ数の6倍です。1回に運んだ荷物は何こですか。

**とき方** 1回に運ぶ数を□ことして、図をかいて、どんな計算になるかを考えます。

1回に運ぶ数 □こ →(6倍)→ 全部の数 24こ

□この6倍が24こだから、□×6＝24の□にあてはまる数をもとめることになります。

式は、24 □ 6で、答えは □ です。　**答え** □ こ



さんすうはかせ
【16ページの答え】1は16ページの(れい)の位を入れかえたもので、2や3はべつの組み合わせです。いろいろ考えてみよう。

1 $275+643=918$　2 $718+245=963$　3 $541+386=927$

**2** いすの高さ 45cm は、つみ木の高さの 9 倍でした。このつみ木 1 この高さは何cm ですか。
教科書 16ページ1 17ページ2

式

答え（　　　　）

**3** □にはいる数をもとめましょう。
教科書 17ページ3

❶ 4cm の 8 倍は □ cm です。

❷ 6cm の □ 倍は 42cm です。

❸ □ cm の 9 倍は 54cm です。

## きほん 3 何倍になるかわかりますか。

☆大、中、小の3しゅるいのふくろがあります。小のふくろにはクッキーが2こはいります。中のふくろには小の2倍、大のふくろには中の5倍はいります。大のふくろにはクッキーが何こはいりますか。

**とき方** まず、大のふくろに小のふくろの何倍のクッキーがはいるかを考えます。
2 倍の 5 倍だから、2 □ 5＝10 より、大には、小の 10 倍はいるから、2×10＝□

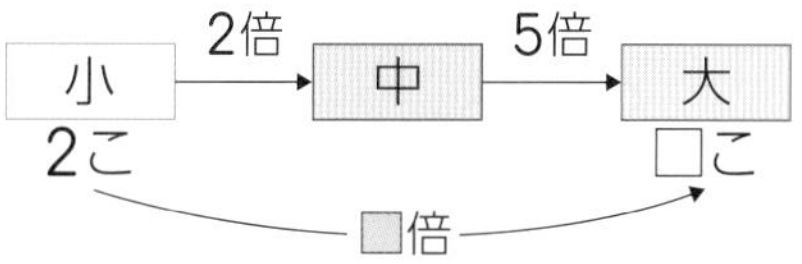


**答え** □ こ

**4** 白い石、黒い石、はい色の石がそれぞれ 1 こずつあります。白い石の重さは 3kg です。黒い石は白い石の 2 倍の重さです。はい色の石は黒い石の 4 倍の重さです。はい色の重さは何kg ですか。
教科書 18〜19ページ

式

答え（　　　　）

**5** 計算問題（もんだい）を 1 回に 4 題ずつ、1 日に 2 回ときます。3 日間では何題とくことになりますか。
教科書 18〜19ページ

式

答え（　　　　）

ポイント　わからない数を□にして、図をかいて考えるとわかりやすくなります。

勉強した日　月　日

# 練習のワーク

教科書 下 13～19ページ　答え 27ページ

できた数　/5問中

おわったら シールを はろう

**1** 何倍かをもとめる　みのるさんは30こ、けんじさんは5このビー玉を持っています。みのるさんのビー玉の数は、けんじさんのビー玉の数の何倍ですか。

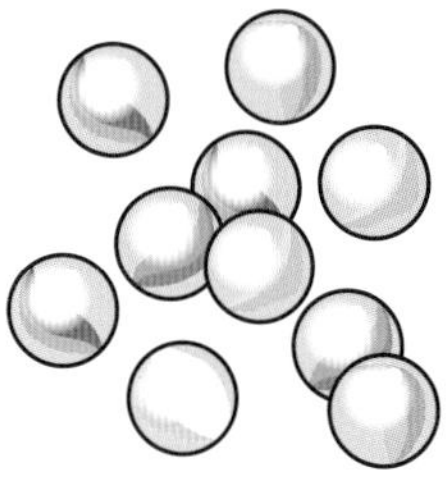

式

答え（　　　　）

**2** 何倍かをもとめる　たいがさんは8才で、お父さんは40才です。お父さんの年れいは、たいがさんの年れいの何倍ですか。

式

答え（　　　　）

**3** もとにする大きさをもとめる　チョコレートのねだんは96円で、あめのねだんの3倍です。あめ1このねだんは何円ですか。

式

答え（　　　　）

**4** 何倍の数をもとめる　大きいふくろと小さいふくろに同じクッキーをいれていきます。小さいふくろには7まいはいり、大きいふくろには小さいふくろの3倍はいります。大きいふくろにクッキーは何まいはいりますか。

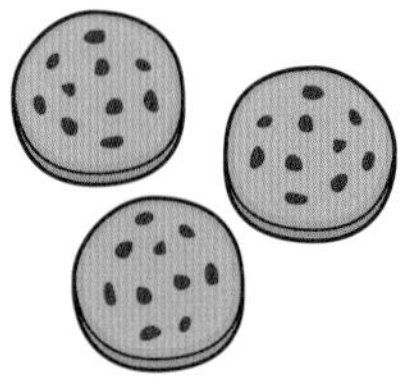

式

答え（　　　　）

**5** 何倍になるか考える　ピンク、赤、黄色の3しゅるいのリボンがあります。ピンクのリボンの長さは8cmで、ピンクのリボンの長さの3倍が赤のリボンの長さです。また、赤のリボンの長さの2倍が黄色のリボンの長さです。黄色のリボンは何cmですか。

式

答え（　　　　）

できるナビ　図をかいて、わかっていることを整理すると、計算のしかたがわかりやすくなります。

# まとめのテスト

時間 20分

とく点 /100点

おわったら シールを はろう

教科書 ㊦ 13〜19ページ　答え 27ページ

**1** よく出る　１組と２組の大なわとびの回数をくらべました。１組は21回、２組は７回とびました。１組の回数は２組の回数の何倍ですか。　1つ10〔20点〕

式

答え（　　　　）

**2** よく出る　ふくろには18こ、箱(はこ)には３このチョコレートがはいっています。ふくろにはいっているチョコレートの数は、箱にはいっているチョコレートの数の何倍ですか。

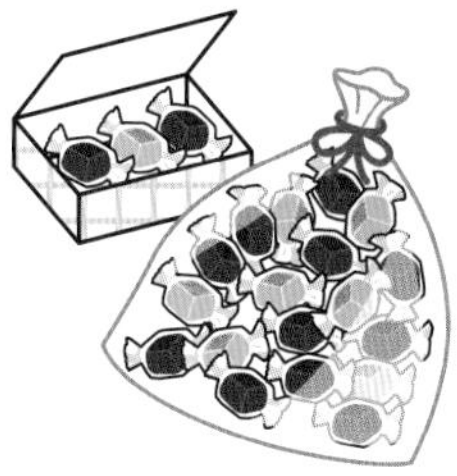

式　1つ10〔20点〕

答え（　　　　）

**3** やかんにはいる水のかさは15dLで、マグカップにはいる水のかさの５倍です。マグカップには、何dLの水がはいりますか。　1つ10〔20点〕

式

答え（　　　　）

**4** リボンが２本あります。短(みじか)いリボンの長さは８cmで、長いリボンの長さは短いリボンの長さの７倍です。長いリボンの長さは何cmですか。　1つ10〔20点〕

式

答え（　　　　）

**5** りんさんは10まいの色紙を持っています。りんさんのまい数の４倍がひろきさんのまい数です。また、ひろきさんのまい数の２倍があやさんのまい数です。あやさんは、色紙を何まい持っていますか。　1つ10〔20点〕

式

答え（　　　　）

チェック
□ 図をかいて、問題(もんだい)を考えることができたかな？
□ わからない数を□にして、式(しき)をたてることができたかな？

勉強した日　　月　　日

# 計算のじゅんじょ
## きほんのワーク

**もくひょう**
じゅんじょをかえてかけ算しても、答えが同じになることを学ぼう。

おわったらシールをはろう

教科書 ㊦ 20～21ページ　答え 27ページ

### きほん 1　じゅんじょをかえて計算することができますか。

☆ ドーナツが3こはいったふくろを、2つ入れた箱(はこ)があります。この箱5こではドーナツは何こになりますか。次(つぎ)の2とおりのしかたで計算しましょう。

**とき方**　3この2倍(ばい)の5倍の数をもとめます。

《1》1箱にはいっているドーナツの数をもとめる式(しき)は3×□で、箱は5こあるから、全部(ぜんぶ)のドーナツの数は
3×□×5=6×5=□より、□こです。

《2》全部のドーナツの数が、1ふくろにはいっているドーナツの数の何倍かをもとめる式は2×5になるから、全部のドーナツの数は3×(□×□)
=3×10=□より、□こです。

《1》《2》より、
3×□×5=3×(□×□)
がたしかめられます。

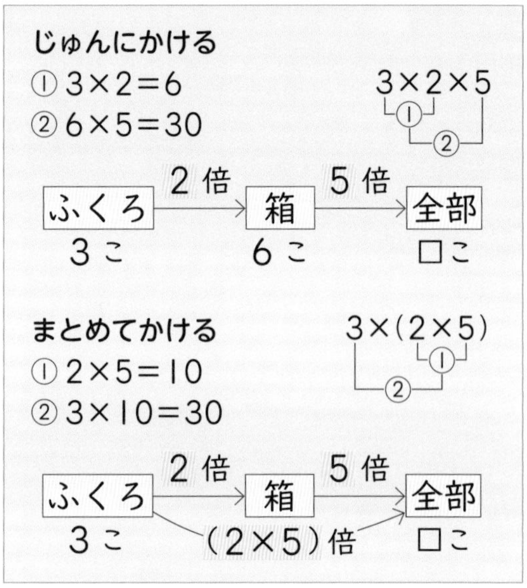


**答え**　□こ

多くの数をかけるときには、計算のじゅんじょをかえても、答えは同じになるよ。

**1** りんごが2こあります。かきの数はりんごの数の4倍、みかんの数はかきの数の2倍あります。みかんの数を、1つの式にかいてもとめましょう。

教科書 20ページ 1

式

さきにかきの数を計算してからみかんの数を計算しても、みかんの数がりんごの数の何倍かをさきに計算してもいいね。

答え（　　　　　　）

**ポイント**　かけ算だけの式はかけるじゅんじょをかえて計算することができます。

# まとめのテスト

教科書 ㊦ 20～21ページ　答え 27ページ

時間 20分　とく点　/100点　おわったらシールをはろう

**1** □にあてはまる数をかきましょう。　1つ10〔20点〕

❶ 6×2×3＝6×(□×3)

❷ 9×4×2＝□×(4×2)

**2** 2とおりのしかたで計算しましょう。　1つ5〔20点〕

❶ 2×2×5　(　　　)　(　　　)

❷ 2×3×3　(　　　)　(　　　)

**3** チョコレートが4こはいったふくろを、2つ入れた箱があります。この箱3こではチョコレートは何こになるか、1つの式にかいてもとめましょう。　1つ10〔20点〕

式

答え(　　　)

**4** 牛にゅうを1回に2dLずつ、1日3回飲(の)みます。2日間では何dL飲むか、1つの式にかいてもとめましょう。

式　1つ10〔20点〕

答え(　　　)

**5** 3人ずつのグループが2つあります。ヒマワリのたねを1人に3こずつ配(くば)ります。たねは、全部で何こいるか、1つの式にかいてもとめましょう。　1つ10〔20点〕

式

答え(　　　)

チェック
- □ かけるじゅんじょをかえても、答えが同じになることがわかったかな？
- □ かけるじゅんじょをかえて、計算できたかな？

# ❶ 何十・何百のかけ算
# ❷ (2けた)×(Ｉけた)の筆算

勉強した日　月　日

もくひょう
かけられる数が大きい数のときの、かけ算のしかたをおぼえよう。

おわったらシールをはろう

## きほんのワーク

教科書 ㊦22～29ページ　答え 28ページ

### きほん1 何十や何百のかけ算ができますか。

☆次の品物の代金は何円ですか。
❶ Ｉ本30円のえん筆5本　❷ Ｉこ400円のケーキ3こ

とき方 ❶ 式は□×5です。30は、10が3こだから、□×5は、10が(3×□)こです。
❷ 式は□×3です。400は、100が4こだから、□×3は、100が(□×3)こです。

答え ❶ □円　❷ □円

**1** 次の計算をしましょう。　教科書 23ページ 1 2

❶ 60×2　❷ 90×7　❸ 200×4　❹ 800×6

### きほん2 くり上がりのない(2けた)×(Ｉけた)の筆算ができますか。

☆Ｉ箱24こ入りのおかしが2箱あります。おかしは全部で何こありますか。

とき方 全部の数をもとめる式は□×□です。計算を筆算でするときは、位をそろえてかいて、一の位からじゅんに計算します。

```
  2 4        2 4        2 4
×   2   ➡  ×   2   ➡  ×   2
―――――      ―――――      ―――――
               □        □ 8
```

位をそろえてかく。

一の位にかける。一の位は二四が8

十の位にかける。十の位は二二が4

```
  2 4
×   2
―――――
    8 …… 4×2
  4 0 ……20×2
―――――
  4 8
```

と考えているんだね。

答え □こ

**2** 12本のバラをＩたばにした花たばが3たばあります。バラは全部で何本ありますか。　教科書 24ページ 1

式

答え(　　　)



さんすうはかせ【九九の表①】けた数がふえてもかけ算のきほんは九九の表だけれど、その九九の答えで、一の位の数が全部ちがっているだんはどのだんかな。(答えは68ページ)

**3** 次の筆算をしましょう。　教科書 25ページ 4

① 21 × 3　② 13 × 2　③ 32 × 2　④ 11 × 6　⑤ 70 × 1

## きほん 3 くり上がりのある(2けた)×(1けた)の筆算ができますか。

☆ 59×7の計算を筆算でしましょう。

**とき方** 計算を筆算でするときは、位をそろえてかいて、一の位からじゅんに計算します。

$$\begin{array}{r} 59 \\ \times\ \ 7 \\ \hline \end{array} \Rightarrow \begin{array}{r} 59 \\ \times\ \ 7 \\ \hline {}^{6}\square \end{array} \Rightarrow \begin{array}{r} 59 \\ \times\ \ 7 \\ \hline \square\square{}^{6}3 \end{array}$$

位をそろえてかく。

一の位にかける。一の位は七九63 6くり上げる。

十の位にかける。十の位は七五35 くり上げた6とで41

くり上がった数をたすのをわすれないようにしよう。

答え [　　]

**4** 次の筆算をしましょう。　教科書 26～29ページ

① 18 × 3　② 36 × 2　③ 24 × 4　④ 40 × 9　⑤ 82 × 4

⑥ 83 × 3　⑦ 29 × 5　⑧ 35 × 3　⑨ 79 × 8　⑩ 58 × 7

**5** トラックで、荷物(にもつ)を1回に94こずつ運(はこ)びます。8回運ぶと、荷物は全部で何こ運べますか。　教科書 29ページ 5

式

答え（　　　　）

**ポイント** 筆算は、位をたてにそろえてかいて、一の位、十の位のじゅんに、かける数の九九を使(つか)って計算します。くり上がりに気をつけましょう。

勉強した日　　月　　日

# ③ (3けた)×(｜けた)の筆算
# ④ 暗算

# きほんのワーク

もくひょう
(3けた) × (｜けた)の筆算のしかたや暗算のしかたを身につけよう。

おわったらシールをはろう

教科書 下 30～32ページ　答え 28ページ

## きほん1 くり上がりのない(3 けた)×(｜ けた)の筆算ができますか。

☆ ｜こ213円のおかしがあります。3こ買うと何円ですか。

とき方 式(しき)は［　　］×3です。計算を筆算(ひっさん)でするときは、位(くらい)をそろえてかいて、一の位からじゅんに計算します。

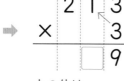

```
  2 1 3        2 1 3        2 1 3
×     3   →  ×     3   →  ×     3
―――――――      ―――――――      ―――――――
      □          □ 9        □ 3 9
```

一の位は 三三が9　／　十の位は 三一が3　／　百の位は 三二が6

(2 けた)×(｜ け
た)の計算のとき
と同じように計算
すればいいね。

答え［　　］円

**1** 次(つぎ)の筆算をしましょう。　教科書 30ページ 1 2

❶
```
  1 3 1
×     3
```

❷
```
  4 0 4
×     2
```

❸
```
  1 1 2
×     4
```

❹
```
  3 2 2
×     3
```

## きほん2 くり上がりのある(3 けた)×(｜ けた)の筆算ができますか。

☆ 265×3の計算を筆算でしましょう。

とき方 一の位からじゅんに計算します。くり上がった数をたすことをわすれないようにします。

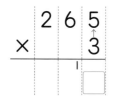

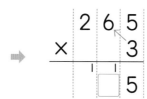

```
  2 6 5        2 6 5        2 6 5
×     3   →  ×     3   →  ×     3
―――――――      ―――――――      ―――――――
     1          1 1          1 1
      □          □ 5        □ 9 5
```

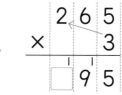

一の位は 三五 15 ｜くり上げる。　／　十の位は 三六 18 くり上げた｜とで 19 ｜くり上げる。　／　百の位は 三二が6 くり上げた｜とで7

答え［　　］

さんすうはかせ 【九九の表(ひょう)②】九九の答えの一の位は、｜のだんは「｜→9」、9のだんは「9→｜」になるよ。3と7のだんはふえたりへったりしながら、｜～9の数がでてくるね。

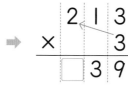

## 2 次の筆算をしましょう。

教科書 30ページ3 31ページ45

❶
$$\begin{array}{r} 215 \\ \times \quad 4 \\ \hline \end{array}$$

❷
$$\begin{array}{r} 379 \\ \times \quad 5 \\ \hline \end{array}$$

❸
$$\begin{array}{r} 173 \\ \times \quad 9 \\ \hline \end{array}$$

❹
$$\begin{array}{r} 938 \\ \times \quad 6 \\ \hline \end{array}$$

❺
$$\begin{array}{r} 695 \\ \times \quad 3 \\ \hline \end{array}$$

❻
$$\begin{array}{r} 503 \\ \times \quad 7 \\ \hline \end{array}$$

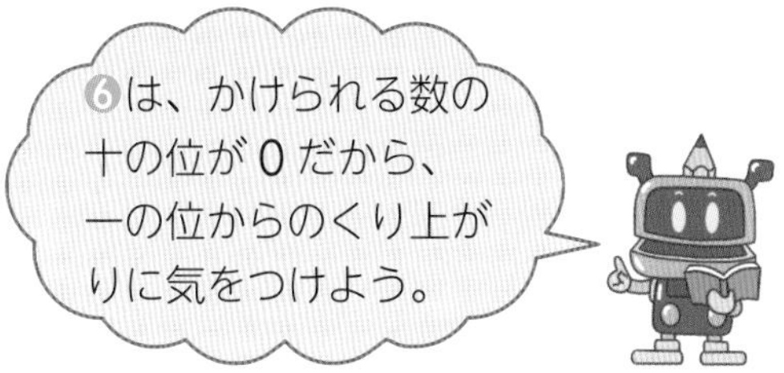
❻は、かけられる数の
十の位が0だから、
一の位からのくり上が
りに気をつけよう。

## 3 リボンを同じ長さに6本に切ると、1本分の長さは137cmになりました。はじめのリボンの長さは何cmでしたか。

教科書 31ページ6

式

答え（　　　　）

## 4 1こ420円のケーキがあります。5こ買うと何円ですか。

教科書 31ページ6

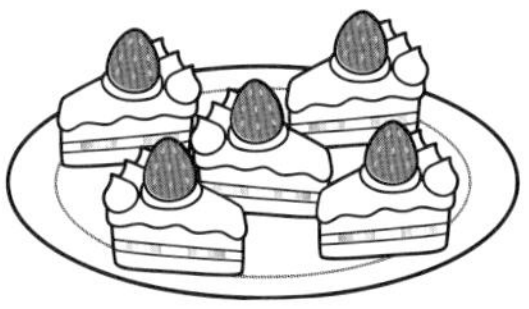

式

答え（　　　　）

## きほん3 (2けた)×(1けた)の計算を、暗算でできますか。

☆26×3の計算を暗算(あんざん)でしましょう。

**とき方** かけられる数の26を、20と6に分けて考えます。暗算では、十の位からさきに計算します。

26 × 3 （①：2×3、②：6×3）

① 20×3= □
② 6×3= □
あわせて □

答え □

三二が6、60
三六　　18
あわせて、78
になるんだね。

## 5 次の計算を暗算でしましょう。

教科書 32ページ23

❶ 23×3　　❷ 14×2　　❸ 33×3

❹ 12×6　　❺ 18×4　　❻ 39×2

**ポイント** (3けた)×(1けた)の筆算も、(2けた)×(1けた)の筆算と同じように計算できます。くり上がりに注意(ちゅうい)して計算しましょう。

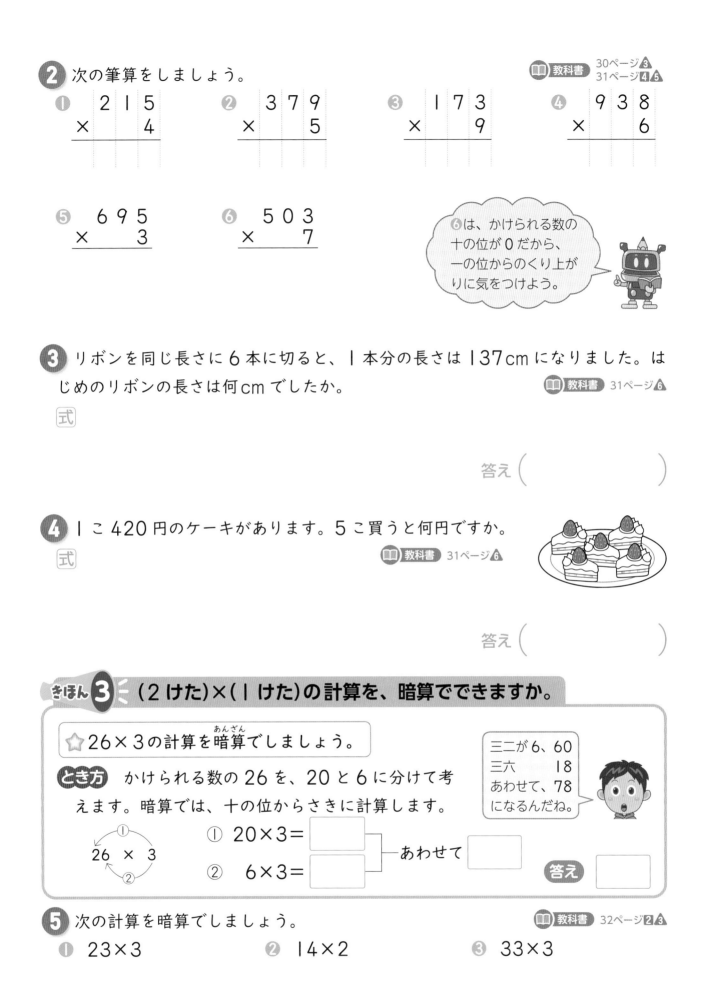

勉強した日　月　日

# 練習のワーク①

教科書 ㊦22〜33ページ　答え 29ページ

できた数　/21問中

おわったら シールを はろう

**1** 何十・何百のかけ算　次(つぎ)の計算をしましょう。

❶ 70×4
10を7こ集(あつ)めた数

❷ 50×5

❸ 80×9

❹ 300×4
100を3こ集めた数

❺ 200×8

❻ 900×4

**2** 筆算のしかた　筆算(ひっさん)のまちがいをみつけて、なおしましょう。

❶
```
    7 3
×     8
───────
5 6 2 4
```

❷
```
  4 0 2
×     3
───────
  1 2 6
```

**考え方**
まずは答えの見当をつけます。
❶ 70×8＝560
❷ 400×3＝1200
このことからも筆算がちがっていることがわかります。

**3** 筆算　次の計算を筆算でしましょう。

❶ 28×3

❷ 92×4

❸ 45×8

❹ 123×3

❺ 173×5

❻ 385×9

**4** (3けた)×(1けた)の筆算　1こ620円のべんとうがあります。5こ買うと何円ですか。

620円

式

答え（　　　　　　）

**5** 暗算　次の計算を暗算(あんざん)でしましょう。

❶ 22×3

❷ 11×4

❸ 18×3

❹ 49×2

❺ 36×2

❻ 19×4

できるナビ　かけ算の筆算も、位(くらい)をそろえてかいて、一の位からじゅんに計算します。

# 練習のワーク②

教科書 ㊦22～33ページ　答え 29ページ

できた数　/17問中

おわったらシールをはろう

## 1 何十・何百のかけ算　次の計算をしましょう。

❶ 40×4　❷ 60×8　❸ 90×3

❹ 800×7　❺ 300×5　❻ 700×6

## 2 (2けた)×(1けた)の筆算　次の筆算をしましょう。

❶ $\begin{array}{r} 33 \\ \times \ \ 2 \\ \hline \end{array}$　❷ $\begin{array}{r} 26 \\ \times \ \ 4 \\ \hline \end{array}$　❸ $\begin{array}{r} 91 \\ \times \ \ 7 \\ \hline \end{array}$

❹ $\begin{array}{r} 52 \\ \times \ \ 9 \\ \hline \end{array}$　❺ $\begin{array}{r} 67 \\ \times \ \ 8 \\ \hline \end{array}$

くり上がりに気をつけよう。

## 3 (3けた)×(1けた)の筆算　次の筆算をしましょう。

❶ $\begin{array}{r} 312 \\ \times \ \ \ 2 \\ \hline \end{array}$　❷ $\begin{array}{r} 197 \\ \times \ \ \ 6 \\ \hline \end{array}$　❸ $\begin{array}{r} 870 \\ \times \ \ \ 7 \\ \hline \end{array}$

❹ $\begin{array}{r} 639 \\ \times \ \ \ 8 \\ \hline \end{array}$　❺ $\begin{array}{r} 704 \\ \times \ \ \ 5 \\ \hline \end{array}$

❺は、かけられる数の十の位が0だから、一の位からのくり上がりに気をつけよう。

## 4 暗算　14まいを1たばにしたおり紙が6たばあります。全部(ぜんぶ)で何まいありますか。答えは、暗算でもとめましょう。

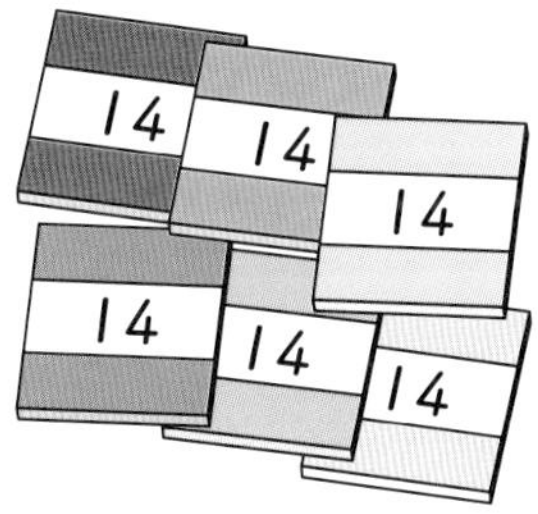


(　　　　　)

できるナビ　くり上がりのあるかけ算は、くり上げた数をたすのをわすれないように注意(ちゅうい)して計算するようにしましょう。

勉強した日　月　日

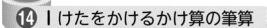

# まとめのテスト①

教科書 ㊦22～33ページ　答え 30ページ

時間 20分

とく点　/100点

おわったら シールを はろう

**1** よく出る 次(つぎ)の筆算(ひっさん)をしましょう。　1つ6〔72点〕

❶ $\begin{array}{r} 17 \\ \times\ \ 5 \\ \hline \end{array}$　❷ $\begin{array}{r} 38 \\ \times\ \ 3 \\ \hline \end{array}$　❸ $\begin{array}{r} 96 \\ \times\ \ 4 \\ \hline \end{array}$

❹ $\begin{array}{r} 43 \\ \times\ \ 9 \\ \hline \end{array}$　❺ $\begin{array}{r} 69 \\ \times\ \ 6 \\ \hline \end{array}$　❻ $\begin{array}{r} 28 \\ \times\ \ 8 \\ \hline \end{array}$

❼ $\begin{array}{r} 413 \\ \times\ \ \ 2 \\ \hline \end{array}$　❽ $\begin{array}{r} 810 \\ \times\ \ \ 6 \\ \hline \end{array}$　❾ $\begin{array}{r} 395 \\ \times\ \ \ 3 \\ \hline \end{array}$

❿ $\begin{array}{r} 769 \\ \times\ \ \ 8 \\ \hline \end{array}$　⓫ $\begin{array}{r} 501 \\ \times\ \ \ 5 \\ \hline \end{array}$　⓬ $\begin{array}{r} 907 \\ \times\ \ \ 4 \\ \hline \end{array}$

**2** おはじきを９人で同じ数ずつ分けたら、１人分は20こになりました。はじめに何こありましたか。　1つ7〔14点〕

式

答え（　　　　）

**3** 145mL のジュースがはいっているコップが８こあります。全部(ぜんぶ)で何mL ありますか。　1つ7〔14点〕

式

答え（　　　　）

チェック
□（２けた）×（１けた）の筆算のしかたがわかったかな？
□（３けた）×（１けた）の筆算のしかたがわかったかな？

# まとめのテスト②

教科書 ㊦ 22〜33ページ　答え 30ページ

時間 20分　とく点 /100点　おわったらシールをはろう

**1** よく出る 次の計算をしましょう。　1つ5〔70点〕

❶ 90×2　❷ 53×4　❸ 14×9

❹ 88×6　❺ 46×5　❻ 37×8

❼ 69×3　❽ 701×7　❾ 243×2

❿ 982×4　⓫ 309×9　⓬ 635×8

⓭ 420×6　⓮ 825×4

**2** 1つの辺の長さが17mの正方形の形をした花だんの、まわりの長さは何mですか。　1つ5〔10点〕

式

答え（　　　）

**3** 1さつの重さが216gの本が6さつあります。全部で何gですか。　1つ5〔10点〕

式

答え（　　　）

**4** 1まい900円のハンカチがあります。4まい買うと何円ですか。　1つ5〔10点〕

式

答え（　　　）

ふろくの「計算練習ノート」12〜15ページをやろう！

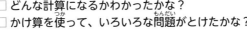

チェック
□どんな計算になるかわかったかな？
□かけ算を使って、いろいろな問題がとけたかな？

勉強した日 月 日

# 式と計算［その1］
## きほんのワーク

もくひょう
べつべつに考えたり、まとまりを考えたりできるようになろう。

おわったらシールをはろう

教科書 ㊦34〜35ページ 答え 31ページ

### きほん1 べつべつに考えたり、1組にして考えたりできますか。

☆ 1こ80円のなしを5こと、1こ50円のみかんを5こ買いました。代金は、あわせて何円ですか。次の2とおりのしかたで計算しましょう。

とき方 《1》なしの代金とみかんの代金をべつべつに考えると、

80×5＝［　　］

50×5＝［　　］だから、

あわせて［　　］＋［　　］＝［　　］より、

［　　］円です。

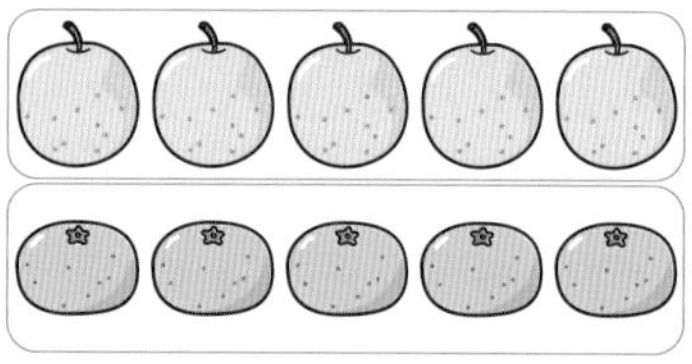

《2》なしとみかんの代金を1組にして考えると、

80＋50＝［　　］だから、

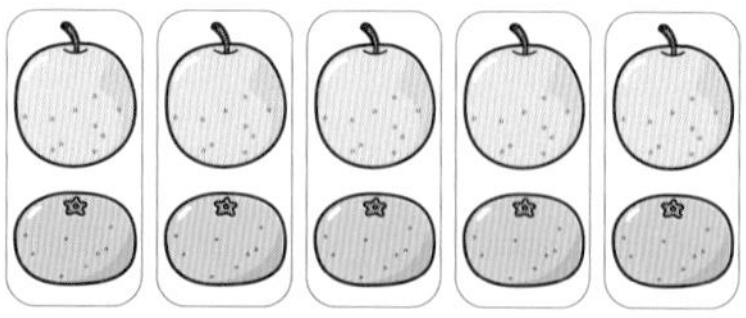

［　　］×5＝［　　］より、［　　］円です。　　答え［　　］円

**1** 7このボールがはいった大きい箱が6箱と、3このボールがはいった小さい箱が6箱あります。ボールは全部で何こありますか。

教科書 34ページ1

❶ 大きい箱にはいっているボールの数と、小さい箱にはいっているボールの数をべつべつに考えて、答えをもとめましょう。

式

答え（　　　　）

❷ 大きい箱と小さい箱にはいっているボールの数を1組にして考えて、答えをもとめましょう。

式

答え（　　　　）

**2** 1まい20円の色紙と1まい50円の画用紙を、それぞれ9まいずつ買いました。代金は、あわせて何円ですか。

教科書 34ページ1

式

答え（　　　　）

さんすうはかせ　きほん1 や きほん2 から、次の関係がわかるね。
(■＋●)×▲＝■×▲＋●×▲　(■−●)×▲＝■×▲−●×▲

**3** 大きい花たばを３つと、小さい花たばを３つつくります。１つの花たばをつくるのに、大きい花たばは30本、小さい花たばは20本の花を使います。花は全部で何本いりますか。大きい花たばと小さい花たばを１組にして考えて、答えをもとめましょう。

教科書 34ページ1

式

答え（　　　　）

## きほん２ １このちがいを考えて問題がとけますか。

☆ゆきなさんは、１さつ60円のノートを６さつ、１本40円のえん筆を６本買います。どちらが何円高くなりますか。ノート１さつとえん筆１本のねだんのちがいを考えて、答えをもとめましょう。

**とき方** ノート１さつとえん筆１本のねだんのちがいは60－40＝□より、□円だから、ノート６さつとえん筆６本の代金のちがいは
□×6＝□より、□円です。

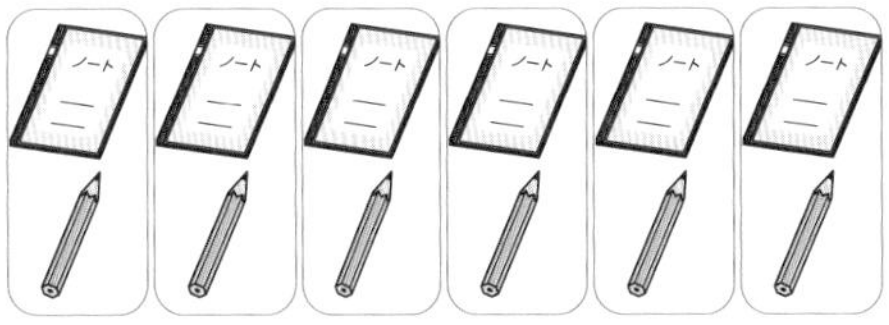

１つのねだんのちがいを考えても、全体のちがいがもとめられるんだね。


**答え** □が□円高くなる。

**4** りなさんは、毎月200円ずつちょ金しています。ごうさんは、毎月140円ずつちょ金しています。８か月たつと、２人のちょ金の金がくのちがいは何円ですか。２人の１か月のちょ金の金がくのちがいを考えて、答えをもとめましょう。

教科書 35ページ2

式

答え（　　　　）

**5** ゆうきさんは、高さ８cmのつみ木を７こ、妹は、高さ５cmのつみ木を７こつみます。２人がつんだつみ木の高さのちがいは何cmですか。つみ木１この高さのちがいを考えてもとめましょう。

教科書 35ページ2

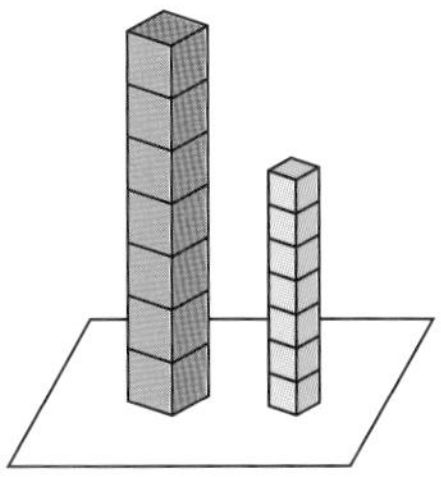

式

答え（　　　　）

**ポイント** べつべつに考えて計算するしかたと、それぞれを１組にして考えて計算するしかたがあります。

勉強した日 月 日

# 式と計算 [その2]

# きほんのワーク

もくひょう
( )を使って、1つの式にかいて考えられるようになろう。

おわったらシールをはろう

教科書 下 36～37ページ　答え 31ページ

## きほん 1 1つの式にかいて、あわせた代金をもとめられますか。

☆れんさんは、1さつ90円のノートを6さつと、1本60円のえん筆(ぴつ)を6本買いました。代金(だいきん)は、あわせて何円ですか。1つの式(しき)にかいてもとめましょう。

とき方 《1》ノートとえん筆を1組にして考えると、

90＋60＝□
□×6＝□

⇨ ( )を使(つか)って、1つの式にかくと、
(90＋60)×6＝□

《2》ノートの代金とえん筆の代金をべつべつにもとめると、

90×6＝□
60×6＝□
540＋□＝□

⇨ ( )を使って、1つの式にかくと、
(90×6)＋(60×6)＝□

《1》《2》より、どちらの式も、答えは同じになります。
(90＋60)×6＝(90×6)＋(60×6)

答え □円

**1** 1本80円のボールペンを5本と、1こ30円の消(け)しゴムを5こ買いました。代金は、あわせて何円ですか。1つの式にかいてもとめましょう。 教科書 36ページ1

❶ ボールペンと消しゴムを1組にして考えて、1つの式にかいてもとめましょう。

式

答え ( )

❷ ボールペンの代金と消しゴムの代金をべつべつに考えて、1つの式にかいてもとめましょう。

式

答え ( )

さんすうはかせ
(■＋●)×▲＝■×▲＋●×▲、(■－●)×▲＝■×▲－●×▲ を「分配(ぶんぱい)のきまり」というんだ。分配のきまりをじょうずにり用すると、計算がかんたんになることがあるよ。

## きほん2 | つの式にかいて、代金のちがいをもとめられますか。

☆かほさんは、|こ80円のりんごを7こと、|こ40円のみかんを7こ買いました。りんご7ことみかん7この代金のちがいは何円ですか。

とき方 《|》りんごとみかんのねだんのちがいを考えると、

80−40=□

□×7=□

⇨ (　)を使って、|つの式にかくと、

(80−40)×7=□

《2》りんごの代金とみかんの代金をべつべつにもとめると、

80×7=□

40×7=□

560−□=□

⇨ (　)を使って、|つの式にかくと、

(80×7)−(40×7)=□

答え □円

**2** |このかざりをつくるのに、赤いリボンを50cm、白いリボンを10cm使います。このかざりを9こつくりました。使った赤いリボンと白いリボンの長さのちがいは何cmですか。 教科書 37ページ2

❶ |このかざりをつくるのに使うリボンの長さのちがいを考えて、|つの式にかいてもとめましょう。

式

答え（　　　　）

❷ 9このかざりをつくるのに使った赤いリボンと白いリボンの長さをべつべつに考えて、|つの式にかいてもとめましょう。

式

答え（　　　　）

**3** 次(つぎ)の□にあてはまる数をかきましょう。 教科書 37ページ3

❶ (6+4)×5=(6×□)+(4×□)

❷ (35×7)+(65×7)=(□+□)×7

❸ (18−8)×6=(18×□)−(8×□)

❹ (100×9)−(4×9)=(□−□)×9

ポイント (　)を使うと、|つの式にかくことができます。
(　)は、その中をさきに計算するしるしです。

勉強した日　　月　　日

# 練習のワーク

教科書 ㊦34～37ページ　答え 31ページ

できた数　　/10問中

おわったら シールを はろう

**1** まとまりを考えて　赤いクリップが70こはいっている箱が6箱、青いクリップが40こはいっている箱が6箱あります。クリップはあわせて何こありますか。1つの式にかいてもとめましょう。

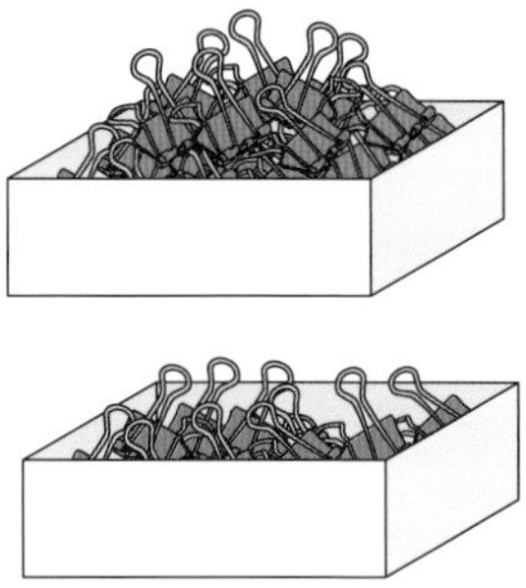

式

答え（　　　　）

**2** まとまりを考えて　1こ20円のガムを8こと、1こ70円のチョコレートを8こ買いました。ガム8この代金とチョコレート8この代金のちがいは何円ですか。1つの式にかいてもとめましょう。

式

答え（　　　　）

**3** 計算のきまり　次の□にあてはまる数をかきましょう。

❶ (2＋8)×9＝(2×□)＋(8×□)

❷ (15×3)＋(85×3)＝(□＋□)×3

❸ (10×8)＋(90×8)＝□×8

さんこう
次のような計算のきまりがあります。
(●×▲)＋(■×▲)＝(●＋■)×▲

**4** 計算のきまり　次の□にあてはまる数をかきましょう。

❶ (39－9)×2＝(39×□)－(9×□)

❷ (48×7)－(8×7)＝(□－□)×7

❸ (80×5)－(30×5)＝□×5

さんこう
次のような計算のきまりがあります。
(●×▲)－(■×▲)＝(●－■)×▲

できるナビ　(　)を使って、1つの式にかいて、答えをもとめることができます。

# まとめのテスト

教科書 下 34～37ページ　答え 32ページ

時間 20分　とく点 /100点　おわったらシールをはろう

**1** あといの答えが同じになるものには○を、ちがうものには×をかきましょう。

1つ10〔60点〕

❶ あ $(8+2)\times4$
　 い $(8+4)\times(2+4)$
（　　　　）

❷ あ $(42+58)\times6$
　 い $(42\times6)+(58\times6)$
（　　　　）

❸ あ $(6-3)\times5$
　 い $(6\times5)-(3\times5)$
（　　　　）

❹ あ $(15-7)+5$
　 い $(15+5)-(7+5)$
（　　　　）

❺ あ $(80+4)\times9$
　 い $(80\times9)-(4\times9)$
（　　　　）

❻ あ $(55\times2)+(25\times2)$
　 い $(55+25)\times2$
（　　　　）

**2** 60まいが1組になった画用紙が4たばと、80まいが1組になった画用紙が4たばあります。画用紙は、全部で何まいありますか。1つの式にかいてもとめましょう。

1つ10〔20点〕

式

答え（　　　　）

**3** 1回に90この荷物を運べる大きいトラックで、3回荷物を運びました。また、1回に50この荷物を運べる小さいトラックで、3回荷物を運びました。大きいトラックで運んだ荷物の数と小さいトラックで運んだ荷物の数のちがいは何こですか。1つの式にかいてもとめましょう。

1つ10〔20点〕

式

答え（　　　　）

チェック
□ べつべつに考えたり、1組にして考えたりできたかな？
□ まとまりを考えて、1つの式にかけたかな？

勉強した日　月　日

# ❶ あまりの大きさの表し方
# ❷ 分数の大きさ

## きほんのワーク

**もくひょう**
分数の意味を知り、しくみがわかるようになろう。

おわったら シールを はろう

教科書 ㊦38～45ページ　答え 32ページ

### きほん 1 分けた大きさの表し方がわかりますか。

☆ 色をぬったところの長さを、分数でかきましょう。

❶
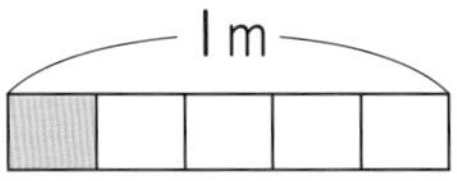


❷
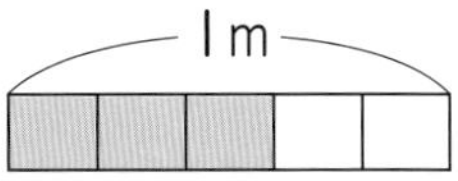

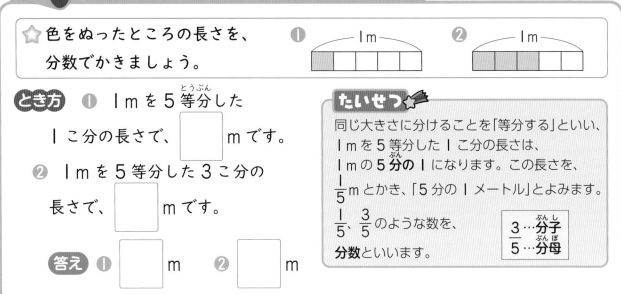

とき方 ❶ 1mを5等分(とうぶん)した1こ分の長さで、□mです。
❷ 1mを5等分した3こ分の長さで、□mです。

答え ❶ □m　❷ □m

**たいせつ**
同じ大きさに分けることを「等分する」といい、1mを5等分した1こ分の長さは、1mの**5分(ぶん)の1**になります。この長さを、$\frac{1}{5}$mとかき、「5分の1メートル」とよみます。
$\frac{1}{5}$、$\frac{3}{5}$のような数を、**分数**といいます。

3…分子(ぶんし)
5…分母(ぶんぼ)

**1** 色をぬったところの長さを、分数でかきましょう。　教科書 40ページ3

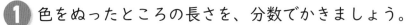

❶
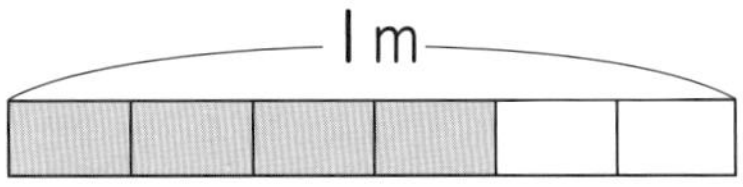


(　　　)

❷
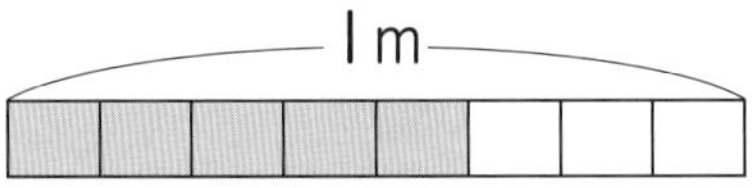


(　　　)

**2** 次(つぎ)の長さにあたるところに色をぬりましょう。また、長さが何mになるかを、分数を使ってかきましょう。　教科書 41ページ5

❶ 1mを7等分した3こ分の長さ
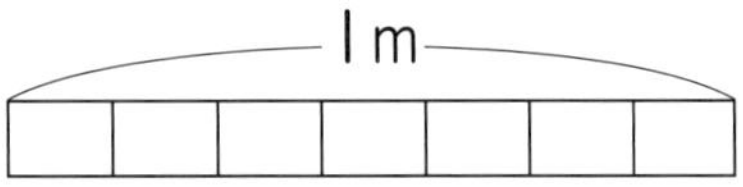


(　　　)

❷ 1mを9等分した5こ分の長さ
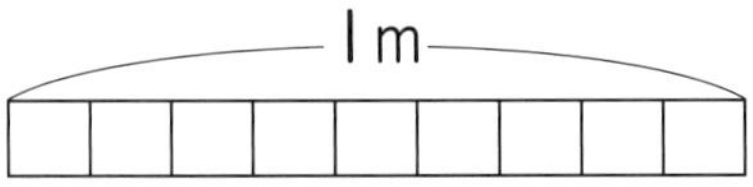


(　　　)

**3** 右のかさを、分数を使(つか)ってかきましょう。　教科書 42ページ9

❶
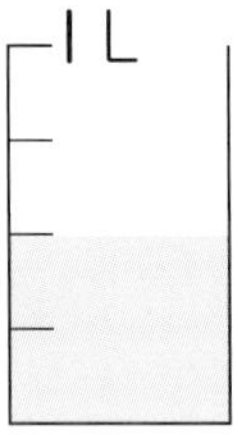


(　　　)

❷
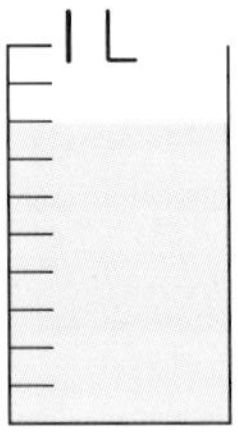


(　　　)

さんすうはかせ　分数は1の大きさを等分するので、1より小さいいろいろな大きさを表(あらわ)すことができるんだよ。

## きほん2 分数を使って、数の大きさを表せますか。

☆右の数直線で、ⓐ、ⓘ、ⓤにあたる分数をかきましょう。

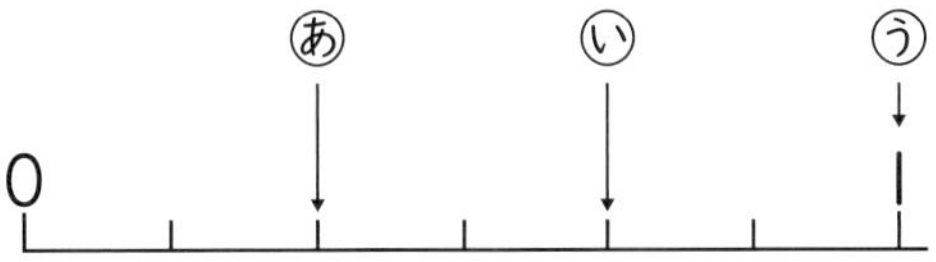

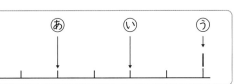

**とき方** 上の数直線は、0と1の間を6等分しているから、1目もりの大きさは $\frac{1}{6}$ です。

ⓐ $\frac{1}{6}$ の2こ分で、□です。

ⓘ $\frac{1}{6}$ の4こ分で、□です。

ⓤ $\frac{1}{6}$ の6こ分で、□です。

これはちょうど1になります。

**答え** ⓐ□ ⓘ□ ⓤ□

**4** 次の分数を数直線の上に表しましょう。 教科書 44ページ5

❶ $\frac{3}{7}$

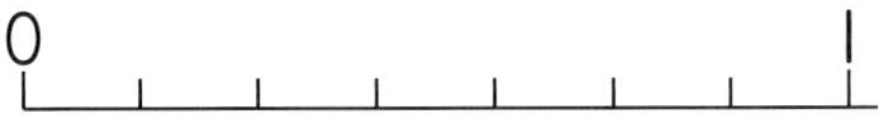


❷ $\frac{5}{8}$

## きほん3 分数の大小がわかりますか。

☆ $\frac{6}{7}$ と $\frac{2}{7}$ の大小を、不等号（ふとうごう）を使って式（しき）にかきましょう。

**とき方** 数直線の上に表して考えます。

1を7等分した1つ分の大きさが $\frac{1}{7}$ だから、下のようになります。

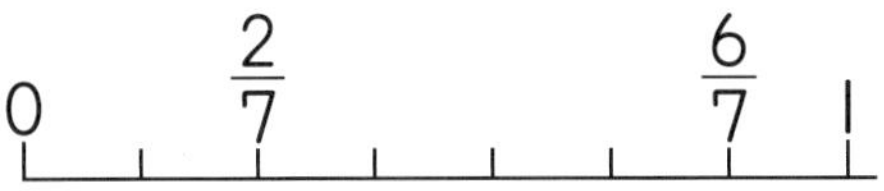


数直線の上の数は、右にいくほど大きい数なので、$\frac{6}{7}$ □ $\frac{2}{7}$ です。

**たいせつ**
$\frac{3}{3}=1$ のように、等（ひと）しいことを表すしるし＝を**等号**といい、$\frac{2}{3}>\frac{1}{3}$ や $\frac{1}{3}<\frac{2}{3}$ のように、大小を表すしるし＞、＜を**不等号**といいます。

**答え** □

**5** 次の数の大小を、不等号を使って式にかきましょう。 教科書 45ページ3

❶ $\frac{3}{4}$ $\frac{2}{4}$ （　　　　）

❷ $\frac{9}{10}$ 1 （　　　　）

**ポイント** 分母は、1Lや1mなどのもとになる大きさをいくつに分けたかを表し、分子はそのいくつ分かを表します。

勉強した日　月　日

# ③ 分数のたし算・ひき算

## きほんのワーク

もくひょう
分数のたし算とひき算が、できるようになろう。

おわったらシールをはろう

教科書 ㊦46〜48ページ　答え 33ページ

### きほん1 分数のたし算ができますか。

☆ジュース $\frac{2}{10}$L と $\frac{5}{10}$L をあわせると何Lですか。

$\frac{1}{10}$が何こになるか考えるんだね。

とき方　あわせたかさをもとめるから、たし算で計算します。式（しき）は $\frac{2}{10}+\frac{5}{10}$ です。

$\frac{2}{10}$ は $\frac{1}{10}$ が □ こ、

$\frac{5}{10}$ は $\frac{1}{10}$ が □ こ。

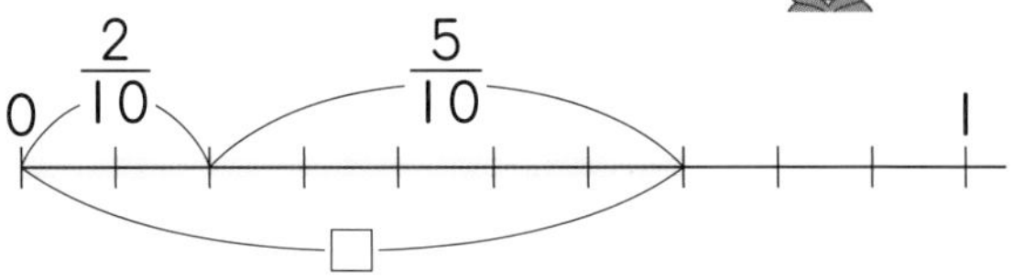


あわせて、$\frac{1}{10}$ が（□＋□）こ

だから、$\frac{2}{10}+\frac{5}{10}=$ □ になります。　　答え □ L

**1** $\frac{3}{8}$m と $\frac{4}{8}$m のリボンがあります。リボンはあわせて何mありますか。

教科書 46ページ1

式

答え（　　　　）

**2** 次（つぎ）の計算をしましょう。

教科書 46ページ2 3

❶ $\frac{1}{4}+\frac{2}{4}$　　❷ $\frac{3}{6}+\frac{2}{6}$　　❸ $\frac{2}{5}+\frac{2}{5}$

❹ $\frac{5}{9}+\frac{4}{9}$　　❺ $\frac{4}{10}+\frac{6}{10}$

分母と分子の数が同じ分数は、1と同じ大きさになるね。

さんすうはかせ　分数で、分子が分母より大きいときは1より大きい数を表（あらわ）していて、「仮分数（かぶんすう）」というよ。1より小さい分数は「真分数（しんぶんすう）」というんだ。

## きほん 2 分数のひき算ができますか。

☆ジュース $\frac{6}{7}$ L のうち、$\frac{4}{7}$ L を飲(の)みました。のこりは何 L ですか。

**とき方** のこりのかさをもとめるから、ひき算で計算します。式は $\frac{6}{7}-\frac{4}{7}$ です。

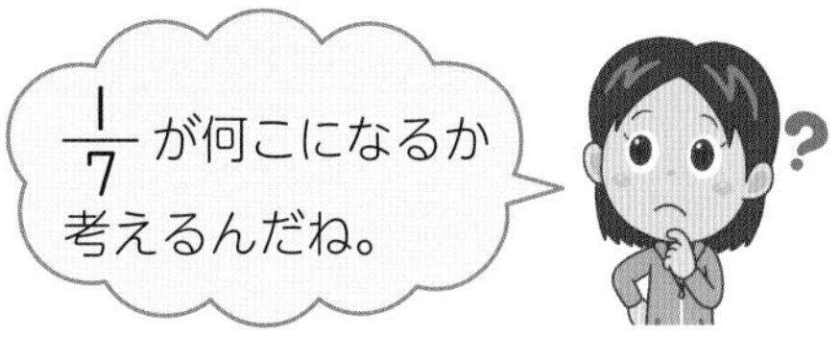

$\frac{1}{7}$ が何こになるか考えるんだね。

$\frac{6}{7}$ は $\frac{1}{7}$ が □ こ、

$\frac{4}{7}$ は $\frac{1}{7}$ が □ こ。

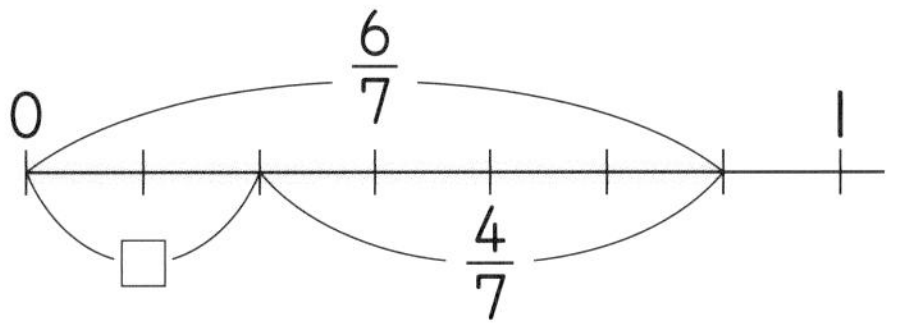

0
$\frac{6}{7}$
1
□
$\frac{4}{7}$

のこりは、$\frac{1}{7}$ が（□ − □）こだから、

$\frac{6}{7}-\frac{4}{7}=$ □ になります。

**答え** □ L

**3** $\frac{7}{9}$ m のリボンから $\frac{5}{9}$ m のリボンを切り取(と)ると、のこりは何 m ですか。

式

教科書 47ページ4

答え（　　　　）

**4** 牛にゅうが 1 L あります。$\frac{3}{5}$ L を飲むと、のこりは何 L ですか。

式

教科書 48ページ4 5

答え（　　　　）

**5** 次の計算をしましょう。

教科書 48ページ5 6

❶ $\frac{4}{6}-\frac{2}{6}$

❷ $\frac{8}{9}-\frac{5}{9}$

❸ $\frac{7}{8}-\frac{5}{8}$

❹ $\frac{4}{5}-\frac{1}{5}$

❺ $1-\frac{8}{10}$

❺は、1 を $\frac{10}{10}$ と考えるんだね。

**ポイント** 分母が同じ分数のたし算やひき算は、分母はそのままで、分子どうしをたしたりひいたりします。

勉強した日 月 日

# 練習のワーク

教科書 ㊦ 38〜49ページ　答え 33ページ

できた数 /16問中

おわったら シールを はろう

## 1 分けた大きさの表し方　色をぬったところの長さやかさを、分数でかきましょう。

❶

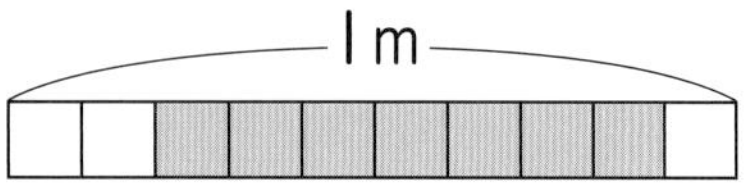

1m

(　　　　)

❷

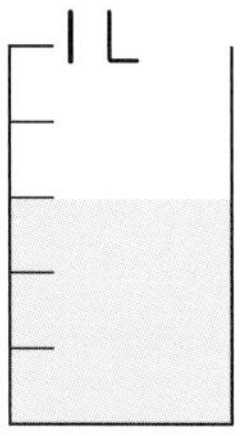

1L

(　　　　)

**考え方**
❶ 1mを10等分(とうぶん)した何こ分かを考えます。
❷ 1Lを5等分した何こ分かを考えます。

## 2 分数の大きさ　□にあてはまる数をかきましょう。

❶ $\frac{4}{6}$mは、$\frac{1}{6}$mの□こ分の長さです。

❷ $\frac{1}{10}$Lの□こ分のかさは、$\frac{6}{10}$Lです。

❸ $\frac{1}{5}$kgの□こ分の重(おも)さは、1kgです。

分母と分子が等(ひと)しいとき、1になります。

❹ $\frac{1}{8}$を7こ集(あつ)めた数は、□です。

❺ $\frac{1}{5}$を□こ集めた数は、$\frac{4}{5}$です。

## 3 分数の大小　次(つぎ)の数の大小を、等号(とうごう)や不(ふ)等号を使(つか)って式(しき)にかきましょう。

❶ $\frac{4}{5}$　$\frac{3}{5}$　(　　　　)

❷ $\frac{7}{9}$　$\frac{8}{9}$　(　　　　)

❸ $\frac{8}{8}$　1　(　　　　)

❸の1は、$\frac{1}{8}$が8こ分と考えるよ。

## 4 分数のたし算・ひき算　次の計算をしましょう。

❶ $\frac{5}{9}+\frac{3}{9}$

❷ $\frac{1}{8}+\frac{6}{8}$

❸ $\frac{2}{5}+\frac{2}{5}+\frac{1}{5}$

❹ $\frac{5}{7}-\frac{2}{7}$

❺ $\frac{2}{4}-\frac{1}{4}$

❻ $1-\frac{2}{6}-\frac{1}{6}$

できるナビ　分けた大きさを、分数で表せるようになりましょう。

# まとめのテスト

教科書 ㊦ 38〜49ページ　答え 34ページ

時間 20分　とく点　/100点　おわったらシールをはろう

**1** 次の長さやかさ、重さを、分数を使ってかきましょう。　1つ4〔12点〕

❶ 1cm を 3 等分した 1 こ分の長さ　（　　　）

❷ 1L を 6 等分した 5 こ分のかさ　（　　　）

❸ 1kg を 8 等分した 7 こ分の重さ　（　　　）

**2** 次の数は、$\frac{1}{9}$ を何こ集めた数ですか。　1つ5〔20点〕

❶ $\frac{5}{9}$　❷ $\frac{7}{9}$　❸ $\frac{6}{9}$　❹ 1

（　　　）（　　　）（　　　）（　　　）

**3** よく出る 下の数直線について、答えましょう。　1つ6〔30点〕

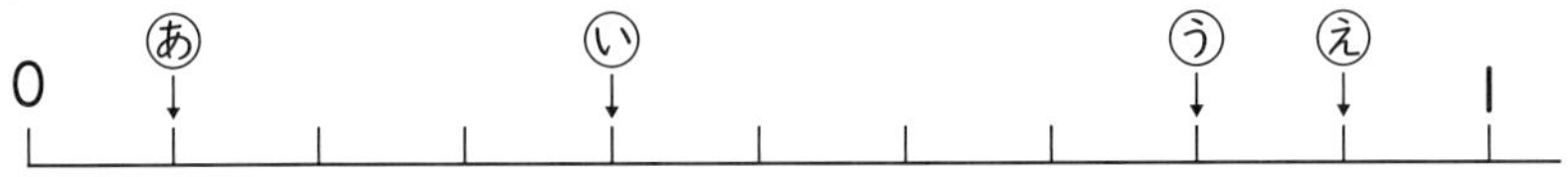


❶ あ、い、う、えにあたる分数をかきましょう。

あ（　　　）　い（　　　）　う（　　　）　え（　　　）

❷ $\frac{7}{10}$ を表す目もりに↓をかきましょう。

**4** 次の数の大小を、等号や不等号を使って式にかきましょう。　1つ6〔18点〕

❶ $\frac{4}{6}$　$\frac{8}{6}$　❷ $\frac{1}{10}$　0　❸ $\frac{4}{4}$　1

（　　　）（　　　）（　　　）

**5** だいちさんのテープの長さは $\frac{2}{8}$m、かおりさんのテープの長さは $\frac{5}{8}$m です。

❶ 長さは、あわせて何 m ありますか。　1つ5〔20点〕

式

答え（　　　）

❷ 長さのちがいは何 m ですか。

式

答え（　　　）

ふろくの「計算練習ノート」20〜21ページをやろう！

チェック
□ 分数を使った数の表し方がわかったかな？
□ 分数のたし算やひき算ができたかな？

勉強した日 月 日

# 学びのワーク

おわったら シールを はろう

教科書 ㊦ 50～51ページ　答え 34ページ

## きほん1 間の数をもとめることができますか。

☆ 18人が1列にならんでいます。としきさんは前から3番目で、けんたさんは前から7番目、くみさんは後ろから5番目です。

❶ としきさんとけんたさんの間には何人いますか。

❷ としきさんとくみさんの間には何人いますか。

とき方 図をかいて考えます。

(前)○○●○○○●○○○○○○●○○○○(後ろ)

としき　けんた　くみ

答え ❶ [　　] 人　❷ [　　] 人

**1** 20本のはたが1列にならんでいます。赤いはたは前から4番目で、白いはたは後ろから6番目です。赤いはたと白いはたの間には、はたは何本ありますか。

教科書 50ページ 1 2

(　　　　　)

## きほん2 間の長さをもとめることができますか。

☆ 道にそって、6本の木が植えてあります。木は14mずつはなれています。両はしの木の間は何mですか。

とき方 木を●として、図をかいて考えます。

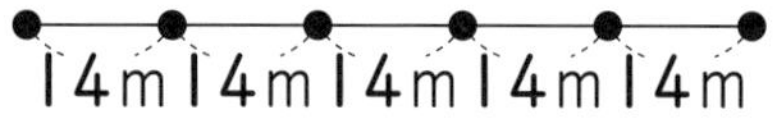


間の数は、木の数より1少なくなるね。

木の数は6本だから、木と木の間の数は [　　] になるから、両はしの木の間は、14×[　　]=[　　] より、[　　] mです。　答え [　　] m

**2** 10人が、1列にならびます。それぞれの人は5mずつはなれて立ちます。両はしの人の間は何mですか。

教科書 51ページ 4

式

答え (　　　　　)

さんすうはかせ　道にそって立っている木や電柱の数と、その間の数のことを考える問題を、「植木算」というよ。

勉強した日　月　日

# 学びのワーク

おわったら シールを はろう

教科書 ㊦52～53ページ　答え 34ページ

## きほん1 プログラムをつくることができますか。

☆ 右の図のように、上下と左右にまっすぐのびた道の上にねずみがいます。下の4つの命れいを組み合わせることで、ねずみを動かすことができます。

前に 1 進む　　右を向く　　左を向く

ねずみがすべてのチーズ にたどり着くように、プログラムをつくりました。このとき、ねずみが正しく動くのは、右のあといのどちらですか。

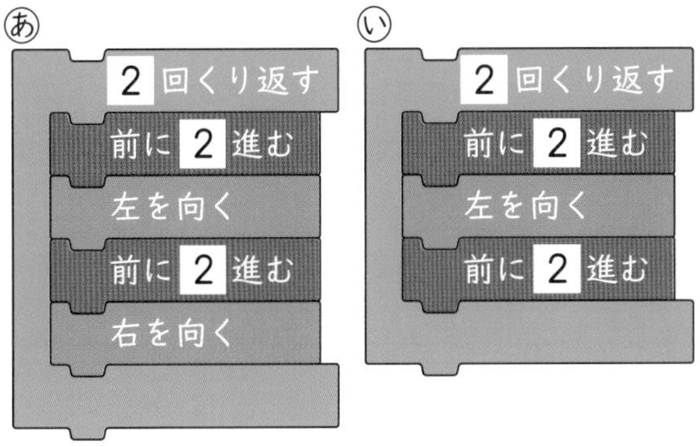


**とき方** 2つめのチーズにたどり着くのはどちらか考えましょう。

答え [　　]

**1** きほん1 の図のねずみを動かしていきます。❶と❷のように動かすとき、それぞれに次の□に入る数やことばを答えて、正しい命れいをつくりましょう。

教科書 52～53ページ

❶ すべてのクッキー にたどり着く

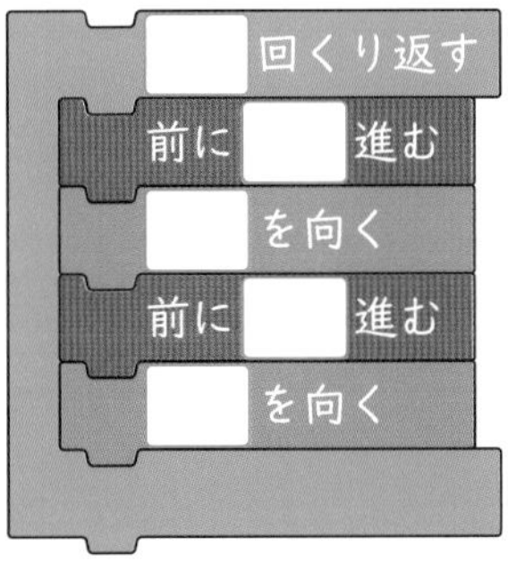


❷ すべてのパン にたどり着く

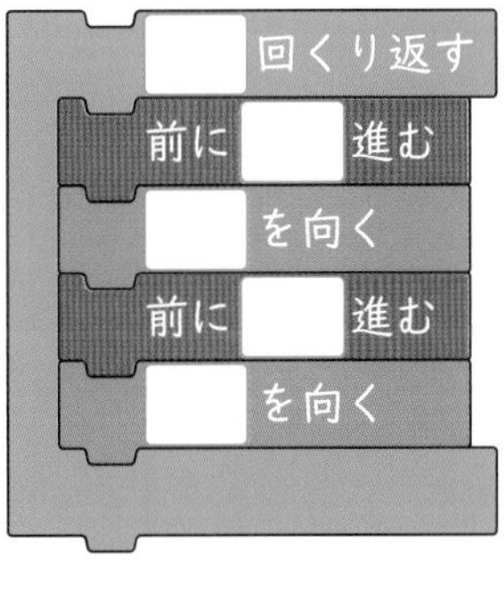


**ポイント** ねずみは前にしか進めないので、進む方向を向いてから、前に進めることに注意しましょう。

勉強した日　　月　　日

# ❶ 二等辺三角形と正三角形

**もくひょう**
三角形の名前やとくちょうをおぼえ、三角形をかけるようになろう。

おわったらシールをはろう

## きほんのワーク

教科書 ㊦ 56〜61ページ　答え 35ページ

## きほん 1　二等辺三角形や正三角形のとくちょうがわかりますか。

☆ コンパスを使って、右の図から二等辺三角形と正三角形をみつけましょう。

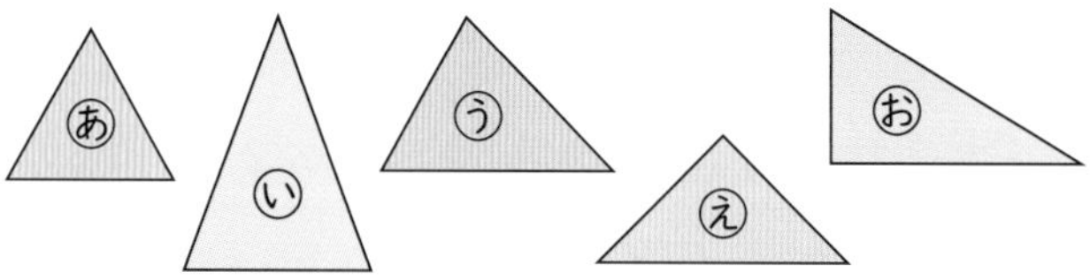


**とき方**　あ、い、う、え、おの三角形の辺の長さを、コンパスを使って調べます。

2つの辺の長さが等しい…□、□

3つの辺の長さが等しい…□

辺の長さがみんなちがう…□、□

**たいせつ**
2つの辺の長さが等しい三角形を二等辺三角形といい、3つの辺の長さがみんな等しい三角形を正三角形といいます。

**答え**　二等辺三角形 □ と □　　正三角形 □

**1** 次の三角形は何という三角形ですか。　教科書 57ページ1

❶ 6cmの色のぼう2本、3cmの色のぼう1本でできる三角形
(　　　　)

❷ 8cmの色のぼう3本でできる三角形
(　　　　)

**2** コンパスを使って、下の図から二等辺三角形や正三角形をみつけましょう。　教科書 58ページ2

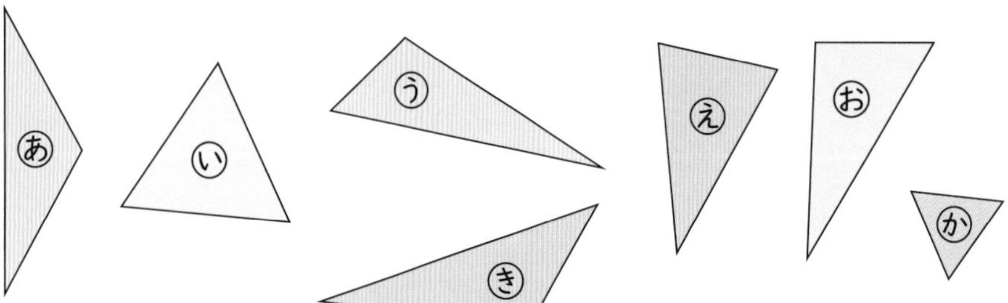


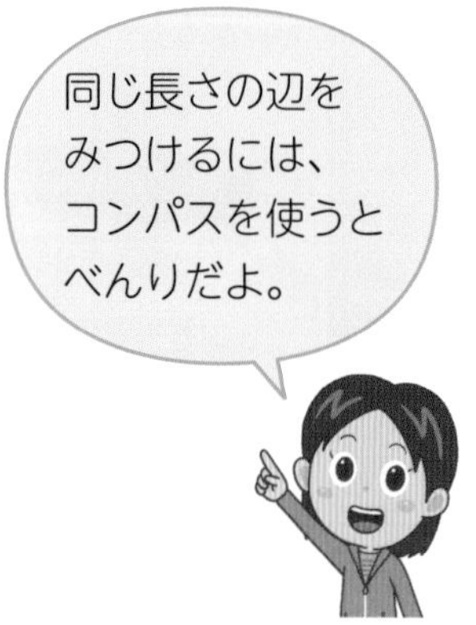

同じ長さの辺をみつけるには、コンパスを使うとべんりだよ。


二等辺三角形 (　　　　)

正三角形 (　　　　)



さんすうはかせ　【三角形の中心はどこ？】あつさの同じ三角形の紙板があって、この紙板でくるくるまわるコマをつくろうとすると、どこを「じく」にすればよいでしょう。　(答えは90ページ)

## きほん 2 二等辺三角形や正三角形のかき方がわかりますか。

☆辺の長さが2cm、4cm、4cmの二等辺三角形をかきましょう。

**とき方** じょうぎとコンパスを使って、次のじゅんじょでかきます。

1 2cmの辺をかく。

2 コンパスを、4cmに開(ひら)き、2cmの辺のかたほうの点から4cmのところにしるしをつける。

3 2cmの辺のもう１つの点から同じようにしるしをつける。

4 2、3のしるしが交わった点と2cmの辺の両(りょう)はしの点をつなぐ。

**答え**

**3** 次の三角形をかきましょう。 教科書 59ページ2 3

❶ 辺の長さが4cm、3cm、3cmの二等辺三角形

❷ 辺の長さが3cmの正三角形

❸ 辺の長さが3cm、5cm、3cmの二等辺三角形

**4** 右の図の円の半径(はんけい)を使って、円の中心とまわりをつないで二等辺三角形を１つかきましょう。 教科書 60ページ1

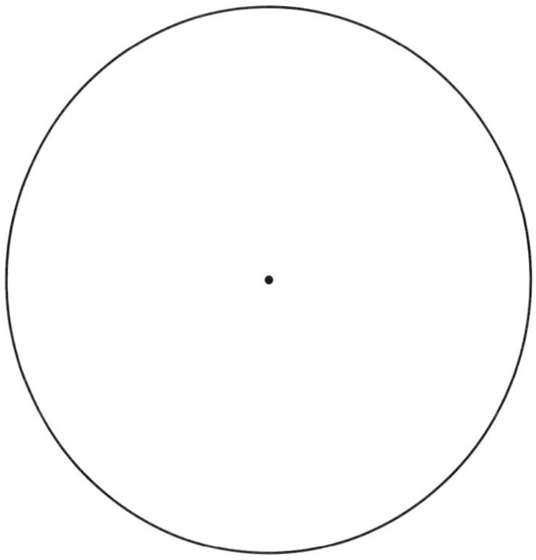

**ポイント** 二等辺三角形や正三角形をみつけるには、コンパスを使って辺の長さを調べます。
２つの辺の長さが等しい→二等辺三角形　３つの辺の長さがみんな等しい→正三角形

勉強した日　月　日

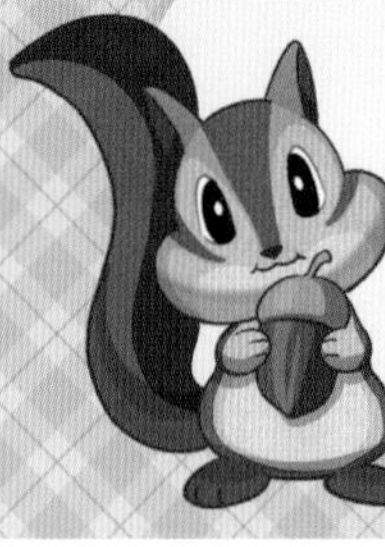

## ❷ 角

# きほんのワーク

もくひょう
角の大きさをくらべることができるようになろう。

おわったらシールをはろう

教科書 ㊦ 62～65ページ　答え 35ページ

## きほん1 二等辺三角形と正三角形の角の大きさの関係がわかりますか。

☆ 右の㋐と㋑の三角形の角の大きさについて、答えましょう。

❶ ㋑の角と同じ大きさの角は、どの角ですか。

❷ ㋓の角と同じ大きさの角は、どの角ですか。

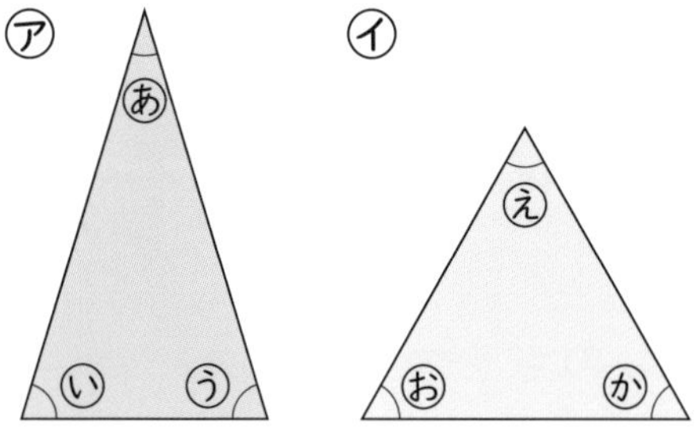


**とき方** ㋐の二等辺三角形では、㋑の角と□の角の2つの角の大きさが等(ひと)しくなっています。

㋑の正三角形では、㋓の角と□の角と□の角の3つの角の大きさがみんな等しくなっています。

**たいせつ**

1つのちょう点から出ている2つの辺がつくる形を**角**(かく)といいます。三角形には、3つの角があります。また、角をつくっている辺の開(ひら)きぐあいを**角の大きさ**といいます。

二等辺三角形
→2つの角の大きさが等しい。

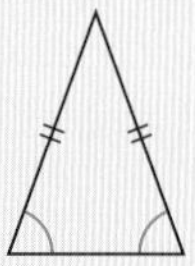

二等辺三角形

正三角形
→3つの角の大きさがみんな等しい。

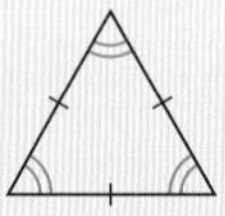

正三角形

**答え** ❶ □の角　❷ □の角と□の角

**1** 下の図のように、同じ三角じょうぎを2まい使(つか)ってできる三角形で大きさの等しい角を答えましょう。

教科書 62ページ1

❶

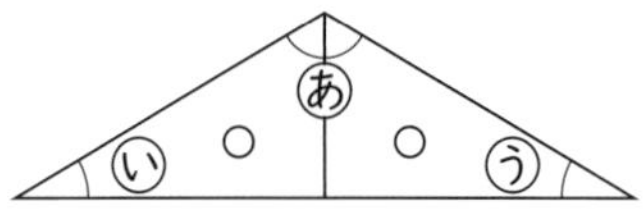


❷

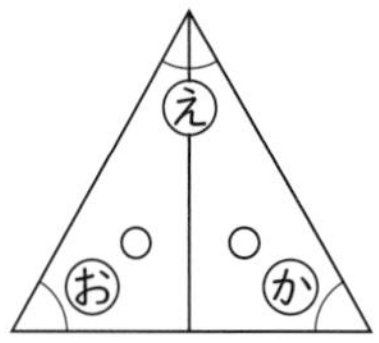


❸

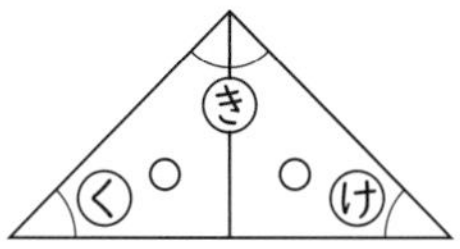


(　　　)　(　　　)　(　　　)



さんすうはかせ
三角形のちょう点と向(む)かい合った辺のまん中の点をむすんだ3本の線が交わった点を「重心(じゅうしん)」といって、これが三角形の中心、コマの「じく」になるよ。

## きほん2 角の大きさをくらべることができますか。

☆ 二等辺三角形(にとうへんさんかくけい)の紙があります。あといの角では、どちらが大きいですか。

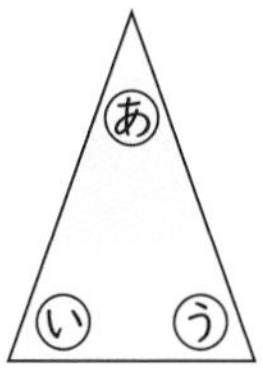


とき方 あといを重(かさ)ねて、角の大きさをくらべます。□の角のほうが、□の角より大きくなっています。

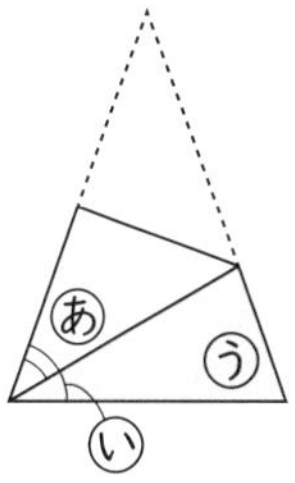


答え □の角

**2** 右の図のように、三角じょうぎを重ねました。 教科書 64ページ2

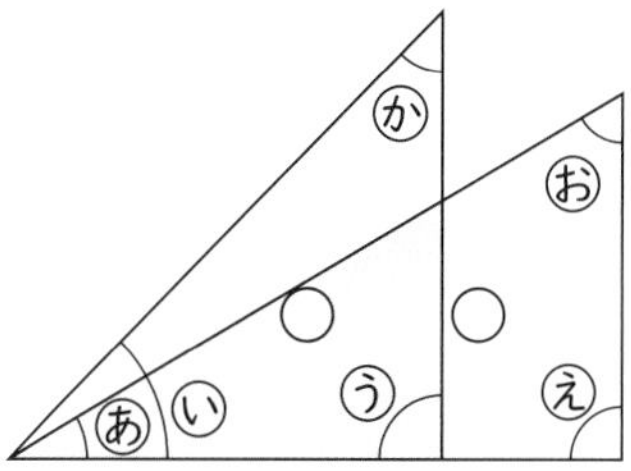


❶ いちばん小さい角は、あからかのどの角ですか。

(　　　)

❷ 直角になっている角は、あからかのどの角ですか。

(　　　)

❸ いの角と同じ大きさの角は、あからかのどの角ですか。

(　　　)

**3** 下の角の大きさをくらべて、大きいじゅんに番号(ばんごう)をつけましょう。 教科書 64ページ4

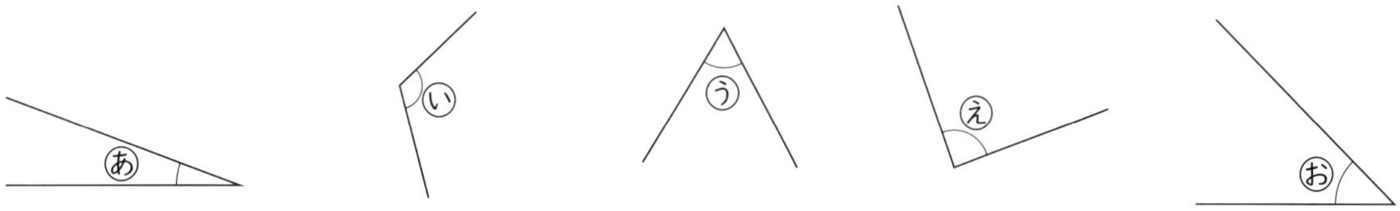


(　　　) (　　　) (　　　) (　　　) (　　　)

## きほん3 同じ大きさの三角形をしきつめることができますか。

☆ アの正三角形を3まいしきつめてイの形をつくるには、どのようにしきつめればよいですか。

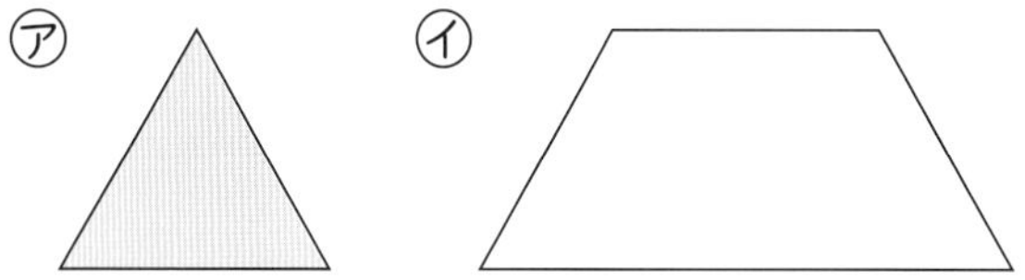


とき方 アの正三角形を、すきまなくならべてみます。 答え 上の図に記入

**4** 下の❶、❷の図は、それぞれ何という名前の三角形をしきつめたものですか。 教科書 65ページ1

❶

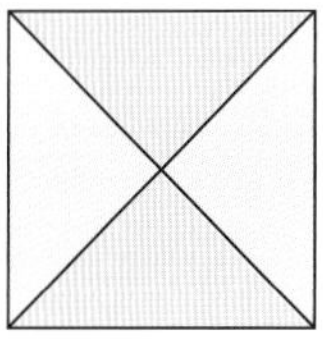

(　　　)

❷

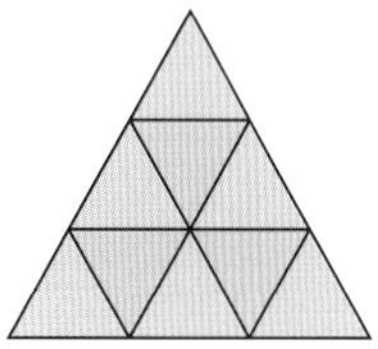

(　　　)

ポイント 角の大きい小さいは、辺の長さに関係(かんけい)なく、角をつくる２つの辺の開きぐあいでくらべます。

# 練習のワーク

教科書 ㊦56〜67ページ　答え 36ページ

できた数 /9問中

おわったら シールを はろう

**1 いろいろな三角形** 下の三角形について、二等辺三角形には○を、正三角形には△を、どちらでもないものには×をつけましょう。

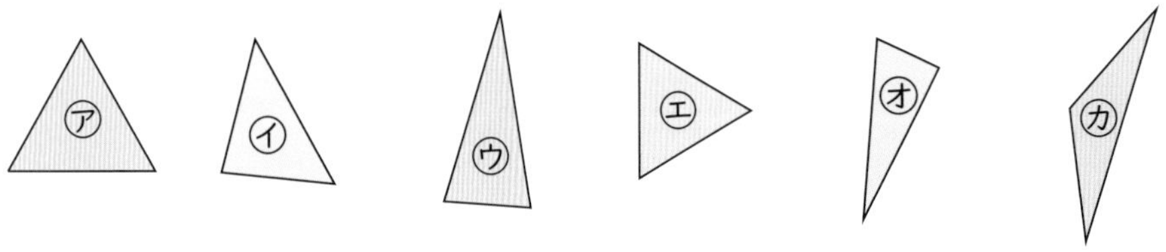


(　　)(　　)(　　)(　　)(　　)(　　)

**たいせつ**
二等辺三角形→2つの辺の長さが等しい三角形
正三角形→3つの辺の長さがみんな等しい三角形

**2 円を使ってできる三角形** 右の図は、半径が2cmの円です。この円の中心とまわりをつないで、辺の長さが2cmの正三角形を1つかきましょう。

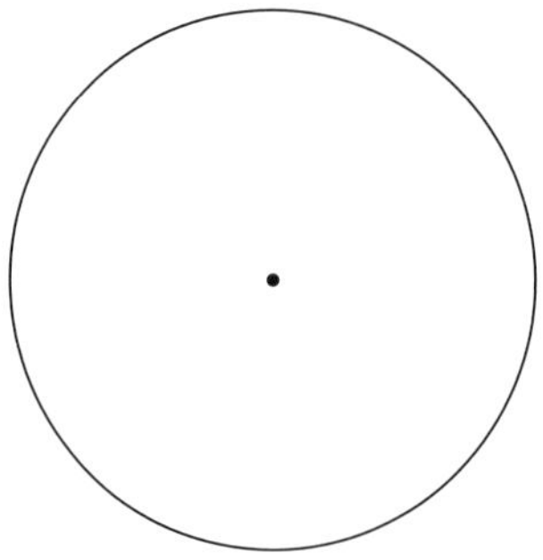

**考え方**
(れい) 円のまわりにアの点をとり、コンパスを使って、イの点をきめます。

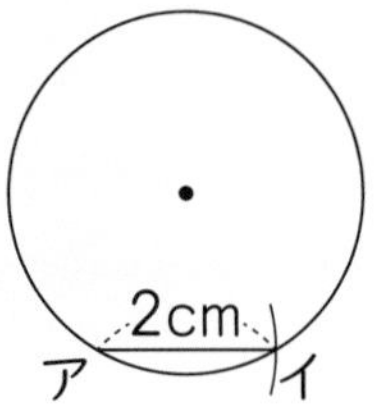


**3 角の大きさ** 下の角の大きさをくらべて、大きいじゅんに記号で答えましょう。

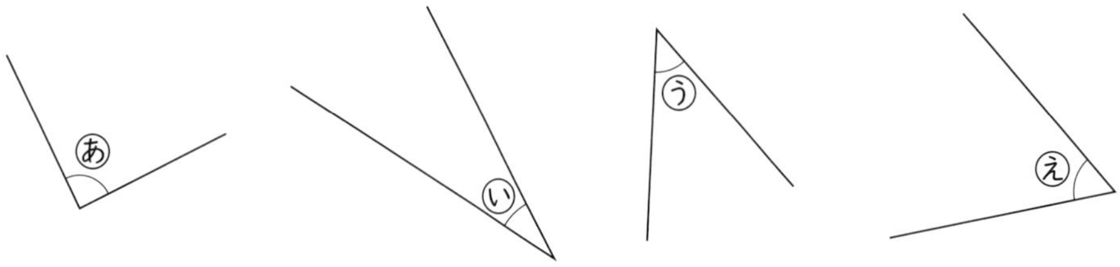


(　　→　　→　　→　　)

三角じょうぎの角を使って、大きさをくらべてみよう。

**4 二等辺三角形のしきつめ** 右の図の㋐の二等辺三角形をしきつめて、㋑の二等辺三角形をつくります。㋐の二等辺三角形は何まいいりますか。
└向きにも注意しましょう。

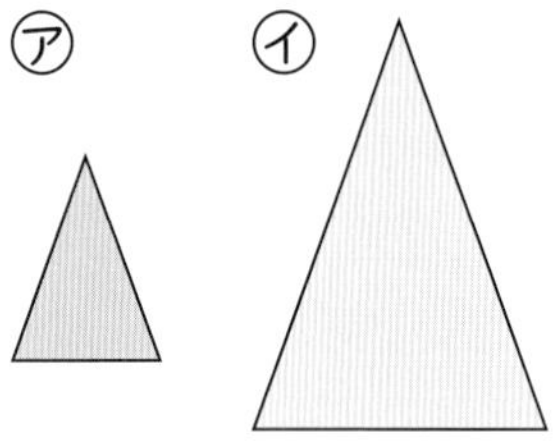


(　　)



できるナビ 二等辺三角形や正三角形のとくちょうが言えるようにきちんとおぼえておきましょう。

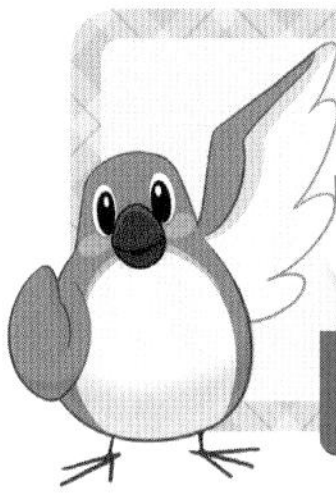

# まとめのテスト

教科書 ㊦56～67ページ　答え 36ページ

時間20分　とく点 /100点　おわったらシールをはろう

**1** 次の三角形をノートにかきましょう。　1つ8〔16点〕

❶ 辺の長さが10cm、7cm、7cmの二等辺三角形

❷ 辺の長さが9cmの正三角形

**2** 長方形の紙をぴったり重ねて2つにおってから、アイで切り、三角形をつくります。あ、い、うのように切って、開いたときにできる三角形の名前をかきましょう。　1つ10〔30点〕

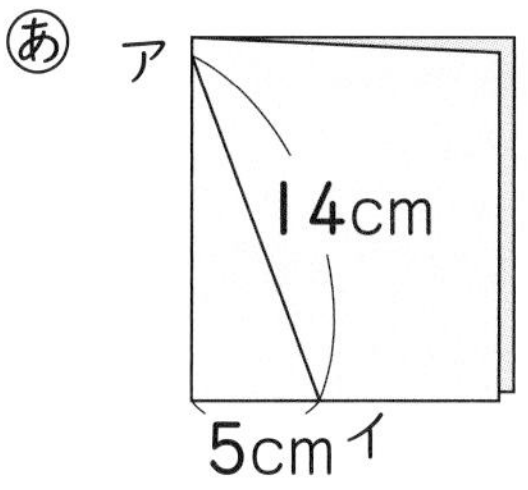


(　　　　)

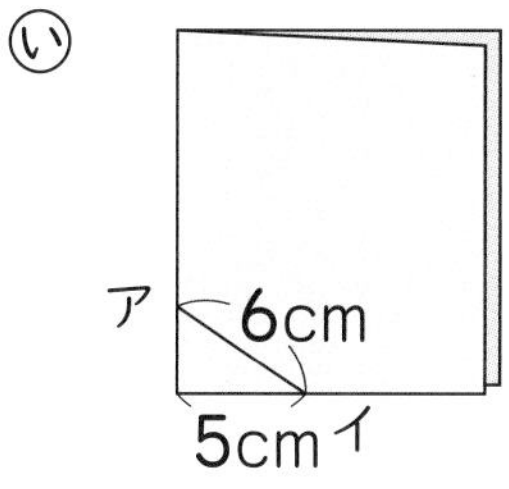


(　　　　)

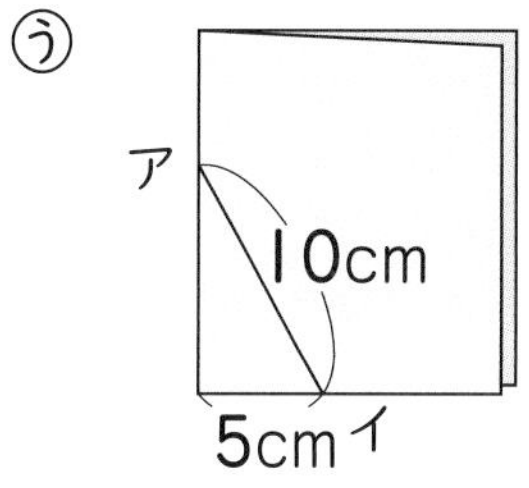


(　　　　)

**3** 三角じょうぎを使って、右のあ、い、う、か、き、くの角を調べ、□にあてはまる数をかきましょう。　1つ10〔30点〕

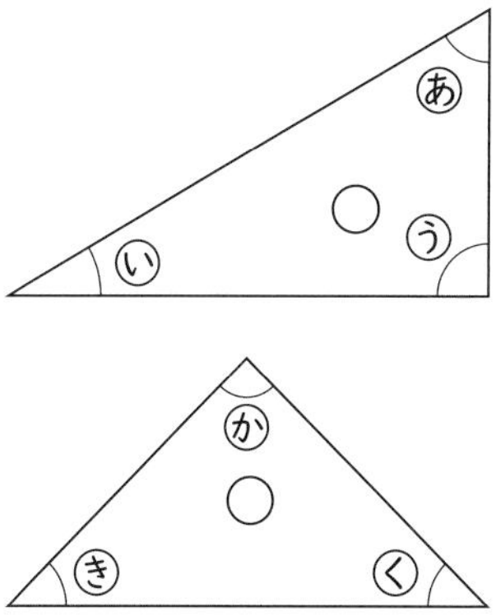


❶ うの角の大きさは、いの角の□つ分。

❷ あの角の大きさは、いの角の□つ分。

❸ かの角の大きさは、きの角の□つ分。

**4** 下のように、半径が等しい長さの3つの円を使って、円の中心ア、イ、ウを通る三角形をかきました。　1つ8〔24点〕

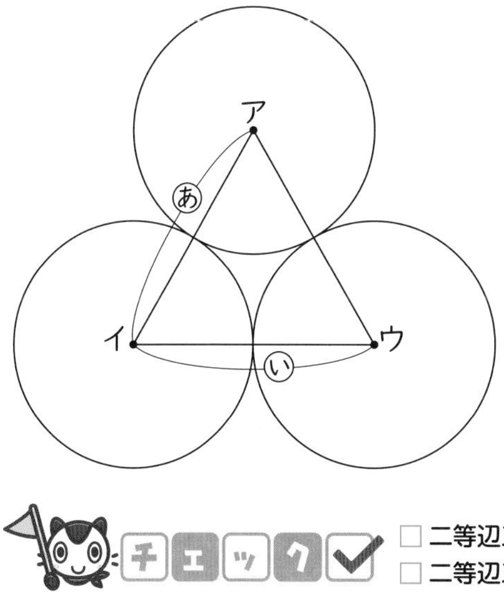


❶ 円の半径を2cmとするとき、図のあ、いの長さは何cmですか。

あ(　　　　)

い(　　　　)

❷ この三角形は何という三角形ですか。

(　　　　)

チェック
□ 二等辺三角形や正三角形のとくちょうがわかったかな？
□ 二等辺三角形や正三角形がかけたかな？

勉強した日　月　日

## ◆1 あまりの大きさの表し方
## ◆2 小数の大きさ

# きほんのワーク

もくひょう
あまりの大きさを、小数を使って表せるようになろう。

おわったらシールをはろう

教科書 下 68～74ページ　答え 36ページ

## きほん 1　分数とはべつのあまりの大きさの表し方がわかりますか。

☆ 水とうにはいっている水のかさを調べたら、1Lと右のようなあまりがありました。水とうにはいっていた水は何Lですか。

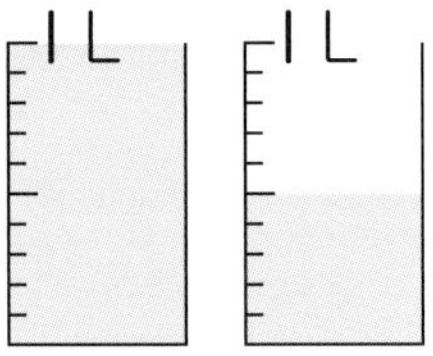

とき方　1Lますの目もりは10等分されているから、あまりのかさは $\frac{5}{10}$ Lです。$\frac{5}{10}$ Lは、0.1Lの［　　］こ分で、［　　］Lになります。
↑れい点五とよみます。

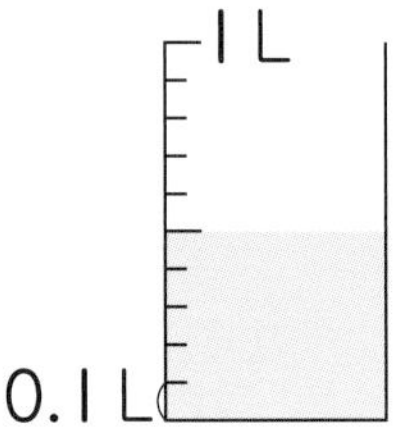

$0.1L=\frac{1}{10}L$

水とうにはいっていた水のかさは、1Lと0.5Lをあわせたかさで、［　　］Lと表します。
↑一点五とよみます。

答え［　　］L

たいせつ
1Lの $\frac{1}{10}$ のかさを0.1L(**れい点一リットル**)とかきます。1.3や0.4のような数を**小数**といい、「.」を**小数点**、小数点の右の位を **$\frac{1}{10}$ の位**といいます。
0、1、2、……のような数を**整数**といいます。

**1** 次のかさを小数で表しましょう。　教科書 70ページ 2

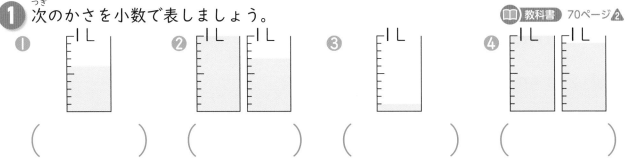

❶（　　）　❷（　　）　❸（　　）　❹（　　）

## きほん 2　長さを、cmだけで表せますか。

☆ テープの長さは、何cmですか。

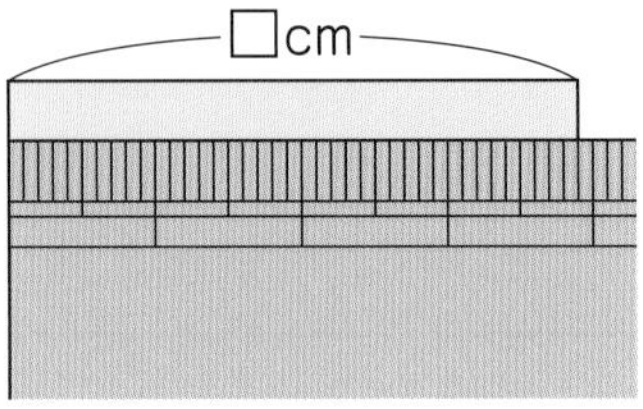


とき方　1mmは1cmの $\frac{1}{10}$ の長さだから、［　　］cmです。
9mmは0.1cmの9こ分だから、［　　］cmで、3cm9mmは、［　　］cmです。

答え［　　］cm

たいせつ
小数を使うと、1つのたんいで表すことができます。
1mm=0.1cm

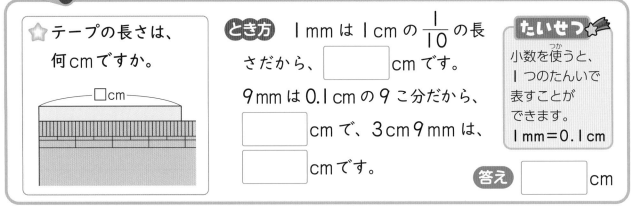

さんすうはかせ　小数は、1を10等分したものを1つのたんい(0.1)と考えて、それの何こ分かで考えるよ。さらに、0.1を10等分した0.01、0.01を10等分した0.001は、4年生で習うよ。

**2** 左はしから、あ、い、う、えまでの長さは、それぞれ何cmといえますか。

教科書 71ページ3

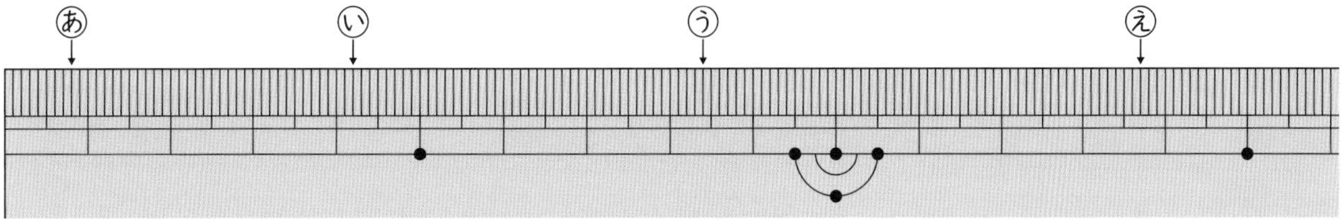


あ（　　　　） い（　　　　） う（　　　　） え（　　　　）

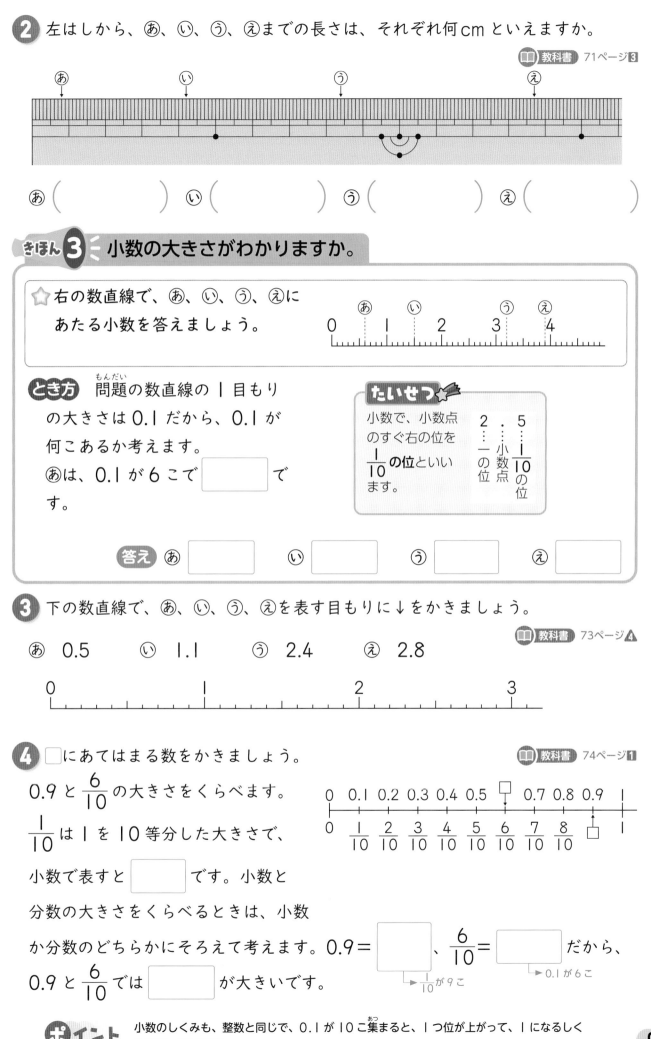

## きほん3 小数の大きさがわかりますか。

☆右の数直線で、あ、い、う、えにあたる小数を答えましょう。

**とき方** 問題（もんだい）の数直線の1目もりの大きさは0.1だから、0.1が何こあるか考えます。
あは、0.1が6こで［　　］です。

**たいせつ**
小数で、小数点のすぐ右の位を$\frac{1}{10}$**の位**といいます。

2 … 一の位
. … 小数点
5 … $\frac{1}{10}$の位

**答え** あ［　　］ い［　　］ う［　　］ え［　　］

**3** 下の数直線で、あ、い、う、えを表す目もりに↓をかきましょう。

教科書 73ページ4

あ 0.5　　い 1.1　　う 2.4　　え 2.8

**4** □にあてはまる数をかきましょう。

教科書 74ページ1

0.9と$\frac{6}{10}$の大きさをくらべます。

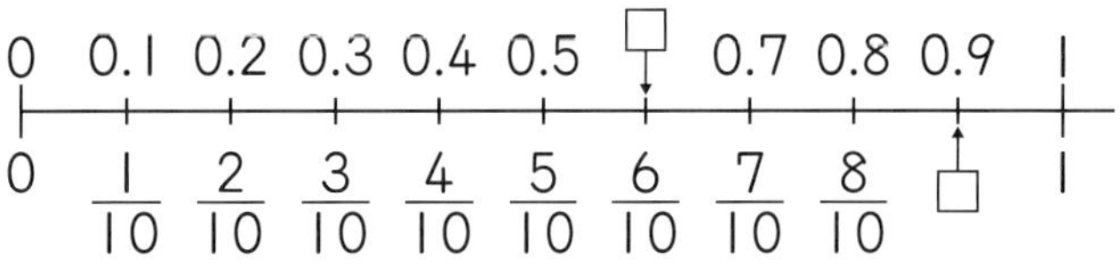


$\frac{1}{10}$は1を10等分した大きさで、小数で表すと［　　］です。小数と分数の大きさをくらべるときは、小数か分数のどちらかにそろえて考えます。0.9＝［　　］（→$\frac{1}{10}$が9こ）、$\frac{6}{10}$＝［　　］（→0.1が6こ）だから、0.9と$\frac{6}{10}$では［　　］が大きいです。

**ポイント** 小数のしくみも、整数と同じで、0.1が10こ集（あつ）まると、1つ位が上がって、1になるしくみになっています。

勉強した日 月 日

## ③ 小数のたし算・ひき算

# きほんのワーク

もくひょう
小数のたし算とひき算の考え方を知り、筆算ができるようになろう。

おわったらシールをはろう

教科書 ㊦75〜78ページ　答え 37ページ

## きほん1 小数のたし算やひき算の計算のしかたがわかりますか。

☆ ジュースが大きいびんに0.5 L、小さいびんに0.2 L はいっています。
❶ あわせて何 L ですか。　❷ ちがいは何 L ですか。

とき方 0.1 が何こになるかを考えます。

❶ 0.5 は 0.1 が □ こ
0.2 は 0.1 が □ こ
あわせて、0.1 が
(□ + □) こです。

❷ 0.5 は 0.1 が □ こ
0.2 は 0.1 が □ こ
ちがいは、0.1 が (□ − □) こです。

答え ❶ □ L　❷ □ L

**1** 次(つぎ)の計算をしましょう。

教科書 75ページ2 3 4 76ページ6 7 8

❶ 0.4＋0.4　❷ 0.6＋0.8　❸ 7.1＋0.9

❹ 0.7−0.5　❺ 1−0.9　❻ 1.1−0.8

0.1 が何こになるかを考えて、整数(せいすう)のときと同じようにするんだね。


## きほん2 小数のたし算を筆算でできますか。

☆ 次の計算を筆算(ひっさん)でしましょう。 ❶ 2.7＋1.5　❷ 6.4＋2.6

とき方 小数のたし算の筆算も、整数の筆算と同じように、位(くらい)をそろえてかき、右の位から計算します。

❶
$$\begin{array}{r} 2.7 \\ +\ 1.5 \\ \hline \phantom{0} \end{array} \Rightarrow \begin{array}{r} 2.7 \\ +\ 1.5 \\ \hline \square\square \end{array} \Rightarrow \begin{array}{r} 2.7 \\ +\ 1.5 \\ \hline 4\square 2 \end{array}$$

位をそろえてかく。
整数の筆算と同じように計算する。
上の小数点にそろえて答えの小数点をうつ。

❷
$$\begin{array}{r} 6.4 \\ +\ 2.6 \\ \hline \phantom{0} \end{array} \Rightarrow \begin{array}{r} 6.4 \\ +\ 2.6 \\ \hline \square\square \end{array} \Rightarrow \begin{array}{r} 6.4 \\ +\ 2.6 \\ \hline 9.\not{0} \end{array}$$

$\frac{1}{10}$ の位が 0 になったときは、0 をとる。

答え ❶ □　❷ □



さんすうはかせ 小数はすべて分数にかきなおせるけれど、分数はすべてを小数になおせないという大きなちがいがあるんだよ。

**2** 次の計算を筆算でしましょう。

教科書 77ページ 3 78ページ 5 6

❶ 2.3＋4.5　❷ 1.5＋3.2　❸ 2.6＋3.9

❹ 1.4＋5.7　❺ 4＋3.5　❻ 7.9＋8

❼ 6.3＋9　❽ 5.7＋1.3　❾ 4.7＋5.3

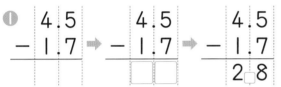

## きほん 3　小数のひき算を筆算で計算できますか。

☆ 次の計算を筆算でしましょう。　❶ 4.5－1.7　❷ 6－5.4

**とき方**　小数のひき算の筆算も、整数の筆算と同じように、位をそろえてかき、右の位から計算します。

❶

| | | | |
|---|---|---|---|
| 　4.5<br>－1.7 | → 　4.5<br>－1.7<br>□□ | → 　4.5<br>－1.7<br>2□8 | |
| 位をそろえてかく。 | 整数の筆算と同じように計算する。 | 上の小数点にそろえて答えの小数点をうつ。 | |

❷

| | | |
|---|---|---|
| 　6<br>－5.4 | → 　6.0<br>－5.4<br>□□ | → 　6.0<br>－5.4<br>0□6 |
| | 6を6.0と考えて計算する。 | 0をわすれずにかく。 |

**答え**　❶ □　❷ □

**3** 次の計算を筆算でしましょう。

教科書 77ページ 4 78ページ 5 6

❶ 4.7－3.2　❷ 6.2－4.5　❸ 4－2.8

❹ 7.6－5　❺ 9.7－3.7　❻ 8.3－4.3

❼ 2.4－1.9　❽ 9.2－8.6

❼❽は、一の位の0をかきわすれないようにしないといけないね。

**ポイント**　小数の筆算では、それぞれの位をそろえて計算します。くり上がりやくり下がりのしくみは、整数のときと同じです。

勉強した日　月　日

# 練習のワーク①

教科書　㊦ 68～81ページ　　答え　37ページ

できた数　/18問中

おわったらシールをはろう

## 1 あまりの大きさの表し方　□にあてはまる数をかきましょう。

❶ 0.1 L の 10 こ分のかさは □ L です。

❷ 1 L 4 dL は、□ L です。

1.4 は、0.1 を □ こ集(あつ)めた数です。

❸ 7 cm 3 mm＝□ cm　　❹ 8 mm＝□ cm

**考え方**
1 L を 10 等分(とうぶん)した 1 こ分のかさが 0.1 L です。
0.1 L＝1 dL

## 2 小数の大きさ　下の数直線で、㋐、㋑、㋒にあたる小数を答えましょう。

1 目もりの大きさが 0.1 なので、0.1 の目もりが何こあるかを考えます。

㋐（　　　）　㋑（　　　）　㋒（　　　）

## 3 小数の大きさ　次(つぎ)の数の大小を、等号(とうごう)や不(ふ)等号を使(つか)って式(しき)にかきましょう。

❶ 0　0.1　（　　　）

❷ 1.5　0.6　（　　　）

❸ $\frac{7}{10}$　0.7　（　　　）

❹ 0.9　$\frac{10}{10}$　（　　　）

**＝, ＞, ＜**
**等号(＝)**→左がわと右がわの数が等(ひと)しいことを表(あらわ)す。
**不等号(＞、＜)**→左がわと右がわの数の大小を表す。

## 4 小数のたし算とひき算　次の計算をしましょう。

❶ 4.6＋1.8

❷ 2.5＋6

❸ 3.6＋1.4

❹ 1.4－0.9

❺ 9.6－2.6

❻ 8－0.8

答えの $\frac{1}{10}$ の位(くらい)が 0 になったときは 0 をとるんだね。

**できるナビ**　小数のたし算、ひき算を筆算(ひっさん)で計算するときは、位をそろえてかきます。

# 練習のワーク②

教科書　㊦ 68～81ページ　答え　38ページ

できた数　/17問中

おわったら シールを はろう

**1** あまりの大きさ　□にあてはまる数をかきましょう。

❶ 3dL＝□L

❷ 4.2L＝□L□dL

❸ 6.8cm＝□cm□mm

❹ 0.2cm＝□mm

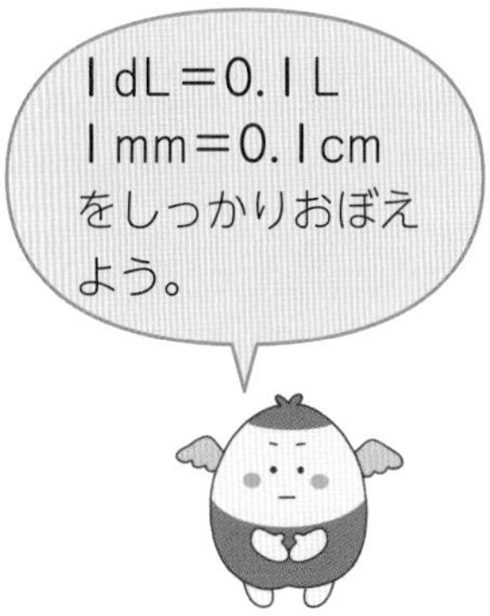
1dL＝0.1L
1mm＝0.1cm
をしっかりおぼえよう。

**2** 小数の大きさ　□にあてはまる数をかきましょう。

❶ 1.3は、0.1を□こ集めた数です。

❷ 5.7は、1を□こと0.1を□こあわせた数です。

❸ 0.1を20こ集めた数は、□です。

0.1を10こ集めた数は1です。

**3** 小数のたし算とひき算　次の計算をしましょう。

❶ 7.4＋9.8　❷ 8＋5.3　❸ 3.8＋7.2

❹ 6.5－2.9　❺ 9.2－3　❻ 5.6－4.7

**4** 小数の文章題　さやかさんは、マラソンコースをきのうは0.9km走り、今日は1.5km走りました。

❶ あわせて何km走りましたか。

式

答え（　　　）

❷ きのうと今日では、どちらのほうが何km多く走りましたか。

式

答え（　　　）

できるナビ　小数について、いろいろな見方ができるようになりましょう。

勉強した日　月　日

# まとめのテスト①

教科書 ㊦68〜81ページ　答え 38ページ

時間 20分　とく点 /100点　おわったらシールをはろう

**1** よく出る 次(つぎ)の計算をしましょう。　1つ5〔45点〕

❶ 5.3＋6.6　❷ 4.9＋8.2　❸ 7.4＋9

❹ 2.5＋9.5　❺ 6.8＋7.3　❻ 9.2－5.7

❼ 8.4－4　❽ 3.2－1.9　❾ 7.6－3.6

**2** 下の数直線で、㋐、㋑、㋒にあたる小数を答えましょう。また、5.6を表(あらわ)す目もりに↓をかきましょう。　1つ5〔20点〕

㋐（　　　）　㋑（　　　）　㋒（　　　）

**3** □にあてはまる等号(とうごう)や不(ふ)等号をかきましょう。　1つ5〔15点〕

❶ $\frac{9}{10}$ □ 1.1　❷ 4.2 □ 3.7　❸ 0.8 □ $\frac{8}{10}$

**4** 工作でリボンを2.6m使(つか)ったので、のこりは1.4mになりました。はじめに何mありましたか。　1つ5〔10点〕

式

答え（　　　）

**5** 1.3kgのかばんに荷物(にもつ)を入れて重(おも)さをはかったら、5.2kgありました。荷物の重さは何kgですか。　1つ5〔10点〕

式

答え（　　　）

チェック ☑
□ 小数のたし算やひき算ができたかな？
□ 小数や分数の大小がわかったかな？

勉強した日　月　日

# まとめのテスト②

教科書 ㊦68〜81ページ　答え 38ページ

時間 20分

とく点 /100点

おわったらシールをはろう

**1** □にあてはまる数をかきましょう。　1つ5〔25点〕

❶ 6.2 は、1 を □ こと 0.1 を □ こあわせた数です。

❷ 4 より 0.2 小さい数は、□ です。

❸ 1 を 7 こと 0.1 を 4 こあわせた数は、□ です。

❹ 0.1 を 35 こ集めた数は、□ です。

❺ 8.6 は、0.1 を □ こ集めた数です。

**2** よく出る 次の計算をしましょう。　1つ5〔45点〕

❶ 0.3＋2.6　❷ 4.2＋3.5　❸ 5.2＋1.9

❹ 3＋8.3　❺ 2.4＋5.6　❻ 7.6－0.4

❼ 6.4－5.9　❽ 9－2.8　❾ 8.5－5.5

**3** 7.3cm のテープと 4.9cm のテープがあります。あわせて何cm ありますか。

式　1つ5〔10点〕

答え（　　　）

**4** 麦茶がやかんに 3.4L はいっています。1.8L 飲むと、のこりは何L になりますか。　1つ5〔10点〕

式

答え（　　　）

**5** かずやさんの家から駅まで 1.6km あります。家から 0.9km 歩くと、のこりは何km ですか。　1つ5〔10点〕

式

答え（　　　）

ふろくの「計算練習ノート」17〜19ページをやろう！

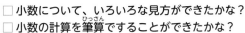

チェック✓
□小数について、いろいろな見方ができたかな？
□小数の計算を筆算ですることができたかな？

勉強した日 月 日

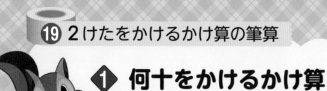

# ❶ 何十をかけるかけ算
# ❷ (2けた)×(2けた)の筆算 [その1]

## きほんのワーク

**もくひょう**
2けたの数をかける計算を筆算でできるようになろう。

おわったらシールをはろう

教科書 下 84～86ページ　答え 39ページ

### きほん1 何十をかけるかけ算のしかたがわかりますか。

☆ 15×40の計算をしましょう。

**とき方** 15×40 の答えは、(15×4)を10倍するともとめられます。

15×4＝□ だから、

15×40＝(15×4)×□＝□

40倍するには、4倍して10倍すればいいね。

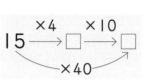

15 —×4→ □ —×10→ □
（×40）

答え □

**1** 次の計算をしましょう。　教科書 85ページ

❶ 13×20　❷ 14×30　❸ 11×80

❹ 16×30　❺ 4×20　❻ 7×50

❼ 42×60　❽ 20×80　❾ 50×60

❽の20×80は、10×10＝100より、2×8の100倍と考えることもできるね。

**2** キャラメルが18こはいった箱が40箱あります。キャラメルは全部で何こありますか。　教科書 85ページ1

式

答え（　　　　）

**3** 1本76円のえん筆を買います。20本買うと何円になりますか。　教科書 85ページ2

式

答え（　　　　）

76×2の10倍と考えるんだね。

**さんすうはかせ** 筆算は、13世紀のイタリアの商人フィボナッチがアラビアからの本をもとにした本『計算書』を出したのが始まりだよ。18世紀ごろまでは計算のはやさをきそっていたそうだよ。

## きほん2 (2けた)×(2けた)の計算ができますか。

☆ 1本45円のえん筆を、24本買うと何円になりますか。

**とき方** 代金は、 1本のねだん × 買う数 でもとめるから、式は 45×24 です。計算は、20本分のねだんと4本分のねだんに分けて考えます。

20本分　45×20＝□

4本分　45×　4＝□

あわせて □　**答え** □円

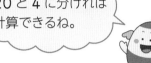

20と4に分ければ計算できるね。

**4** 色紙を1人に28まいずつ配ります。35人に配るには、全部で何まいいりますか。

教科書 86ページ1

式

答え（　　　　　）

## きほん3 (2けた)×(2けた)の筆算ができますか。

☆ 13×32の計算を筆算でしましょう。

**とき方** 1けたの数をかけるときの筆算と同じように、一の位からじゅんに計算します。

| | | | |
|---|---|---|---|
| | | 1 | 3 |
| × | | 3 | 2 |
| | | □ | □ |

13に2をかける。

➡

| | | | |
|---|---|---|---|
| | | 1 | 3 |
| × | | 3 | 2 |
| | | 2 | 6 |
| | □ | □ | |

13に3をかける。

➡

| | | | |
|---|---|---|---|
| | | 1 | 3 |
| × | | 3 | 2 |
| | | 2 | 6 |
| | 3 | 9 | |
| | □ | □ | □ |

…13× 2

…13×30

たす。

**ちゅうい**

| | | | |
|---|---|---|---|
| | | 1 | 3 |
| × | | 3 | 2 |
| | | 2 | 6 |
| | 3 | 9 | 0 |
| | 4 | 1 | 6 |

この0はかかないから、13に3をかけるときは、十の位からかきます。

**答え** □

**5** 次の筆算をしましょう。

教科書 86ページ2

❶
| | | |
|---|---|---|
| | 2 | 3 |
| × | 1 | 3 |

❷
| | | |
|---|---|---|
| | 1 | 2 |
| × | 3 | 4 |

❸
| | | |
|---|---|---|
| | 4 | 3 |
| × | 2 | 1 |

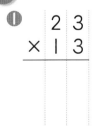

**ポイント** かける数が2けたのかけ算の筆算は、1けたの数をかけるときの筆算と同じように、一の位からじゅんに計算します。筆算のしくみをよく理かいすることが大切です。

勉強した日 月 日

# ❷ (2けた)×(2けた)の筆算 [その2]
# ❸ (3けた)×(2けた)の筆算

## きほんのワーク

もくひょう
くふうして筆算をしたり、大きい数の筆算もできるようになろう。

おわったらシールをはろう

教科書 ㊦87～89ページ　答え 39ページ

## きほん1 くり上がりのある筆算ができますか。

☆45×39の計算を筆算でしましょう。

とき方 一の位からじゅんに計算します。

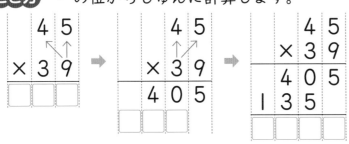

$$\begin{array}{r} 45 \\ \times\ 39 \\ \hline \square\square\square \end{array} \Rightarrow \begin{array}{r} 45 \\ \times\ 39 \\ \hline 405 \\ \square\square\square \end{array} \Rightarrow \begin{array}{r} 45 \\ \times\ 39 \\ \hline 405 \\ 135\phantom{0} \\ \hline \square\square\square\square \end{array}$$

45に9をかける。　45に3をかける。　たす。

けた数が大きくなっても、筆算のしかたは同じだね。くり上げた数をたしわすれないようにしよう。

答え ＿＿＿

**1** 次の筆算をしましょう。　教科書 87ページ3 5

❶ $\begin{array}{r} 15 \\ \times\ 73 \\ \hline \end{array}$　❷ $\begin{array}{r} 24 \\ \times\ 44 \\ \hline \end{array}$　❸ $\begin{array}{r} 82 \\ \times\ 59 \\ \hline \end{array}$　❹ $\begin{array}{r} 46 \\ \times\ 25 \\ \hline \end{array}$

## きほん2 筆算をくふうしてできますか。

☆次の計算を筆算でしましょう。　❶ 50×87　❷ 26×30

とき方 ❶

$$\begin{array}{r} 50 \\ \times\ 87 \\ \hline \square\square\square \\ \square\square\square\phantom{0} \\ \hline \square\square\square\square \end{array}$$

←50× 7
←50×80

かけられる数とかける数のじゅんじょをかえても答えは同じだから、87×50として、計算してもいいね。

❷ かける数の一の位が0のときは、0をかける計算をかかないで、1だんでかくことができます。

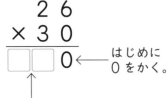

$$\begin{array}{r} 26 \\ \times\ 30 \\ \hline 00 \\ \square\square\phantom{0} \\ \hline \square\square\square \end{array} \longrightarrow \begin{array}{r} 26 \\ \times\ 30 \\ \hline \square\square 0 \end{array}$$

←26×0
00はかかなくてよい。

はじめに0をかく。
次に、26×3の答えを十の位からかく。

答え ❶ ＿＿＿　❷ ＿＿＿



さんすうはかせ　今の筆算の形になるまでには、たとえば乗法では、「倍加法→鎧戸法→電光法→改良電光法」などできるだけかんたんに計算のしかたを表すようにくふうされてきたんだよ。

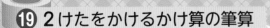

**2** 次の計算を筆算でしましょう。　教科書 87ページ4 6

❶ 60×21　❷ 14×60　❸ 36×70

**3** あめが 18 こはいった箱が 24 箱あります。あめは全部で何こありますか。

式　教科書 87ページ7

答え（　　　　）

## きほん3　(3けた)×(2けた)の筆算ができますか。

☆213×42の計算を筆算でしましょう。

**とき方**　かけられる数が3けたになっても、筆算のしかたは同じです。位をそろえてかいて、一の位からじゅんに計算します。

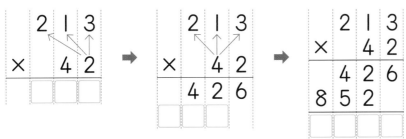

| | | | |
|---|---|---|---|
| | 2 | 1 | 3 |
| × | | 4 | 2 |
| | □ | □ | □ |

213に2をかける。

➡

| | | | |
|---|---|---|---|
| | 2 | 1 | 3 |
| × | | 4 | 2 |
| | 4 | 2 | 6 |
| □ | □ | □ | |

213に4をかける。

➡

| | | | |
|---|---|---|---|
| | 2 | 1 | 3 |
| × | | 4 | 2 |
| | 4 | 2 | 6 |
| 8 | 5 | 2 | |
| □ | □ | □ | □ |

たす。

答え □

**4** 次の筆算をしましょう。　教科書 89ページ1 2

❶ 133×23　❷ 343×12　❸ 239×48

❹ 300×95　❺ 805×76　❻ 902×57

❼ 417×52　❽ 675×84　❾ 600×39

ポイント　(3けた)×(2けた)の筆算も、一の位からじゅんに計算します。計算のくふうをすると、計算がしやすくなることがあります。

勉強した日　月　日

# 練習のワーク①

教科書　㊦ 84〜91ページ　答え　40ページ

できた数　/13問中

おわったら シールを はろう

**1** 何十をかける計算　次(つぎ)の計算をしましょう。

❶ 4×80
80倍(ばい)するには、8倍してから10倍します。

❷ 21×40

❸ 97×30

**2** 2けたの数をかける計算　次の計算をしましょう。

❶ 29×23　❷ 62×45　❸ 42×32

❹ 536×74　❺ 800×96　❻ 709×68

**3** 2けたの数をかける計算　次の筆算(ひっさん)のまちがいをみつけて、正しく計算しましょう。

❶
```
   63
  ×75
  305
 421
 4515
```

❷
```
  940
 × 32
 1880
 282
 4700
```

**考え方**
❶くり上げた数をたすことをわすれないようにします。
❷3×0の答えの0をかきわすれないようにします。

**4** 2けたの数をかける計算　1まいの画用紙からカードが16まいできます。25まいの画用紙では、カードは何まいできますか。

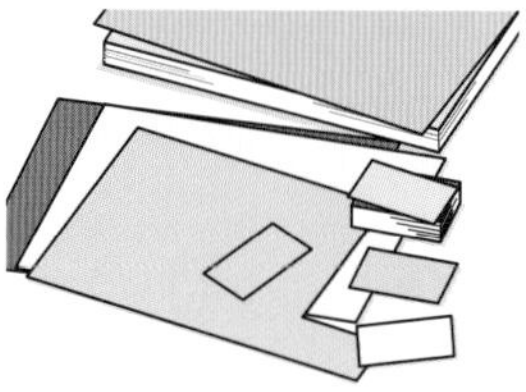

式

答え（　　　）

**5** 2けたの数をかける計算　1分間に247まいの紙をいんさつするきかいがあります。35分では何まいの紙をいんさつできますか。

式

答え（　　　）



できるナビ　筆算で計算するときは、一の位(くらい)からじゅんにていねいに計算しましょう。

# 練習のワーク②

教科書 下 84～91ページ　答え 40ページ

できた数 /13問中

おわったらシールをはろう

**1** 何十をかける計算　次の計算をしましょう。

❶ 5×90　❷ 68×20　❸ 40×60

40×60は4×6の10×10＝100(倍)と考えます。

**2** 2けたの数をかける計算　次の筆算をしましょう。

❶ $\begin{array}{r} 35 \\ \times\ 43 \\ \hline \end{array}$　❷ $\begin{array}{r} 78 \\ \times\ 65 \\ \hline \end{array}$　❸ $\begin{array}{r} 83 \\ \times\ 56 \\ \hline \end{array}$　❹ $\begin{array}{r} 60 \\ \times\ 72 \\ \hline \end{array}$

❺ $\begin{array}{r} 920 \\ \times\ \ 47 \\ \hline \end{array}$　❻ $\begin{array}{r} 496 \\ \times\ \ 23 \\ \hline \end{array}$　❼ $\begin{array}{r} 504 \\ \times\ \ 39 \\ \hline \end{array}$　❽ $\begin{array}{r} 300 \\ \times\ \ 84 \\ \hline \end{array}$

**3** 2けたの数をかける計算　24本のジュースがはいった箱(はこ)が19箱あります。ジュースは、全部(ぜんぶ)で何本ありますか。

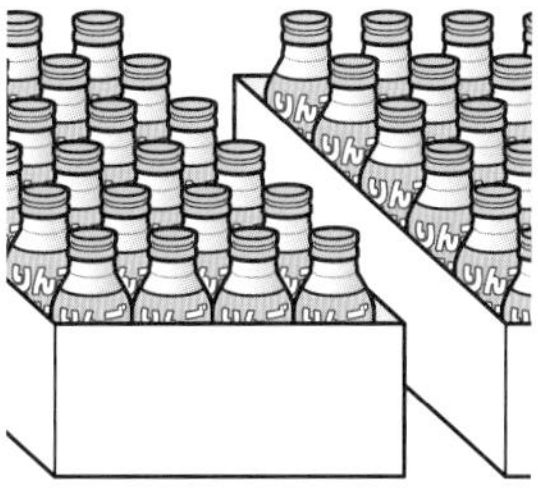

式

答え（　　　　）

**4** 2けたの数をかける計算　遠足のバス代(だい)に1人765円かかります。たけるさんのクラスの27人のバス代は、全部で何円になりますか。

式

答え（　　　　）

できるナビ　かけられる数とかける数のじゅんじょをかえると、筆算しやすくなることがあるね。

勉強した日　　月　　日

# まとめのテスト①

教科書　㊦84～91ページ　答え　41ページ

時間 20分　とく点　/100点　おわったらシールをはろう

**1** よく出る 次の筆算をしましょう。　1つ5〔60点〕

❶ $50 \times 29$　❷ $85 \times 40$　❸ $36 \times 86$　❹ $98 \times 45$

❺ $73 \times 96$　❻ $57 \times 38$　❼ $452 \times 65$　❽ $680 \times 29$

❾ $905 \times 72$　❿ $286 \times 84$　⓫ $800 \times 99$　⓬ $525 \times 48$

**2** コピー用紙72まいを1たばにしたものが69たばあります。コピー用紙は、全部で何まいありますか。　1つ10〔20点〕

式

答え（　　　　）

**3** 1この重さが335gのかんづめが26こあります。全部で何kg何gになりますか。　1つ10〔20点〕

式

答え（　　　　）

チェック
□2けたの数をかける計算ができたかな？
□かけ算の筆算のしかたがわかったかな？

# まとめのテスト②

時間20分　とく点　　/100点　おわったらシールをはろう

教科書 ㊦84～91ページ　答え 41ページ

**1** よく出る 次の計算をしましょう。　1つ4〔24点〕

❶ 13×60　❷ 49×20　❸ 25×70

❹ 62×90　❺ 40×80　❻ 50×30

**2** よく出る 次の計算をしましょう。　1つ4〔36点〕

❶ 14×62　❷ 23×43　❸ 35×16

❹ 50×34　❺ 432×12　❻ 329×73

❼ 730×54　❽ 500×36　❾ 608×90

**3** 1このかざりをつくるのに、リボンを53cm使(つか)います。27こつくると、リボンは、全部で何m何cmいりますか。　1つ10〔20点〕

式

答え（　　　　　　）

**4** まゆみさんのクラスの32人が水族館(すいぞくかん)に行きました。入場りょうは1人440円です。入場りょうは、全部で何円になりますか。　1つ10〔20点〕

式

答え（　　　　　　）

チェック✓
□ けた数が大きくなっても、位(くらい)をそろえて筆算ができたかな？
□ くふうして筆算をすることができたかな？

ふろくの「計算練習ノート」24～27ページをやろう！

勉強した日　　月　　日

# □を使った式
## きほんのワーク

もくひょう
わからない数を□として、式にかいて、答えをもとめてみよう。

おわったら シールを はろう

教科書 下 92～97ページ　答え 41ページ

### きほん1 わからない数を□として、たし算の式をかけますか。

☆ つみ木があります。7こふやしたら全部で32こになりました。はじめのつみ木の数を□ことして式にかき、はじめの数をもとめましょう。

とき方　ことばの式や図にかいて考えます。式は、

はじめの数 ＋ ふやした数 ＝ 全部の数 より、

□ ＋ ［　］ ＝ ［　］ とかけます。

□にあてはまる数は、いろいろな数をあてはめてみつけるか、32より7小さい数だから、

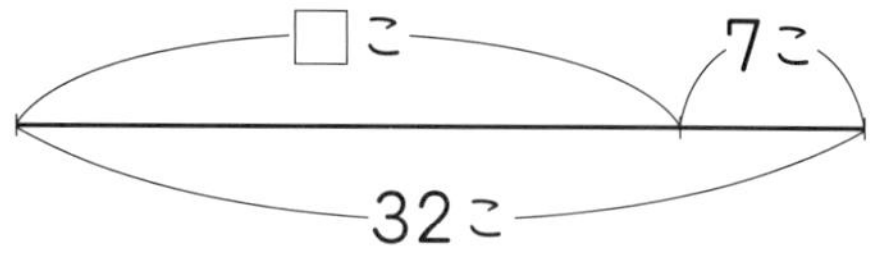


□＝32－7 より、

□＝［　］　答え ［　］こ

**1** バスに何人か乗っています。あとから8人乗ってきたので、全部で22人になりました。はじめに乗っていた人数を□人として式にかき、はじめの人数をもとめましょう。

教科書 94ページ 3

式（　　　　　　）　答え（　　　　）

### きほん2 わからない数を□として、ひき算の式をかけますか。

☆ 25このクッキーのうち、何こか食べたらのこりは6こになりました。食べたクッキーの数を□ことして式にかき、食べた数をもとめましょう。

とき方　ことばの式や図にかいて考えます。式は、

はじめの数 － 食べた数 ＝ のこりの数 より、

［　］ － □ ＝ ［　］ とかけます。

□にあてはまる数は、いろいろな数をあてはめてみつけるか、25より6小さい数だから、

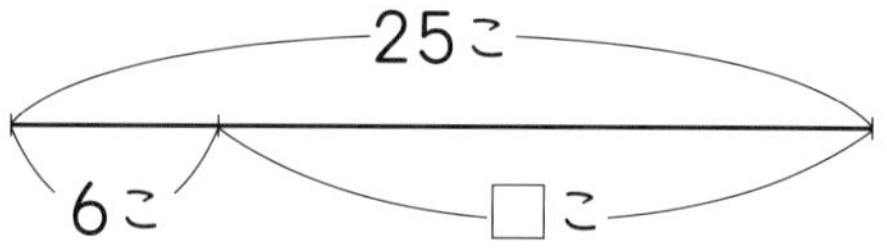


□＝25－6 より、

□＝［　］　答え ［　］こ

さんすうはかせ　□を使った式で、□にあてはまる数をもとめる計算を「逆算」というよ。意味を考えながら、□のもとめ方を考えていけば、まちがえないよ。

**2** ひろしさんは、カードを42まい持っています。何まいかあげたら、のこりは18まいになりました。あげたカードの数を□まいとして式にかき、あげた数をもとめましょう。

教科書 94ページ4

式（　　　　　　　　）　答え（　　　　　）

## きほん3 わからない数を□として、かけ算の式をかけますか。

☆みかんが同じ数ずつはいっているふくろが9ふくろあります。みかんは、全部で72こあります。1ふくろのみかんの数を□ことして式にかき、1ふくろの数をもとめましょう。

**とき方** ことばの式や図にかいて考えます。式は、

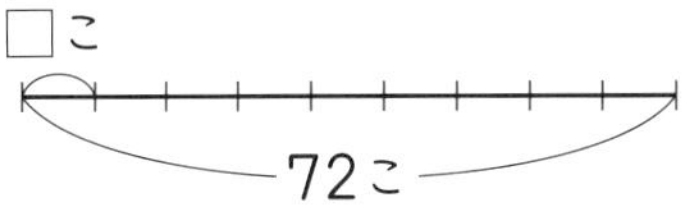


1ふくろの数 × ふくろの数 ＝ 全部の数 より、

□ × [　　] ＝ [　　] とかけます。□にあてはまる数は、いろいろな数をあてはめてみつけるか、72を同じ数ずつ9に分けた数だから、□＝72÷9　　□＝[　　]

**答え** [　　] こ

**3** 同じねだんのあめを2こ買ったら、全部で42円でした。1このねだんを□円として式にかき、1このねだんをもとめましょう。

教科書 95ページ5

式（　　　　　　　　）　答え（　　　　　）

## きほん4 わからない数を□として、わり算の式をかけますか。

☆35まいの色紙を何人かで同じ数ずつ分けたら、1人分が7まいになりました。分けた人数を□人として式にかき、分けた人数をもとめましょう。

**とき方** ことばの式や図にかいて考えます。式は、

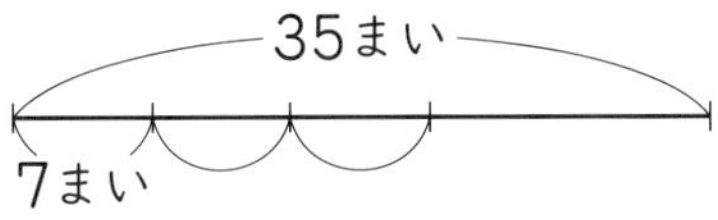


全部の数 ÷ 分ける人数 ＝ 1人分の数 より、

[　　] ÷ □ ＝ [　　] とかけます。

□にあてはまる数は、いろいろな数をあてはめてみつけるか、35を7ずつに分ける数だから、□＝35÷7　　□＝[　　]

**答え** [　　] 人

**4** 56このチョコレートを何人かで同じ数ずつ分けたら、1人分が8こになりました。分けた人数を□人として式にかき、分けた人数をもとめましょう。

教科書 95ページ6

式（　　　　　　　　）　答え（　　　　　）

**ポイント** わからない数があるときは、その数を□として式にかくことができます。式をかくときは、ことばの式や、図をかくと考えやすくなります。

勉強した日　月　日

# 練習のワーク

教科書　㊦ 92〜97ページ　答え　42ページ

できた数　/10問中

おわったらシールをはろう

## 1 □を使った式　□を使って、問題文を式にかき、答えをもとめましょう。

❶ けんさんは、きのうまでに、箱を 58 箱つくりました。今日も□箱つくったので、全部で 73 箱になりました。今日は何箱つくりましたか。

**考え方** 図にかいて考えます。

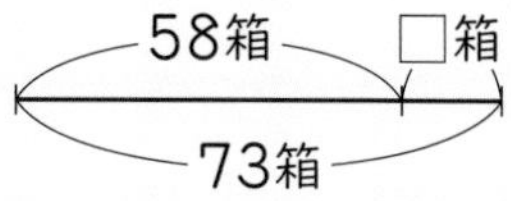


式（　　　　　　）

答え（　　　　　　）

❷ □円持って買い物に行きました。300 円の本を買ったら、のこりは 500 円になりました。何円持って行きましたか。

式（　　　　　　）　答え（　　　　　　）

❸ まおさんは、えん筆を□本持っています。はるかさんの持っているえん筆の数は、まおさんのえん筆の数の 3 倍で 27 本です。まおさんは、えん筆を何本持っていますか。

**考え方** 図にかいて考えます。

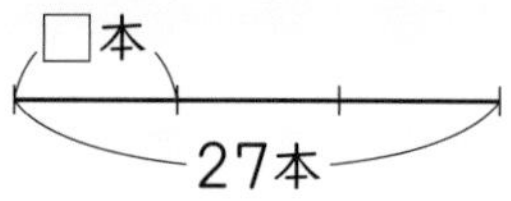


式（　　　　　　）

答え（　　　　　　）

❹ 6 こ入りのキャラメルを□箱買ったら、キャラメルは全部で 54 こになりました。キャラメルを何箱買いましたか。

式（　　　　　　）　答え（　　　　　　）

❺ 72 まいのシールを□人で同じ数ずつ分けたら、1 人分が 9 まいになりました。何人で分けましたか。

式（　　　　　　）

答え（　　　　　　）

**できるナビ**　□にあてはまる数をもとめたら、□を使った式にあてはめて答えのたしかめをしましょう。

# まとめのテスト

教科書 ㊦92～97ページ　答え 42ページ

時間 20分　とく点　/100点　おわったらシールをはろう

**1** □を使って、問題文を式にかき、答えをもとめましょう。　1つ10〔100点〕

❶ れいぞう庫に、たまごが□こはいっています。今日、お母さんが10こ買ってきたので、全部で23こになりました。はじめ、たまごは何こはいっていましたか。

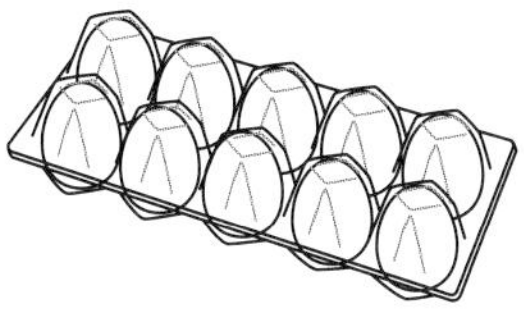

式（　　　　　　　　）

答え（　　　　　　）

❷ 画用紙が400まいあります。図工の時間に□まい使ったので、のこりは314まいになりました。画用紙を何まい使いましたか。

式（　　　　　　　　）　答え（　　　　　　）

❸ 牛にゅうが□mLあります。150mL飲んだら、のこりは550mLになりました。はじめ、牛にゅうは何mLありましたか。

式（　　　　　　　　）

答え（　　　　　　）

❹ やすおさんと弟でどんぐり拾いをしました。弟は□このどんぐりを拾い、やすおさんは、弟が拾ったどんぐりの数の4倍の36このどんぐりを拾いました。弟は何このどんぐりを拾いましたか。

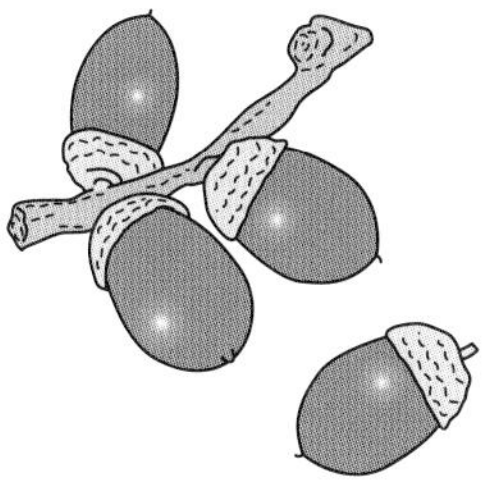

式（　　　　　　　　）

答え（　　　　　　）

❺ 花が□本あります。8本をたばにした花たばがちょうど6たばできました。はじめ、花は何本ありましたか。

式（　　　　　　　　）　答え（　　　　　　）

ふろくの「計算練習ノート」23ページをやろう！

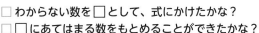

チェック
□ わからない数を□として、式にかけたかな？
□ □にあてはまる数をもとめることができたかな？

勉強した日　　月　　日

# そろばん
# きほんのワーク

もくひょう
そろばんを使った数の表し方や計算のしかたを理かいしよう。

おわったらシールをはろう

教科書 ㊦ 98〜101ページ　答え 43ページ

## きほん 1　そろばんに入れた数がよめますか。

☆そろばんに入れた数を数字でかきましょう。

とき方　定位点(ていいてん)のあるけたを一の位(くらい)とし、左へじゅんに十の位、百の位、千の位、…とします。

百の位の数は□、十の位の数は□、一の位の数は□だから、このそろばんに入れた数は、□です。

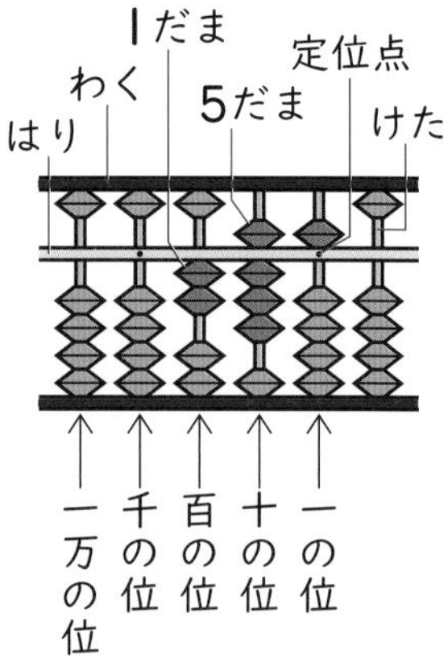


答え □

**1** そろばんに入れた数を数字でかきましょう。　教科書 98ページ 1

①

(　　　)

②
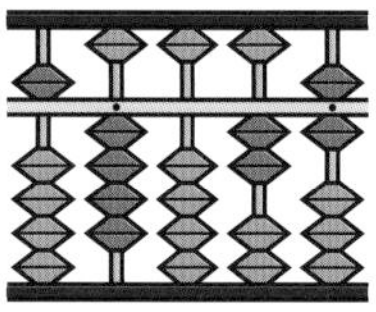
(　　　)

1だまの入れ方(おき方)とはらい方

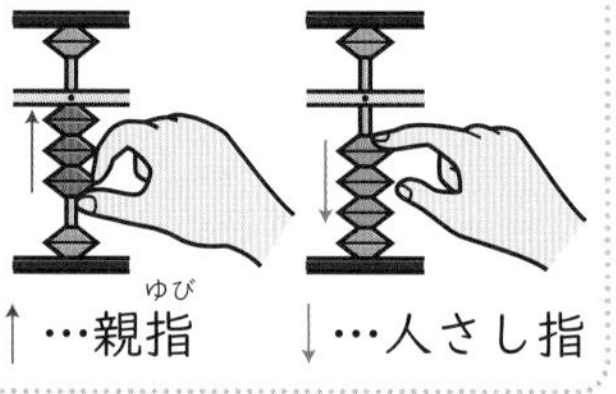


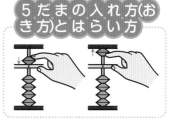

5だまの入れ方(おき方)とはらい方

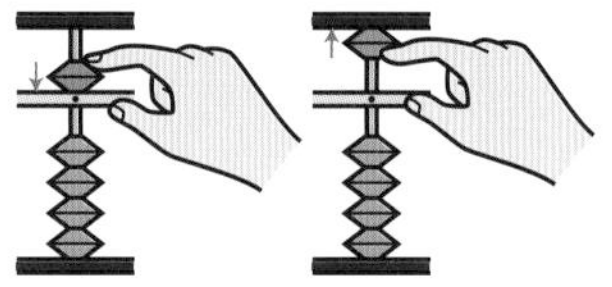

## きほん 2　そろばんを使って、たし算ができますか。

☆54＋32の計算をしましょう。

とき方　たし算では、左のけたから右のけたへじゅんに計算します。

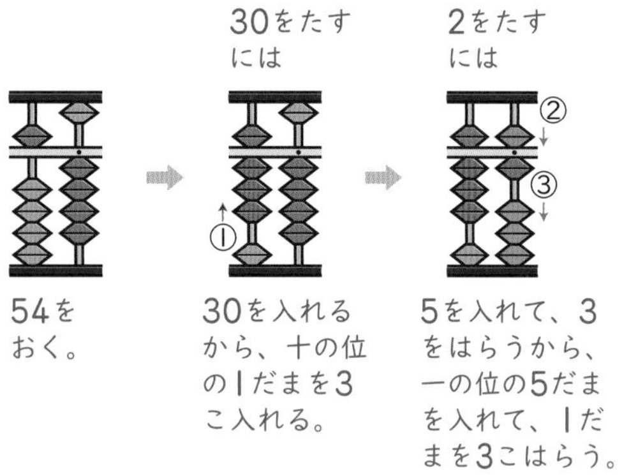

30をたすには
2をたすには
①
②
③
54をおく。
30を入れるから、十の位の1だまを3こ入れる。
5を入れて、3をはらうから、一の位の5だまを入れて、1だまを3こはらう。


7の入れ方(おき方)とはらい方

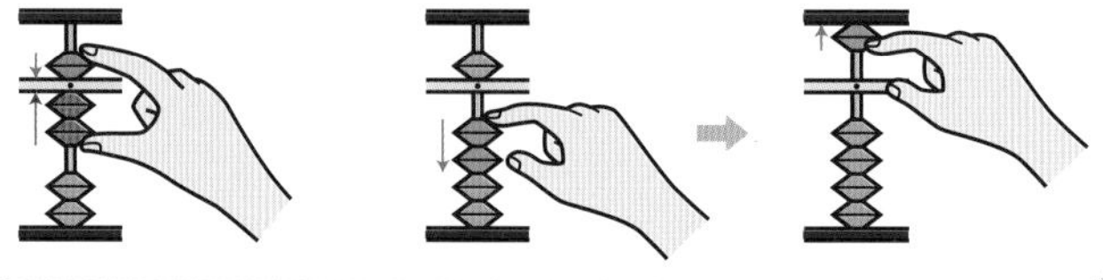

答え □



さんすうはかせ　そろばんは世界中(せかいじゅう)にいろいろあって、今、のこっているいちばん古いそろばんは紀元前(きげんぜん)300年ごろの「サラミスのそろばん」といわれているものだよ。

**2** 次の計算をしましょう。　教科書 99~101ページ

❶ 27+52　❷ 32+14　❸ 59+83　❹ 70+69

## きほん3　そろばんを使って、ひき算ができますか。

☆54－32の計算をしましょう。

**とき方**　ひき算でも、左のけたから右のけたへじゅんに計算します。

30をひくには　　2をひくには

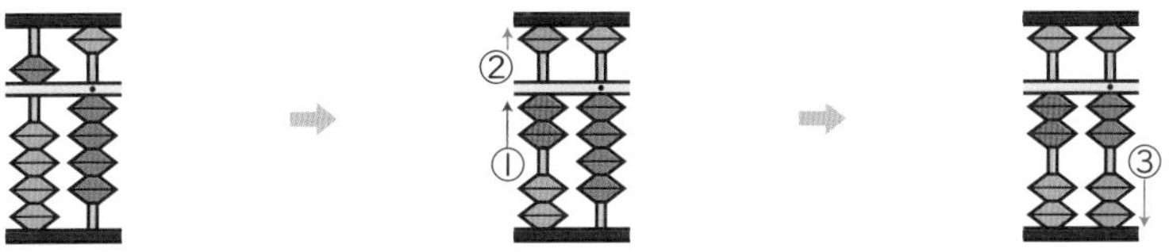


54をおく。　5から3をひくと2だから、20を入れて、50をはらう。　2をはらう。

数を入れるときは、人さし指と親指を使うよ。
数をはらうときは人さし指を使うよ。


**答え**

**3** 次の計算をしましょう。　教科書 99~101ページ

❶ 48－23　❷ 65－14　❸ 96－52　❹ 80－37

## きほん4　そろばんを使って、大きな数や小数の計算ができますか。

☆次の計算をしましょう。

❶ 7万+9万　❷ 1.4+0.3

**とき方**　❶は7+9と同じように、❷は14+3と同じように計算します。

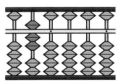

❶

9万をたすには

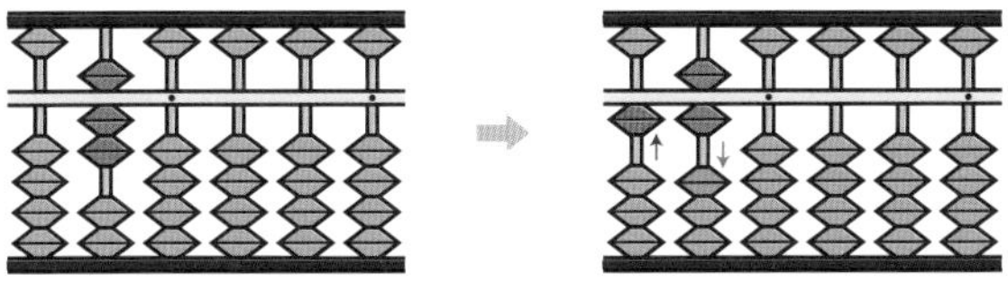

7万をおく。　9万はあと1万で10万だから、1万をはらって、10万を入れる。

❷

0.3をたすには

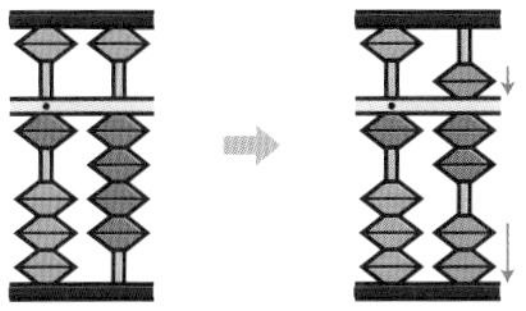

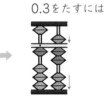

1.4をおく。　0.3はあと0.2で0.5だから、0.5を入れて、0.2をはらう。

**答え** ❶　❷

**4** 次の計算をしましょう。　教科書 99ページ

❶ 8万+4万　❷ 7万－3万　❸ 0.6+1.7　❹ 3.4－1.9

**ポイント**　正しいたまの入れ方、はらい方をおぼえましょう。そろばんのたし算、ひき算は左のけたから右のけたへじゅんに計算します。小数や大きい数の計算も、できるようになりましょう。

勉強した日 月 日

# 学びのワーク 食べものをたいせつにしているかな？

おわったらシールをはろう

教科書 下 104～106ページ　答え 43ページ

## きほん1 算数を使って食品ロスについて調べることができますか。

☆「政府広報オンライン」から、日本の家庭では、1日に1人につき54gくらいの食べものをすてていることがわかります。1人について考えると、家庭で1か月に何kg何gくらいの食べものをすてていることになりますか。
1か月を30日と考えて、計算しましょう。

とき方

| 1日 | → | 1か月 |
|---|---|---|
| 54g | | □g |

1日54gの30日分と考えるんだね。

式 54×□＝□ → □kg□g

答え □kg□g

1 きほん1の答えをもとに、食品ロス(まだ食べられるのにすててしまう食べもののこと)について考えましょう。　教科書 104～106ページ

❶ 1人について考えると、家庭で1年間(12か月)に何kg何gくらいの食べものをすてていることになりますか。1か月を30日と考えて、計算しましょう。

(　　　　)

❷ 日本の家庭で1日に1人につきすてる食べものを、20gまでにへらそうと思います。このとき、1人について考えると、家庭で1年間(12か月)に、何kg何gくらいの食べものをすてることになりますか。1か月を30日と考えて、計算しましょう。

(　　　　)

ポイント きほん1で、1日にすてる54gは、8まい切りの食パン1まいくらいです。1年間だと20kgくらいになっていることが計算でわかります。食べものをたいせつにしましょう。

勉強した日　月　日

# まとめのテスト①

教科書 ㊦108～109ページ　答え 43ページ

時間 20分

とく点　/100点

おわったらシールをはろう

**1** 次(つぎ)の数を数字でかきましょう。　1つ4〔12点〕

❶ 100万を3こ、10万を6こ、1000を4こあわせた数　（　　　）

❷ $\frac{1}{8}$を7こ集(あつ)めた数　（　　　）

❸ 1を2こと0.1を9こあわせた数　（　　　）

**2** 次の計算をしましょう。　1つ4〔48点〕

❶ 348＋745　❷ 716－649　❸ 34÷5

❹ 48÷8　❺ 59÷9　❻ 67×9

❼ 209×4　❽ 725×43　❾ $\frac{5}{9}+\frac{3}{9}$

❿ $1-\frac{1}{6}$　⓫ 3.8＋5.2　⓬ 9.1－6.3

**3** 次のㅇあ、ㅇいにあたる数を答えましょう。　1つ5〔10点〕

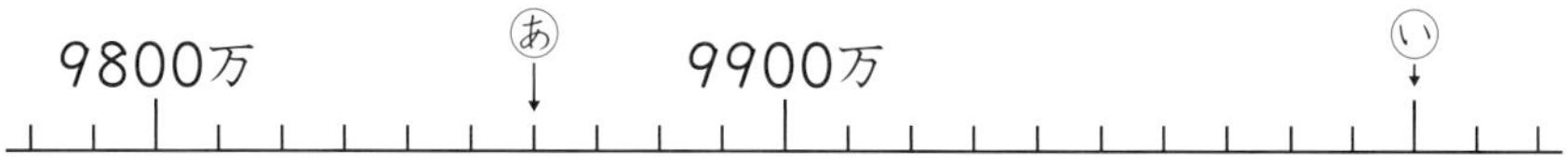


ㅇあ（　　　）
ㅇい（　　　）

**4** □にあてはまる数をかきましょう。　1つ6〔18点〕

❶ (82×3)＋(18×3)＝(□＋□)×3

❷ (48－7)×5＝(□×5)－(□×5)

❸ 98×12＝(100－□)×12

**5** 68cmのリボンを8cmずつに切ると、何本できて、何cmあまりますか。

式　1つ6〔12点〕

答え（　　　）

チェック✓
□ 大きい数や分数・小数のしくみがわかったかな？
□ 分数・小数の計算や，かけ算とわり算ができたかな？

勉強した日　月　日

# まとめのテスト②

時間20分　とく点　/100点　おわったらシールをはろう

教科書 ㊦110ページ　答え 44ページ

**1** 次の円をかきましょう。　1つ18〔36点〕

❶ 半径が 1cm5mm の円

❷ 直径が 4cm の円

**2** 右のように、半径が 1.5cm の 2 つの円を使って、三角形㋐、㋑をかきます。　1つ14〔28点〕

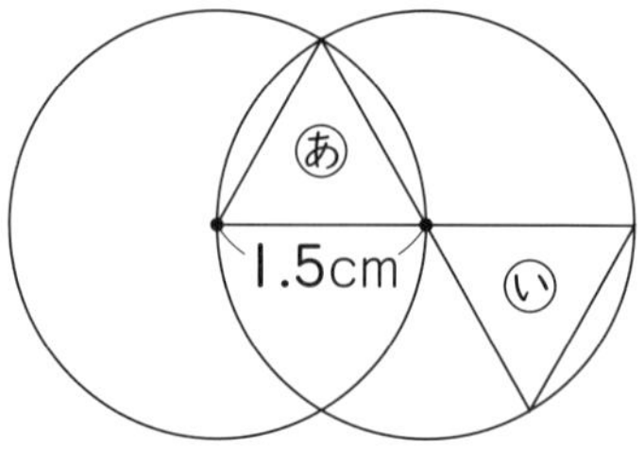


❶ 三角形㋐は何という三角形ですか。

（　　　　　）

❷ 三角形㋑の 1 つの辺の長さは何cm ですか。

（　　　　　）

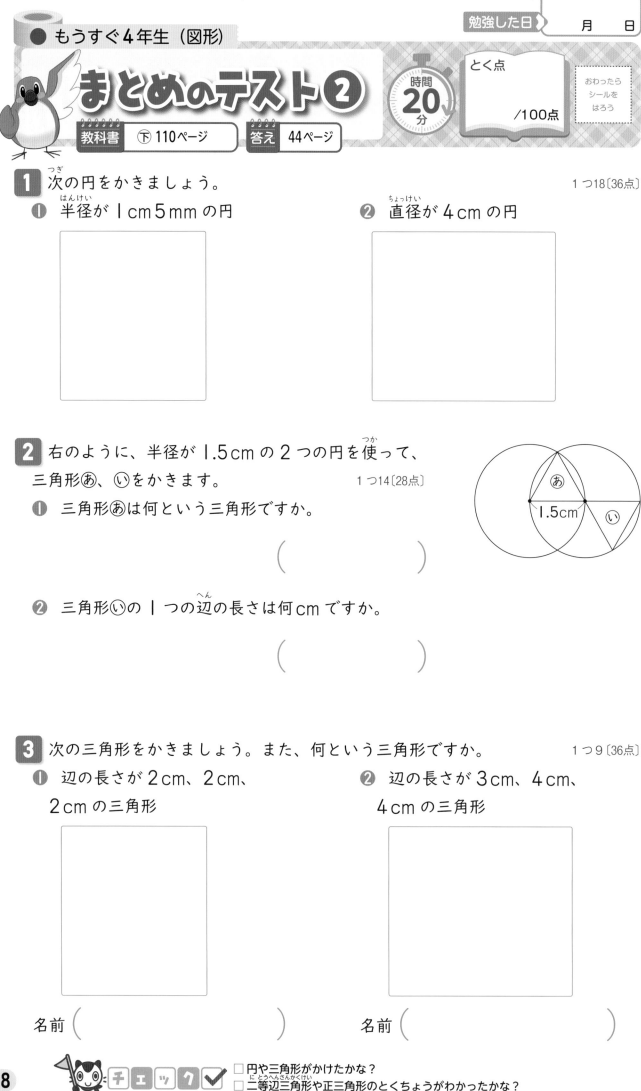

**3** 次の三角形をかきましょう。また、何という三角形ですか。　1つ9〔36点〕

❶ 辺の長さが 2cm、2cm、2cm の三角形

名前（　　　　　）

❷ 辺の長さが 3cm、4cm、4cm の三角形

名前（　　　　　）

チェック✓
□円や三角形がかけたかな？
□二等辺三角形や正三角形のとくちょうがわかったかな？

勉強した日　　月　　日

# まとめのテスト③

教科書 ㊦111ページ　答え 44ページ

時間 20分　とく点　　/100点　おわったらシールをはろう

**1** □にあてはまる数をかきましょう。　1つ8〔48点〕

❶ 8.7cm＝□cm□mm　❷ 2km300m＝□m

❸ 1分10秒（びょう）＝□秒　❹ 5570g＝□kg□g

❺ 1t＝□kg　❻ 6.8L＝□L□dL

**2** 3時30分から35分あとの時こくと、35分前の時こくを答えましょう。　1つ8〔16点〕

35分あとの時こく（　　　）

35分前の時こく（　　　）

**3** 次の目もりをよみましょう。　1つ8〔16点〕

❶
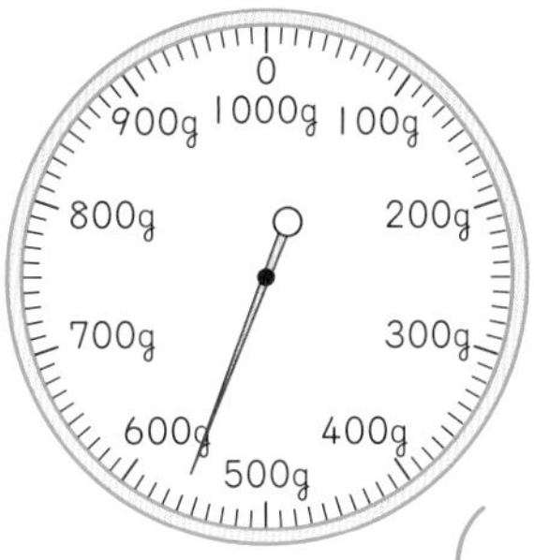

（　　　）

❷

（　　　）

**4** 下の表（ひょう）は、まゆみさんの組で、すきな動（どう）物（ぶつ）を調（しら）べたものです。ぼうグラフにかきましょう。　〔20点〕

すきな動物調べ

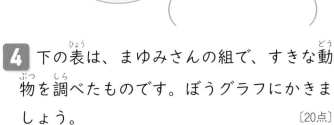

| しゅるい | 人数(人) |
|---|---|
| うさぎ | 3 |
| パンダ | 8 |
| 犬 | 9 |
| ライオン | 5 |
| その他（た） | 4 |
| 合計 | 29 |

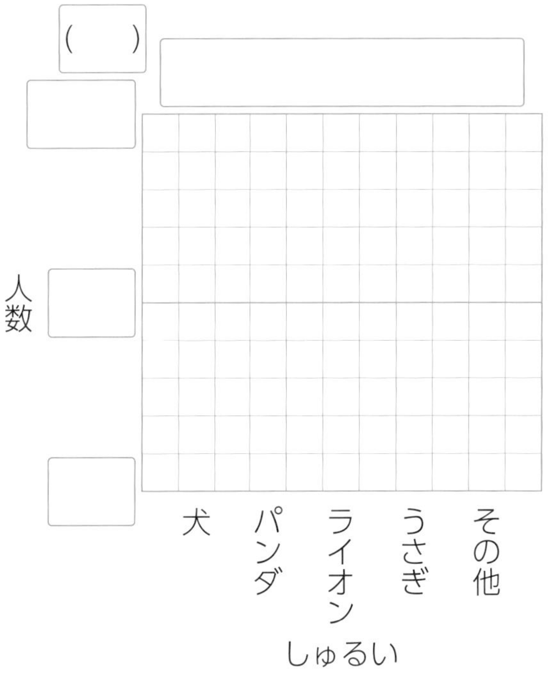


チェック
□時間や長さ、重（おも）さのたんいがわかったかな？
□ぼうグラフをかくことができたかな？

勉強した日　月　日

# まとめのテスト④

教科書　㊦112ページ　答え　44ページ

時間20分　とく点　/100点　おわったらシールをはろう

**1** おはじきが皿の上に９こあります。箱には皿の４倍、ふくろには箱の３倍のおはじきがあります。ふくろには、おはじきが何こありますか。　１つ10〔20点〕

式

答え（　　　　）

**2** テープが120cmあります。けんとさんが25cm、らんさんが38cm使い、のこりをしんじさんの分にしました。しんじさんの分は何cmですか。　１つ10〔20点〕

式

答え（　　　　）

**3** えりかさんは本をよんでいます。きのう18ページ、今日25ページよんだので、のこりは107ページになりました。この本は、全部で何ページありますか。

１つ10〔20点〕

式

答え（　　　　）

**4** おかしを買いに行きました。１こ85円のおかしを12こ買ったので、のこりは180円になりました。はじめ、何円持っていましたか。　１つ10〔20点〕

式

答え（　　　　）

**5** 色紙で、大きいかざりを６こと小さいかざりを６こつくります。１こつくるのに大きいかざりは８まい、小さいかざりは３まいの色紙を使います。色紙は全部で何まいいりますか。　１つ10〔20点〕

式

答え（　　　　）

ふろくの「計算練習ノート」28～29ページをやろう！

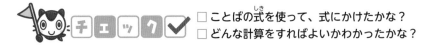

チェック✓
□ことばの式を使って、式にかけたかな？
□どんな計算をすればよいかわかったかな？

●勉強した日　月　日

# 実力判定テスト　まるごと文章題テスト②

時間30分

名前　とく点　/100点

おわったらシールをはろう

いろいろな文章題にチャレンジしよう！

答え　48ページ

**1** 49本の花があります。7本ずつたばにすると、花たばはいくつできますか。

式　1つ5〔10点〕

答え（　　　）

**2** そう庫に品物が8524こはいっていました。このうち4897こを外に運び出しました。そう庫にのこっている品物は何こですか。　1つ5〔10点〕

式

答え（　　　）

**3** 6300まいの紙を、同じまい数ずつにたばねて10のたばをつくりました。1たばは、何まい

**6** ひかるさんと弟は、どんぐりを拾いに行きました。ひかるさんの拾った数は、弟の拾った数の3倍で、39こでした。弟は何こ拾いましたか。

式　1つ5〔10点〕

答え（　　　）

**7** 1さつ400円のノートを2さつ組にしたものを、3人に配るために買います。全部で何円になりますか。

式　1つ5〔10点〕

答え（　　　）

になりますか。　1つ5〔10点〕

式

答え（　　　）

**4** 6Lの牛にゅうを、7dLずつびんに分けていきます。7dLはいったびんは何本できますか。

式　1つ5〔10点〕

答え（　　　）

**5** ランドセルに本を入れて重(おも)さをはかったら、1kg400gありました。本の重さは450gです。ランドセルの重さは何gですか。

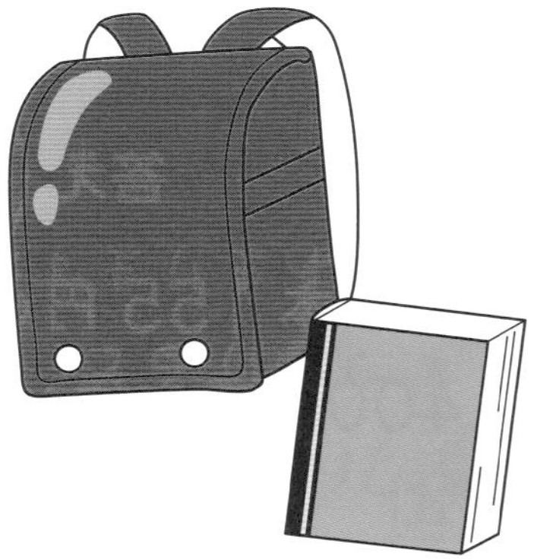

式　1つ5〔10点〕

答え（　　　）

は何Lになりますか。　1つ5〔10点〕

式

答え（　　　）

**9** 8.3cmのテープと38mmのテープがあります。テープはあわせて何cmありますか。

式　1つ5〔10点〕

答え（　　　）

**10** リボンでかざりをつくります。1このかざりをつくるのに、リボンを28cm使(つか)います。かざりを52こつくるには、リボンは全部で何m何cmいりますか。　1つ5〔10点〕

式

答え（　　　）

教科書ワーク

# 答えとてびき

「答えとてびき」は、とりはずすことができます。

啓林館版

算数 3 年

**使い方**

まちがえた問題は、もういちどよく読んで、なぜまちがえたのかを考えましょう。正しい答えを知るだけでなく、なぜそうなるかを考えることが大切です。

## ① 九九の表とかけ算

**2・3 ページ** きほんのワーク

きほん1 6、42、6、42　答え 42

① ❶ (あ)15　(い)8　❷ (う)40　(え)54

きほん2 6、6、60、10、50　答え 60、50

② ❶ 40　❷ 80　❸ 70　❹ 20

きほん3 3、3、0、0　答え 0、0

③ ❶ 0　❷ 0　❸ 0　❹ 0

きほん4 3、9、3、9　答え 3、9

④ ❶ 9　❷ 3　❸ 4　❹ 9

**てびき**

① 九九の表の横にならんでいる数を見ると、かける数は右にいくにつれて、1ずつ大きくなっています。このことから、かける数が1ふえると、答えはかけられる数だけ大きくなることがわかります。また、かける数が1へると、答えはかけられる数だけ小さくなります。このかけ算のきまりを使って、答えをみつけていきます。

❶ (あ)3、6、9、12、…と3ずつふえるから、九九の表の3のだんの一部だから、
12＋3＝15です。

(い)4、…、12、16、20と4ずつふえるから、九九の表の4のだんの一部だから、
4＋4＝8です。
また、12−4＝8ともとめてもかまいません。

❷ (う)24、32、…、48、56と8ずつふえるから、九九の表の8のだんの一部だから、
32＋8＝40です。
また、48−8＝40ともとめてもかまいません。

(え)27、36、45、…、63と9ずつふえるから、九九の表の9のだんの一部だから、
45＋9＝54です。
また、63−9＝54ともとめてもかまいません。

② ❶ 4×10は、4×9より4大きくなるから、
4×10＝4×9＋4＝40です。

❷ 8×10は、8×9より8大きくなるから、
8×10＝8×9＋8＝80です。

❸ かけられる数とかける数を入れかえて計算します。
10×7＝7×10＝7×9＋7＝70です。

❹ かけられる数とかける数を入れかえて計算します。
10×2＝2×10＝2×9＋2＝20です。

③ どんな数に0をかけても、0にどんな数をかけても答えは0です。また、0×0も0になります。

④ 九九を使って、□にあてはまる数をみつけます。

❶ 3のだんの九九を使います。
3×$\boxed{1}$＝3(三一が3)、3×$\boxed{2}$＝6(三二が6)、…、3×$\boxed{8}$＝24(三八24)、
3×$\boxed{9}$＝27(三九27)より、9です。

❷ 8のだんの九九を使います。8×$\boxed{1}$＝8(八一が8)、8×$\boxed{2}$＝16(八二16)、
8×$\boxed{3}$＝24(八三24)より、3です。

❸ ■×9＝9×■だから、9のだんの九九を使います。9×$\boxed{1}$＝9(九一が9)、9×$\boxed{2}$＝18(九二18)、9×$\boxed{3}$＝27(九三27)、
9×$\boxed{4}$＝36(九四36)より、4です。

❹ ■×5＝5×■だから、5のだんの九九を使います。5×$\boxed{1}$＝5(五一が5)、5×$\boxed{2}$＝10(五二10)、…、5×$\boxed{8}$＝40(五八40)、
5×$\boxed{9}$＝45(五九45)より、9です。

## 4ページ 練習のワーク

**1** ❶ 8　❷ 8
❸ 4　❹ 10、100

**2** ❶ 10、30　❷ 10、50

**3** ❶ 0　❷ 0　❸ 0　❹ 0
❺ 0　❻ 0

**4** ❶ 8　❷ 7　❸ 7　❹ 6
❺ 6　❻ 6　❼ 9　❽ 4
❾ 8　❿ 8　⓫ 9　⓬ 3

**てびき**

**1** ❶ かける数が 1 ふえると、答えはかけられる数だけ大きくなります。

❷ かける数が 1 へると、答えはかけられる数だけ小さくなります。

❸ かけられる数とかける数を入れかえても、答えは同じになります。

❹ かけ算のきまりから、10×10 は 10×9 より、かけられる数の 10 だけ大きくなるから、10×10=10×9+10=100

**2** ❶ 10×3=3×10=3×9+3=30

❷ 10×5=5×10=5×9+5=50

**4** 九九を使って、□にあてはまる数をみつけます。

❶ 2 のだんの九九を使って、答えが 16 になる数をみつけます。

❷ ■×3=3×■だから、3 のだんの九九を使って、答えが 21 になる数をみつけます。

❸ 8 のだんの九九を使って、答えが 56 になる数をみつけます。

❹ ■×9=9×■だから、9 のだんの九九を使って、答えが 54 になる数をみつけます。

❺ 5 のだんの九九を使って、答えが 30 になる数をみつけます。

❻ ■×6=6×■だから、6 のだんの九九を使って、答えが 36 になる数をみつけます。

❼ 4 のだんの九九を使って、答えが 36 になる数をみつけます。

❽ ■×7=7×■だから、7 のだんの九九を使って、答えが 28 になる数をみつけます。

❾ 6 のだんの九九を使って、答えが 48 になる数をみつけます。

❿ ■×8=8×■だから、8 のだんの九九を使って、答えが 64 になる数をみつけます。

⓫ 7 のだんの九九を使って、答えが 63 になる数をみつけます。

⓬ ■×5=5×■だから、5 のだんの九九を使って、答えが 15 になる数をみつけます。

**たしかめよう!**

**2** ❶ 10×3 は、10 の 3 こ分と考えて、10×3=10+10+10=30 ともとめることもできますが、かけられる数とかける数を入れかえて、10×3=3×10 より、かけ算のきまりを使って、3×9 より 3 大きい数として、30 ともとめることもできます。

## 5ページ まとめのテスト

**1** ㋐ 35　㋑ 24　㋒ 48
㋓ 63　㋔ 8　㋕ 20

**2** ❶ 8　❷ 9　❸ 8
❹ 9　❺ 6　❻ 4

**3** 式 5×10=50　答え 50 こ

**4** 式 3×0=0
2×3=6
1×2=2
0×5=0
0+6+2+0=8　答え 8 点

**てびき**

**1** ❶ 27　36　45
（9　9）

9 ずつ大きくなる→ 9 のだんの九九
㋐は 7 のだんの九九→ 28+7=35
㋑は 8 のだんの九九→ 32−8=24

❷ 35　40　45
（5　5）

5 ずつ大きくなる→ 5 のだんの九九
㋒は 6 のだんの九九→ 42+6=48
㋓は 7 のだんの九九→ 56+7=63

❸ 12　15　18
（3　3）

3 ずつ大きくなる→ 3 のだんの九九
㋔は 2 のだんの九九→ 10−2=8
㋕は 4 のだんの九九→ 16+4=20

**2** ❶ 3 のだんの九九を使って、答えが 24 になる数をみつけます。

❷ ■×8=8×■だから、8 のだんの九九を使って、答えが 72 になる数をみつけます。

❸❹ かけ算では、かけられる数とかける数を入れかえても答えは同じです。

❺ かけ算のきまりから、5×7 は、5×6 よりかけられる数の 5 だけ大きくなります。

❻ かけ算のきまりから、7×3 は、7×4 よりかけられる数の 7 だけ小さくなります。

**3** 1箱にはいっているケーキの数×箱の数＝全部の数だから、式は 5×10 です。
かけ算のきまりを使って、
5×10＝5×9＋5＝50 と計算できます。

**4** 点数×はいった数＝とく点だから、まず、それぞれの点数のところのとく点をもとめます。
3点…3×0＝0
2点…2×3＝6
1点…1×2＝2
0点…0×5＝0
とく点の合計は、0＋6＋2＋0＝8 より、
8点です。

## ② わり算

### 6・7ページ きほんのワーク

きほん1 5、15、3、5　答え 5
❶ ❶ 10÷5　❷ 8÷4
きほん2 6　答え 6
❷ 式 32÷8＝4　答え 4まい
きほん3 6　答え 6
❸ 式 54÷9＝6　答え 6ふくろ
❹ ❶ だん 3のだん　答え 9
❷ だん 5のだん　答え 8
❸ だん 1のだん　答え 5
きほん4 答え 8、(れい)何こですか
8、(れい)分けられますか
❺ (れい)12本の花を、4人に同じ数ずつ分けると、1人分は何本ですか。
(れい)12本の花を、1人に4本ずつ分けると、何人に分けられますか。

てびき ❶ 1人分をもとめる計算の式は、わり算の式にかくことができます。次のように、ことばの式を考えてみましょう。
❶ 全部の数÷人数
10 ÷ 5
❷ 全部の数÷人数
8 ÷ 4
❷ 32まいを、8人に分けるときの1人分の数をもとめる計算の式は 32÷8 です。
1人分の数×8が32まいだから、1人分の数は、□×8＝32 の□にあてはまる数と同じになります。
答えは、□に、1、2、3、4、…をあてはめてみつけます。
4×8＝32 だから、32÷8＝4 です。
❸ 54こを、1ふくろに9こずつ分けるときのふくろの数をもとめる計算の式は、
54÷9 です。
9×ふくろの数が54こだから、ふくろの数は、9×□＝54 の□にあてはまる数と同じになります。
答えは、9のだんの九九を使ってもとめます。
9×6＝54 だから、54÷9＝6 です。
❹ ❶ 27÷3 の答えは、
3×□＝27 の□にあてはまる数です。
答えは、「3のだんの九九」を使ってもとめます。
3×9＝27 だから、27÷3＝9 です。
❷ 40÷5 の答えは、
5×□＝40 の□にあてはまる数です。
答えは、「5のだんの九九」を使ってもとめます。
5×8＝40 だから、40÷5＝8 です。
❸ 5÷1 の答えは、
1×□＝5 の□にあてはまる数です。
答えは、「1のだんの九九」を使ってもとめます。
1×5＝5 だから、5÷1＝5 です。
わる数が1のときは、答えはわられる数と同じになります。
❺ 1人分の数をもとめるときも、何人に分けられるかをもとめるときも、わり算の式になります。

**たしかめよう!**
わり算の答えは、わる数のだんの九九を使ってもとめます。

### 8・9ページ きほんのワーク

きほん1 ÷、8、8、12　答え 12
❶ 式 18÷3＝6
6−2＝4　答え 4ふくろ
❷ 式 45÷5＝9
15−9＝6　答え 6人
❸ 式 32÷4＝8
8＋5＝13　答え 13きゃく
きほん2 10、0　答え 10、0
❹ ❶ 10　❷ 0　❸ 0
❺ ❶ 式 80÷8＝10　答え 10こ
❷ 式 80÷8＝10　答え 10人
きほん3 9、30
6、20、3、20、3、23　答え 30、23
❻ ❶ 40　❷ 43　❸ 21

てびき ❶ まず、3本のえん筆がはいっているふくろの数を、わり算を使ってもとめると、
18÷3=6 より、6ふくろです。
そのうち2ふくろを妹にあげたから、
のこっているふくろの数は、ひき算を使って、
6−2=4 より、4ふくろになります。
❷ まず、5このみかんをもらった子どもの数をわり算を使ってもとめると、
45÷5=9 より、9人です。
もとめるのは、みかんをもらっていない子どもの数だから、ひき算を使って、
15−9=6 より、6人になります。
❸ まず、子どもが4人ずつすわっている長いすの数をわり算を使ってもとめると、
32÷4=8 より、8きゃくです。
長いすは5きゃくのこっているから、
全部の長いすの数は、たし算を使って、
8+5=13 より、13きゃくになります。
❹ ❶ 6×□=60 の□にあてはまる数を考えると、
6×[10]=60 だから、60÷6=10 です。
❷ 3×□=0 の□にあてはまる数を考えると、
3×[0]=0 だから、0÷3=0 です。
❸ 6×□=0 の□にあてはまる数を考えると、
6×[0]=0 だから、0÷6=0 です。
❷❸からわかるように、
「0を、0でないどんな数でわっても、答えは0になります。」
❺ ❶❷ 1人分の数や何人に分けられるかをもとめるから、式は 80÷8 です。
このわり算の答えは、
8×[10]=80 より、
80÷8=10 だから、10 になります。
❻ ❶ 80 は 10 が 8 こだから、
80÷2 は 10 が(8÷2)こになるから、
80÷2=40 です。
❷ 86 を、80 と 6 に分けて考えます。
80÷2 は 40
6÷2 は 3 だから、86÷2 =43 です。
❸ 63 を、60 と 3 に分けて考えます。
60÷3 = 20
3÷3 = 1 だから、63÷3 =21 です。

たしかめよう!

じゅんに考えて、答えをもとめていきます。
❶ のこっているふくろの数は、
[3本のえん筆がはいっているふくろの数]
−[あげたふくろの数] でもとめます。
❷ みかんをもらっていない子どもの数は、
[全部の子どもの数]−[もらった子どもの数] でもとめます。
❸ 全部の長いすの数は、
[子どもが4人ずつすわっている長いすの数]
+[のこっている長いすの数] でもとめます。

## 10ページ 練習のワーク❶

❶ 式 36÷4=9 答え 9こ
❷ 式 45÷9=5 答え 5人
❸ 式 20÷5=4 答え 4本
❹ 式 72÷9=8
8+6=14 答え 14ふくろ
❺ ❶ 0 ❷ 11 ❸ 41
❹ 12

てびき ❶ 式は 36÷4 で、答えは□×4=4×□=36 の□にあてはまる数だから、
4 のだんの九九を使ってもとめます。
❷ 式は 45÷9 で、答えは 9×□=45 の□にあてはまる数だから、
9 のだんの九九を使ってもとめます。
❸ 式は 20÷5 で、答えは 5×□=20 の□にあてはまる数だから、
5 のだんの九九を使ってもとめます。
❹ まず、9このあめがはいっているふくろの数をわり算を使ってもとめると、72÷9=8 より、8ふくろです。ふくろは6ふくろのこっているから、全部の数はたし算を使って、
8+6=14 より、14ふくろになります。
❺ ❶ 1×□=0 の□にあてはまる数を考えると、1×[0]=0 だから、0÷1=0 です。
❷ 33 を、30 と 3 に分けて考えます。
30÷3 は 10
3÷3 は 1 だから、33÷3=11 です。
❸ 82 を、80 と 2 に分けて考えます。
80÷2 は 40
2÷2 は 1 だから、82÷2=41 です。
❹ 48 を 40 と 8 に分けて考えます。
40÷4 は 10
8÷4 は 2 だから、48÷4=12 です。

たしかめよう!

1人分の数をもとめるときも、何人に分けられるかをもとめるときも、わり算の式になります。

## 11ページ 練習のワーク❷

❶ ❶ 7　❷ 3　❸ 31
❹ 3　❺ 7　❻ 42
❼ 1　❽ 9　❾ 0

❷ 式 25÷5=5　答え 5こ

❸ 式 36÷9=4　答え 4人

❹ 式 24÷6=4
4+2=6　答え 6箱

❺ 式 30÷3=10　答え 10箱

てびき

❶ ❶ 答えは、9のだんの九九を使ってもとめます。
❷ 答えは、6のだんの九九を使ってもとめます。
❸ 93を90と3に分けて考えます。
90÷3は30
3÷3は 1 だから、93÷3=31です。
❹ 答えは、8のだんの九九を使ってもとめます。
❺ 答えは、7のだんの九九を使ってもとめます。
❻ 84を80と4に分けて考えます。
80÷2は40
4÷2は 2 だから、84÷2=42です。
❼ 答えは、8のだんの九九を使ってもとめます。
8×[1]=8だから、8÷8=1です。
わられる数とわる数が同じときは、
答えは1になります。
❽ 答えは、1のだんの九九を使ってもとめます。
わる数が1のときは、
答えはわられる数と同じになります。
❾ 0を、0でないどんな数でわっても、答えは0になります。

❷ 式は25÷5で、
答えは、5のだんの九九を使ってもとめます。

❸ 式は36÷9で、
答えは、9のだんの九九を使ってもとめます。

❹ まず、6このドーナツがはいっている箱の数をわり算を使ってもとめると、
24÷6=4より、4箱です。箱は2箱のこっているから、全部の箱の数はたし算を使って、
4+2=6より、6箱になります。

❺ ふくろの数をもとめる式は、30÷3です。
3×[10]=30だから、30÷3=10です。

## 12ページ まとめのテスト❶

1 ❶ 9　❷ 11　❸ 5
❹ 0　❺ 4　❻ 7
❼ 6　❽ 1　❾ 9

2 式 54÷6=9　答え 9ページ

3 式 45÷5=9　答え 9つ

4 (れい)いちご、1人分、何

てびき

2 6日で全部よみ終わるために、
1日によむページ数は、
[全部のページ数]÷[日数]で考えます。
式は54÷6で、
答えは、6のだんの九九を使ってもとめます。
6×[9]=54より、54÷6=9です。

3 できる花たばの数は、
[全部の花の数]÷[1たばの花の数]で考えます。
式は45÷5で、
答えは、5のだんの九九を使ってもとめます。
5×[9]=45より、45÷5=9です。

4 1人分の数をもとめるときも、何人に分けられるかをもとめるときも、わり算の式になります。
ここでは、問題文の中に
「5人に同じ数ずつ分ける」とあるから、
2つ目の□にあてはまることばは「1人分」にすればよいことがわかります。
なお、35÷5の答えは、
5のだんの九九を使ってもとめます。
5×[7]=35より、35÷5=7です。

たしかめよう!

わり算の答えは、わる数のだんの九九を使ってもとめます。
答えをもとめたら、[わる数]×[答え]の計算をして、それが[わられる数]になっているかをたしかめましょう。

## 13ページ まとめのテスト❷

1 ❶ 式 36÷6=6　答え 6本
❷ 式 36÷6=6　答え 6人

2 式 56÷7=8　答え 8箱

3 式 48÷2=24　答え 24回

4 式 64÷8=8
8−3=5　答え 5まい

5 式 27÷3=9
12−9=3　答え 3まい

てびき **1** 1人分の数をもとめるときも、何人に分けられるかをもとめるときも、わり算で計算します。
どちらも式は 36÷6 で、
答えは、6のだんの九九を使ってもとめます。
6×[6]=36 より、36÷6=6 です。

**2** 箱の数は、
[全部のりんごの数]
÷[1つの箱に入れるりんごの数]で考えます。
式は 56÷7 で、
答えは、7のだんの九九を使ってもとめます。
7×[8]=56 より、56÷7=8 です。

**3** 運ぶ回数は、
[全部の荷物の数]
÷[1回に運ぶ荷物の数]で考えます。
式は 48÷2 で、
答えは、48 を 40 と 8 に分けて、
40÷2=20
8÷2= 4 だから、48÷2=24 です。

**4** まず、1人分の色紙の数をわり算を使ってもとめると、64÷8=8 より、8まいです。
そのうち3まいを妹にあげたから、
さきさんの色紙の数は、8−3=5 より、
5まいになります。
ひき算になることに注意しましょう。

**5** まず、シュークリームがのっているお皿の数をわり算を使ってもとめると、
27÷3=9 より、9まいです。
もとめるのは、シュークリームがのっていないお皿の数だから、12−9=3 より、3まいになります。
**4**と同じように、さいごにひき算を使いますが、シュークリームがのっていないお皿の数は、
[全部のお皿の数]−[のっているお皿の数]で、
もとめることに気をつけましょう。

## 見方・考え方を深めよう

### 14・15ページ 学びのワーク

きほん1 6、26、26 答え 26
❶ ① 10
② 式 10+40+30=80 答え 80ページ
❷ 式 12+7+7=26 答え 26こ
きほん2 190、190、90、90 答え 90
❸ ① 90
② 式 45+30=75
90−75=15 答え 15こ
❹ 式 16+7=23
29−23=6 答え 6台

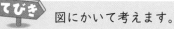

てびき 図にかいて考えます。

❷
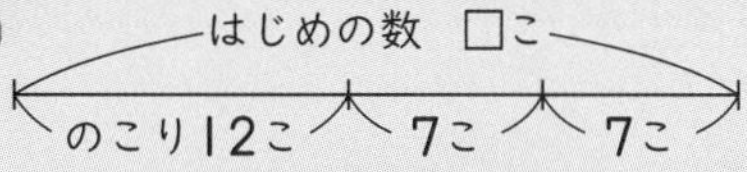


❹
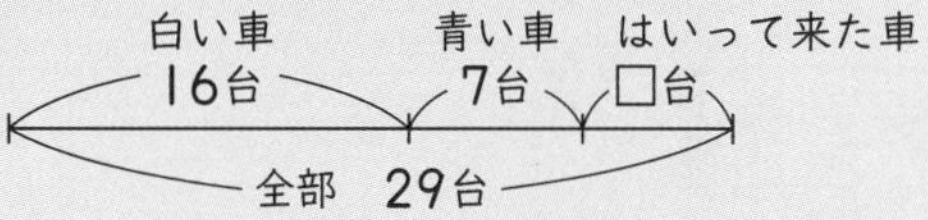


## ③ たし算とひき算の筆算

### 16・17ページ きほんのワーク

きほん1 358、215
7➡5 答え 573
❶ ① 385 ② 891 ③ 814
④ 981 ⑤ 197 ⑥ 998
きほん2 1、6➡1、3➡4 答え 436
❷ ① 421 ② 605 ③ 213
きほん3 1、3➡1、2➡1、2 答え 1223
❸ ① 1267 ② 1183 ③ 1684
❹ ① 1413 ② 1004 ③ 1001
④ 1000
きほん4 325、150
2、7➡1 答え 175
❺ ① 115 ② 191 ③ 277
④ 295

てびき
❶ ①

```
   1
  247
+ 138
  385
```

一の位は、7+8=15
十の位に1くり上げる。
十の位は、1+4+3=8
百の位は、2+1=3

❷
```
   1
  519
+ 372
  891
```
一の位は、9+2=11
十の位に1くり上げる。
十の位は、1+1+7=9
百の位は、5+3=8

❸
```
   1
  408
+ 406
  814
```
一の位は、8+6=14
十の位に1くり上げる。
十の位は、1+0+0=1
百の位は、4+4=8

❹
```
   1
  924
+  57
  981
```
一の位は、4+7=11
十の位に1くり上げる。
十の位は、1+2+5=8

❺
```
   1
  158
+  39
  197
```
一の位は、8+9=17
十の位に1くり上げる。
十の位は、1+5+3=9

❻
```
   1
  369
+ 629
  998
```
一の位は、9+9=18
十の位に1くり上げる。
十の位は、1+6+2=9
百の位は、3+6=9

**2** 十の位にくり上がりがあるときは、百の位に1くり上げます。

❶
```
  11
  234
+ 187
  421
```
一の位は、4+7=11
十の位に1くり上げる。
十の位は、1+3+8=12
百の位に1くり上げる。
百の位は、1+2+1=4

❷
```
  11
  349
+ 256
  605
```
一の位は、9+6=15
十の位に1くり上げる。
十の位は、1+4+5=10
百の位に1くり上げる。
百の位は、1+3+2=6

❸
```
  11
  158
+  55
  213
```
一の位は、8+5=13
十の位に1くり上げる。
十の位は、1+5+5=11
百の位に1くり上げる。
百の位は、1+1=2

**3** 筆算は、位をそろえてかいて、一の位からじゅんに計算します。百の位にくり上がりがあるときは、千の位に1くり上げます。

❶
```
  426
+ 841
 1267
```
一の位は、6+1=7
十の位は、2+4=6
百の位は、4+8=12
千の位に1くり上げる。

❷
```
   1
  609
+ 574
 1183
```
一の位は、9+4=13
十の位に1くり上げる。
十の位は、1+0+7=8
百の位は、6+5=11
千の位に1くり上げる。

❸
```
  11
  788
+ 896
 1684
```
一の位は、8+6=14
十の位に1くり上げる。
十の位は、1+8+9=18
百の位に1くり上げる。
百の位は、1+7+8=16
千の位に1くり上げる。

**4** たし算の筆算でくり上がりがあるとき、くり上げた1をたすことをわすれないようにしましょう。

❶
```
  11
  516
+ 897
 1413
```
一の位は、6+7=13
十の位に1くり上げる。
十の位は、1+1+9=11
百の位に1くり上げる。
百の位は、1+5+8=14
千の位に1くり上げる。
千の位は、1

❷
```
  11
  947
+  57
 1004
```
一の位は、7+7=14
十の位に1くり上げる。
十の位は、1+4+5=10
百の位に1くり上げる。
百の位は、1+9=10
千の位に1くり上げる。
千の位は、1

❸
```
  11
  998
+   3
 1001
```
一の位は、8+3=11
十の位に1くり上げる。
十の位は、1+9=10
百の位に1くり上げる。
百の位は、1+9=10
千の位に1くり上げる。
千の位は、1

❹
```
  11
  146
+ 854
 1000
```
一の位は、6+4=10
十の位に1くり上げる。
十の位は、1+4+5=10
百の位に1くり上げる。
百の位は、1+1+8=10
千の位に1くり上げる。
千の位は、1

**5** ひき算の筆算は、くり下がりに気をつけましょう。

❶
```
   6
  2(7)1
- 156
  115
```
一の位は、十の位から1くり下げて、11−6=5
十の位は、6−5=1
百の位は、2−1=1

❷
```
  6
  (7)74
- 583
  191
```
一の位は、4−3=1
十の位は、百の位から1くり下げて、17−8=9
百の位は、6−5=1

❸
```
  3 4
  (4)(5)6
- 179
  277
```
一の位は、十の位から1くり下げて、16−9=7
十の位は、百の位から1くり下げて、14−7=7
百の位は、3−1=2

❹
```
  2 1
  (3)(2)3
-  28
  295
```
一の位は、十の位から1くり下げて、13−8=5
十の位は、百の位から1くり下げて、11−2=9
百の位は、2

## 18・19 ページ　きほんのワーク

きほん1　2、9、8 ➡ 1、1　　答え 118

1　❶ 279　❷ 33　❸ 352　❹ 904

きほん2　5 ➡ 1、5 ➡ 1、3 ➡ 7　　答え 7355

2　❶ 5913　❷ 8032　❸ 5310　❹ 8850

きほん3　3 ➡ 6 ➡ 4 ➡ 1　　答え 1463

3　❶ 609　❷ 1889　❸ 565　❹ 9059

きほん4　100、100、256　　答え 256

4　❶ 398　❷ 459　❸ 397　❹ 989

### てびき

1 ひき算の筆算で、十の位が0で、くり下げられないときは、百の位から1くり下げて、十の位を10にします。

❶
```
  7 9
  8 0 6
− 5 2 7
  2 7 9
```
一の位は、十の位から1くり上げられないので、
百の位から十の位に1くり上げて、十の位は、10
一の位は、十の位から1くり下げて 16−7=9
十の位は、9−2=7
百の位は、7−5=2

❷
```
  3 9
  4 0 2
− 3 6 9
    3 3
```
一の位は、十の位から1くり上げられないので、
百の位から十の位に1くり上げて、十の位は、10
一の位は、十の位から1くり下げて 12−9=3
十の位は、9−6=3
百の位は、3−3=0
この0はかかない。

❸
```
  4 9
  5 0 0
− 1 4 8
  3 5 2
```
一の位は、十の位から1くり上げられないので、
百の位から十の位に1くり上げて、十の位は、10
一の位は、十の位から1くり下げて10だから、10−8=2
十の位は 9−4=5
百の位は、4−1=3

❹
```
    9 9
  1 0 0 0
−     9 6
    9 0 4
```
一の位は、十の位から1くり下げて10だから、
10−6=4
十の位は 9−9=0
百の位は、9をそのままおろして、9

2 くり上がりに気をつけましょう。

❶
```
  1 1
  3 7 4 8
+ 2 1 6 5
  5 9 1 3
```
一の位は、8+5=13
十の位に1くり上げる。
十の位は、1+4+6=11
百の位に1くり上げる。
百の位は、1+7+1=9
千の位は、3+2=5

❷
```
  1 1 1
  6 5 8 9
+ 1 4 4 3
  8 0 3 2
```
一の位は、9+3=12
十の位に1くり上げる。
十の位は、1+8+4=13
百の位に1くり上げる。
百の位は、1+5+4=10
千の位に1くり上げる。
千の位は、1+6+1=8

❸
```
  1 1 1
  4 7 9 2
+   5 1 8
  5 3 1 0
```
一の位は、2+8=10
十の位に1くり上げる。
十の位は、1+9+1=11
百の位に1くり上げる。
百の位は、1+7+5=13
千の位に1くり上げる。
千の位は、1+4=5

❹
```
    1 1
  8 7 5 6
+     9 4
  8 8 5 0
```
一の位は、6+4=10
十の位に1くり上げる。
十の位は、1+5+9=15
百の位に1くり上げる。
百の位は、1+7=8
千の位は、8をそのままおろして、8。

3 くり下がりに気をつけましょう。

❶
```
  6   2
  7 4 3 4
− 6 8 2 5
    6 0 9
```
一の位は、十の位から1くり下げて、14−5=9
十の位は、2−2=0
百の位は、千の位から1くり下げて、14−8=6
千の位は、6−6=0
この0はかかない。

❷
```
  3 1 4
  4 2 5 7
− 2 3 6 8
  1 8 8 9
```
一の位は、十の位から1くり下げて、17−8=9
十の位は、百の位から1くり下げて、14−6=8
百の位は、千の位から1くり下げて、11−3=8
千の位は、3−2=1

❸
1324
−759
565

一の位は、十の位から１くり下げて、14−9=5
十の位は、百の位から１くり下げて、11−5=6
百の位は、千の位から１くり下げて、12−7=5

❹
9146
−87
9059

一の位は、十の位から１くり下げて、16−7=9
十の位は、百の位から１くり下げて、13−8=5
百の位は、０をそのままおろして、０
千の位は、９をそのままおろして、９

**4** ❶31+69 をさきにたすと、
31+69=100
298+100=398
❷73+27 をさきにたすと、
73+27=100
359+100=459
❸118+82 をさきにたすと、
118+82=200
197+200=397
❹33+267 をさきにたすと、
33+267=300
689+300=989

**たしかめよう!**

ひき算の答えは、たし算でたしかめられます。
たとえば、**1** ❶では、ひき算の答えにひく数をたして「ひかれる数」になれば、正しく計算できたことがわかります。

806
−527
279

279
+527
806

特に、くり下がりが何回もある場合は計算ミスをしやすいので、たしかめをするようにしましょう。

## 20ページ 練習のワーク

**1** ❶ 720　❷ 643　❸ 87
❹ 116
**2** ❶ 5383　❷ 3738　❸ 9511
❹ 6454
**3** ❶ 448　❷ 578
**4** 式 7248−3657=3591　答え 3591 こ
**5** ❶ 2
❷ 7

**てびき**

**1** ❶
315
+405
720

一の位は、5+5=10（十の位に１くり上げる。）
十の位は、1+1=2
百の位は、3+4=7

❷
574
+69
643

一の位は、4+9=13（十の位に１くり上げる。）
十の位は、1+7+6=14（百の位に１くり上げる。）
百の位は、1+5=6

❸
853
−766
87

一の位は、十の位から１くり下げて、13−6=7
十の位は、百の位から１くり下げて、14−6=8
千の位は、7−7=0（この０は書かない。）

❹
602
−486
116

十の位が０で、くり下げられないから、百の位から１くり下げて、十の位を10にします。
一の位は、十の位から１くり下げて、12−6=6
十の位は、9−8=1
百の位は、5−4=1

**2** ❶
4665
+718
5383

一の位は、5+8=13（十の位に１くり上げる。）
十の位は、1+6+1=8
百の位は、6+7=13（千の位に１くり上げる。）
千の位は、1+4=5

❷
5569
−1831
3738

一の位は、9−1=8
十の位は、6−3=3
百の位は、千の位から１くり下げて、15−8=7
千の位は、4−1=3

❸
2057
+7454
9511

一の位は、7+4=11（十の位に１くり上げる。）
十の位は、1+5+5=11（百の位に１くり上げる。）
百の位は、1+4=5
千の位は、2+7=9

❹
9032
−2578
6454

一の位は、十の位から１くり下げて、12−8=4
百の位が０で、くり下げられないから、千の位から１くり下げて、百の位を10にします。
十の位は、百の位から１くり下げて、12−7=5
百の位は、9−5=4
千の位は、8−2=6

**3** たして何十や何百になるたし算をさきにします。

❶ 64+36 をさきにたすと、
64+36=100
348+100=448

❷ 43+257 をさきにたすと、
43+257=300
278+300=578

**4** のこっている品物の数は、［全部の数］−［運び出した数］でもとめます。計算は筆算でします。

$$\begin{array}{r} 7248 \\ -3657 \\ \hline 3591 \end{array}$$

**5** ❶ 十の位は 7+4=11 より、百の位に 1 くり上げるから、百の位は 1+5+■=8 です。
1+5=6 だから、■=2 になります。

❷ 一の位は 3−5 でひけないから、十の位から 1 くり下げて、13−5=8 になっています。十の位は■−4=2 と考えると、■にあてはまる数は 6 になりますが、1 くり下げていることから、■は 6 より 1 大きい 7 であるとわかります。

［べつのとき方］ひき算の答えは、たし算でたしかめられるから、
428+245=673 より、■は 7 です。

## 21ページ まとめのテスト

**1** ❶ 877　❷ 600
❸ 489　❹ 87
❺ 7063　❻ 6031
❼ 3889　❽ 3785

**2** ❶ 1000　❷ 693
❸ 7390　❹ 3624
❺ 2897　❻ 1367

**3** 式 785+940=1725　答え 1725 円

**4** 式 2352−1755=597　答え 597 まい

てびき **1** たし算やひき算の筆算は、位をそろえて、一の位からじゅんに、くり上がりやくり下がりに気をつけて計算します。

❶ 273+604=877
一の位は、3+4=7
十の位は、7+0=7
百の位は、2+6=8

❷ 308+292=600
一の位は、8+2=10 （十の位に 1 くり上げる。）
十の位は、1+0+9=10 （百の位に 1 くり上げる。）
百の位は、1+3+2=6

❸ 829−340=489
一の位は、9−0=9
十の位は、百の位から 1 くり下げて、12−4=8
百の位は、7−3=4

❹ 503−416=87
十の位が 0 でくり下げられないから、百の位から 1 くり下げて、十の位を 10 にします。
一の位は、十の位から 1 くり下げて、13−6=7
十の位は、9−1=8
百の位は、4−4=0 （この 0 は書かない。）

❺ 6234+829=7063
一の位は、4+9=13 （十の位に 1 くり上げる。）
十の位は、1+3+2=6
百の位は、2+8=10 （千の位に 1 くり上げる。）
千の位は、1+6=7

❻ 3265+2766=6031
一の位は、5+6=11 （十の位に 1 くり上げる。）
十の位は、1+6+6=13 （百の位に 1 くり上げる。）
百の位は、1+2+7=10 （千の位に 1 くり上げる。）
千の位は、1+3+2=6

❼ 4825−936=3889
一の位は、十の位から 1 くり下げて、15−6=9
十の位は、百の位から 1 くり下げて、11−3=8
百の位は、千の位から 1 くり下げて、17−9=8
千の位は、3

❽ 7236−3451=3785
一の位は、6−1=5
十の位は、百の位から 1 くり下げて、13−5=8
百の位は、千の位から 1 くり下げて、11−4=7
千の位は、6−3=3

**2** 筆算は次のようにします。

❶ 878+122=1000
一の位は、8+2=10 （十の位に 1 くり上げる。）
十の位は、1+7+2=10 （百の位に 1 くり上げる。）
百の位は、1+8+1=10 （千の位に 1 くり上げる。）
千の位は、そのまま 1

❷ 907−214=693
一の位は、7−4=3
十の位は、百の位から 1 くり下げて、
10−1=9
百の位は、8−2=6

❸
```
  1 1
  5567
+1823
  7390
```
一の位は、7+3=10
十の位に1くり上げる。
十の位は、1+6+2=9
百の位は、5+8=13
千の位に1くり上げる。
千の位は、1+5+1=7

❹
```
  1 1
  3598
+   26
  3624
```
一の位は、8+6=14
十の位に1くり上げる。
十の位は、1+9+2=12
百の位に1くり上げる。
百の位は、1+5=6
千の位は、3

❺
```
  6 7 4
  7853
-4956
  2897
```
一の位は、十の位から1くり下げて、13−6=7
十の位は、百の位から1くり下げて、14−5=9
百の位は、千の位から1くり下げて、17−9=8
千の位は、6−4=2

❻
```
   3 2
  1435
-   68
  1367
```
一の位は、十の位から1くり下げて、15−8=7
十の位は、百の位から1くり下げて、12−6=6
百の位は、3
千の位は、1

**3** 代金の合計をもとめるから、式は785+940で、筆算は、右のようにします。十の位と百の位の両方にくり上がりがあります。

```
 1 1
  785
+940
 1725
```

一の位は5+0=5
十の位は8+4=12
百の位に1くり上げる。
百の位は1+7+9=17
千の位に1くり上げる。
千の位は1

**4** 使ったまい数のちがいをもとめるから、式は2352−1755で、筆算は、右のようにします。

```
  1 2 4
  2352
-1755
   597
```

くり下がりに気をつけましょう。
一の位は、十の位から1くり下げて、12−5=7
十の位は、百の位から1くり下げて、14−5=9
百の位は、千の位から1くり下げて、12−7=5
千の位は、1−1=0　この0は書きません。

## ④ 時こくと時間

### 22・23ページ　きほんのワーク

きほん1　20、10、10、50、5　答え 10、10、55
❶ 3時25分
❷ 8時間30分
きほん2　10　答え 1、45
❸ ❶ 98　❷ 1、26　❸ 2、13
❹ 3時50分
❺ 午後9時10分
きほん3　60、20　答え 120、1、20
❻ ❶ 75秒　❷ 1分40秒

てびき
❶ 時計を線にした図に表すと、次のようになります。

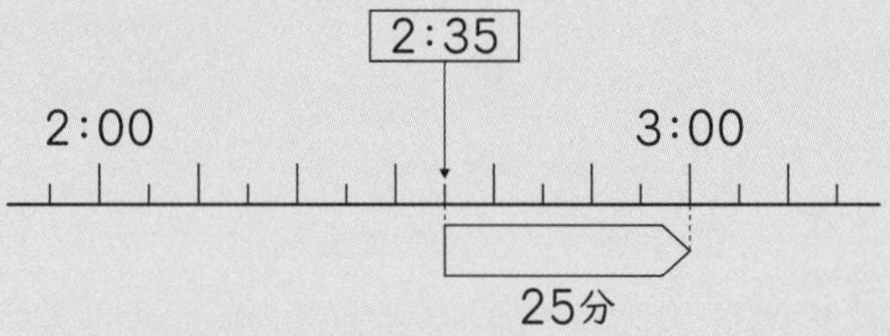


2時35分の25分あとは3時で、さらにそれより(50−25=)25分あとの時こくを考えればよいことになります。
❷ 問題にある図を見ながら考えましょう。
午前9時30分から12時までは2時間30分で、12時から午後6時までは6時間あります。
❸ 1時間=60分です。
❶ 1時間38分は60分と38分だから、98分になります。
❷ 86分は60分と26分だから、1時間26分になります。
❸ 133分は60分と60分と13分だから、2時間13分です。
❹ 時計を線にした図に表すと、右のようになります。

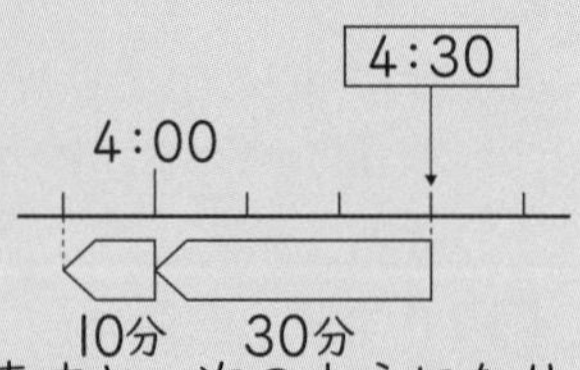


❺ 時計を線にした図に表すと、次のようになります。

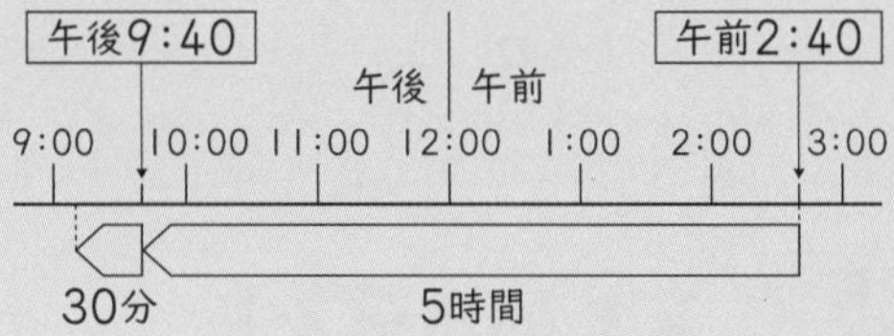

**6** 1分＝60秒です。
❶ 1分15秒は60秒と15秒だから、75秒になります。
❷ 100秒は60秒と40秒だから、1分40秒になります。

**たしかめよう!**

時間のたんい
1時間＝60分、1分＝60秒

## 24ページ 練習のワーク

**1** ❶ 55分 ❷ 5時間20分
**2** ❶ 8時15分 ❷ 6時55分
**3** ❶ 180 ❷ 1、50
**4** ❶ 時間 ❷ 秒 ❸ 分 ❹ 分
**5** 11時10分

**てびき**

**1** ❶ 7時15分から8時までは45分で、8時から8時10分までは10分です。
したがって、45分＋10分＝55分です。
❷ 午前10時から12時までは2時間で、12時から午後3時20分までは3時間20分です。
したがって、2時間＋3時間20分＝5時間20分です。

**2** 時計を線にした図に表すと、次のようになります。

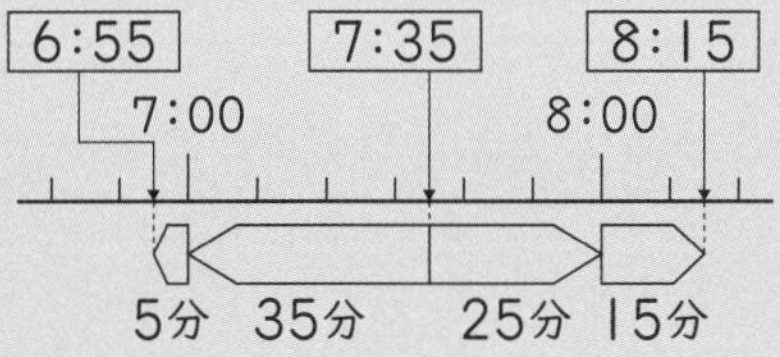


**3** ❶ 1分＝60秒です。
3分＝60秒＋60秒＋60秒＝180秒
❷ 110秒は60秒と50秒だから、1分50秒になります。

**5** 10分＋25分＝35分より、ショッピングモールには家を出てから、35分あとに着きます。
10時35分から25分あとの時こくは11時だから、さらにその10分あとの時こくになります。

## 25ページ まとめのテスト

**1** ❶ 60 ❷ 1、35
❸ 66 ❹ 2、10
**2** ❶ 40分 ❷ 50分
❸ 2時間30分(150分)
❹ 5時間15分(315分)
**3** 9時35分
**4** 10時45分
**5** 2時間55分

**てびき**

**1** 1分＝60秒、1時間＝60分です。
❷ 95秒は60秒と35秒だから、1分35秒になります。
❸ 1時間6分は60分と6分だから、66分になります。
❹ 130秒は60秒と60秒と10秒だから、2分10秒になります。

**2** ❶ 9時40分から10時までは20分で、10時から10時20分までは20分です。
したがって、20分＋20分＝40分です。
❷ 5時50分から6時までは10分で、6時から6時40分までは40分です。
したがって、10分＋40分＝50分です。
❸ 午前11時30分から12時までは30分で、12時から午後2時までは2時間です。
したがって、30分＋2時間＝2時間30分です。
❹ 午前10時から12時までは2時間で、12時から午後3時15分までは3時間15分です。
したがって、2時間＋3時間15分＝5時間15分です。

**3** 時計を線にした図に表すと、次のようになります。

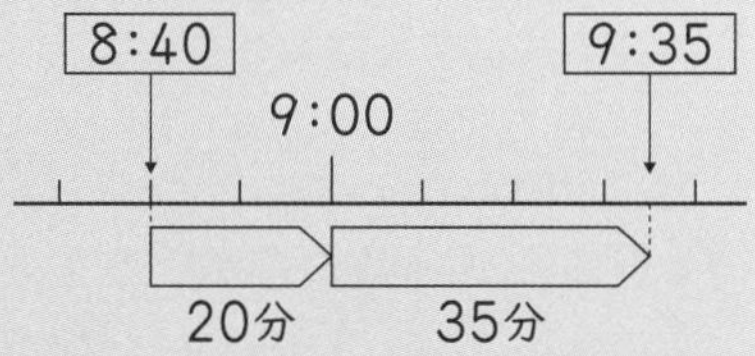


**4** 時計を線にした図に表すと、次のようになります。

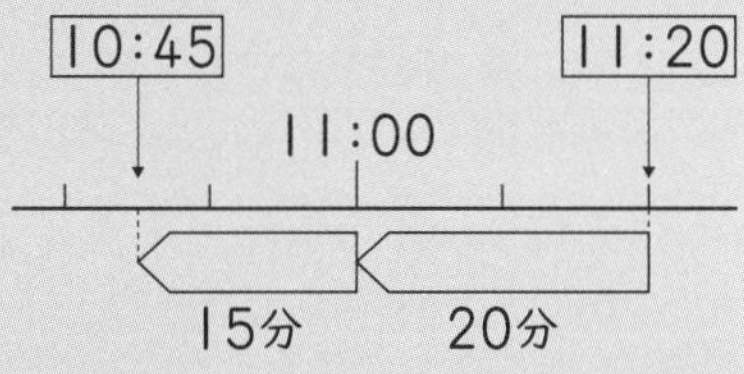


**5** 1時15分から2時までは45分で、2時から4時10分までは2時間10分です。
45分＋2時間10分＝2時間55分

# ⑤ 一万をこえる数

## 26・27 ページ きほんのワーク

きほん1 答え 1、4、6、3、8、2
千四百六十三万八千二十

1 ❶ 七万九千二十五
❷ 八百五十九万
❸ 32540
❹ 56360300

2 ❶ 9、3
❷ 27050000
❸ 360、3600

きほん2 答え ＞

3 ❶ 34100＞34099
❷ 67800＜68200
❸ 423000＞417000
❹ 586000＜587000

きほん3 1万(10000)
答え 2万(20000)、15万(150000)、28万(280000)、43万(430000)

4 ❶ 10万
❷ ㋐ 650万　㋑ 890万　㋒ 1000万
❸

てびき

1 大きな数をよんだり、よみ方を漢字でかいたりするときは、一の位から4けたごとに区切るとわかりやすくなります。

❶ 万
7|9025 →七万九千二十五

❷ 万
859|0000 →八百五十九万

❸ 三万二千五百四十
万
3|2540

❹ 五千六百三十六万三百
万
5636|0300

2 ❶ 93000=90000+3000 だから、10000を9こと1000を3こあわせた数です。

❷ 10000000を2こ…20000000
1000000を7こ …　7000000
10000を5こ　 …　　50000
あわせて　　27050000

❸ 360|0000
1|0000
上のように、0を4ことって考えると、3600000は10000を360こ集めた数とわかります。同じように、
3600|000
1|000
0を3ことって考えると、3600000は1000を3600こ集めた数とわかります。

3 まず、2つの数のけた数を調べます。けた数が同じときは、上の位からくらべていきます。

❶

| | | | | |
|---|---|---|---|---|
| 3 | 4 | 1 | 0 | 0 |
| 3 | 4 | 0 | 9 | 9 |

百の位の数字をくらべます。

❷

| | | | | |
|---|---|---|---|---|
| 6 | 7 | 8 | 0 | 0 |
| 6 | 8 | 2 | 0 | 0 |

千の位の数字をくらべます。

❸

| | | | | | |
|---|---|---|---|---|---|
| 4 | 2 | 3 | 0 | 0 | 0 |
| 4 | 1 | 7 | 0 | 0 | 0 |

一万の位の数字をくらべます。

❹

| | | | | | |
|---|---|---|---|---|---|
| 5 | 8 | 6 | 0 | 0 | 0 |
| 5 | 8 | 7 | 0 | 0 | 0 |

千の位の数字をくらべます。

4 ❶ 10目もりで100万になっていることから、いちばん小さい1目もりの大きさは10万です。
❷ ㋐600万より5目もり大きい数だから、650万です。
㋑800万より9目もり大きい数だから、890万です。
㋒㋑にあたる数より1目もり大きい数は900万で、それよりさらに10目もり大きい数だから、1000万になります。
❸ 700万より4目もり大きい数になります。

### たしかめよう!

59000は57000より大きいことを、不等号を使って、59000 > 57000と表します。
また、57000は59000より小さいことを、不等号を使って、57000 < 59000と表します。

## 28・29 ページ　きほんのワーク

きほん1　21、21、18、18　　答え 21000、18 万

**1**　❶ 7000　　❷ 60000
　❸ 12 万　　❹ 6 万

きほん2　300、50、350、3500、35000
答え 350、3500、35000

**2**　❶ 600　　❷ 580
　❸ 1700　　❹ 2900
　❺ 83000

**3**　❶ 800　　❷ 1400
　❸ 56700　　❹ 4000
　❺ 63000　　❻ 100000

きほん3　24　　答え 24

**4**　❶ 9　　❷ 74　　❸ 61
　❹ 20　　❺ 800

てびき

**1** ❶ 1000 をもとにすると、1000 が 5+2=7 より、7 こあるから、7000 です。
❷ 10000 をもとにすると、10000 が 9−3=6 より、6 こあるから、60000 です。
❸ 1 万が 7+5=12 より、12 こあるから、12 万です。
❹ 1 万が 8−2=6 より、6 こあるから、6 万です。

**2** どんな数でも 10 倍すると、位が 1 つ上がり、右はしに 0 を 1 こつけた数になります。

❶

| 百 | 十 | 一 |
|---|---|---|
|  | 6 | 0 |
| 6 | 0 | 0 |

10 倍

**3** どんな数でも 100 倍すると、位が 2 つ上がり、右はしに 0 を 2 こつけた数になります。
どんな数でも 1000 倍すると、位が 3 つ上がり、右はしに 0 を 3 こつけた数になります。

❶

| 百 | 十 | 一 |
|---|---|---|
|  |  | 8 |
| 8 | 0 | 0 |

100 倍

❹

| 千 | 百 | 十 | 一 |
|---|---|---|---|
|  |  |  | 4 |
| 4 | 0 | 0 | 0 |

1000 倍

**4** 一の位が 0 の数を 10 でわると、位が 1 つ下がり、一の位の 0 をとった数になります。

❶

| 十 | 一 |
|---|---|
| 9 | 0 |
|  | 9 |

$\frac{1}{10}$

たしかめよう!

10 倍の 10 倍は 100 倍です。
100 倍の 10 倍は 1000 倍です。

## 30 ページ　練習のワーク

**1**　❶ 7、4、9
　❷ 680、6800
　❸ 90280040　　❹ 100

**2**　㋐ 787000
　㋑ 794000

**3**　❶ 61300＜62100
　❷ 479318＞479289

**4**　式 58×10=580　　答え 580cm

**5**　❶ 86000　　❷ 37000
　❸ 86 万　　❹ 37 万

てびき

**1** ❶ 70490=70000+400+90 だから、10000 を 7 こと、100 を 4 こと、10 を 9 こあわせた数です。
❷ 6800000
　　10000
上のように、0 を 4 ことって考えると、6800000 は 10000 を 680 こ集めた数とわかります。
同じように、
6800000
　　1000
0 を 3 ことって考えると、6800000 は 1000 を 6800 こ集めた数とわかります。
❸ 1000 万を 9 こ…90000000
10 万を 2 こ　…　200000
1 万を 8 こ　…　80000
10 を 4 こ　…　40
あわせて　90280040
❹ 933000
　　100
上のように、0 を 2 ことって考えると、933000 は 100 を 9330 こ集めた数とわかります。

**2** 10 目もりで 1 万になっていることから、いちばん小さい 1 目もりの大きさが 1000 だとわかります。

**3** 大小をくらべるときは、大きな位からじゅんに見ていき、数字のちがうところの位でくらべます。

❶

| | | | | |
|---|---|---|---|---|
| 6 | 1 | 3 | 0 | 0 |

| | | | | |
|---|---|---|---|---|
| 6 | 2 | 1 | 0 | 0 |

千の位の数字をくらべます。

❷

| | | | | | |
|---|---|---|---|---|---|
| 4 | 7 | 9 | 3 | 1 | 8 |

| | | | | | |
|---|---|---|---|---|---|
| 4 | 7 | 9 | 2 | 8 | 9 |

百の位の数字をくらべます。

**4** はじめのテープの長さは、58cmの10倍の長さになります。
式は58×10で、答えは58の右はしに0を1つけた580になります。

**5** ❶ 57+29=86より、1000の86こ分にあたる86000が答えになります。
❷83−46=37より、1000の37こ分にあたる37000が答えになります。
❸57+29=86より、1万の86こ分にあたる86万が答えになります。
❹ 83−46=37より、1万の37こ分にあたる37万が答えになります。

## 31ページ まとめのテスト

**1** ❶ 96035
❷ 30400800
❸ 7900000
❹ 100000000

**2** ㋐ 480000
㋑ 500000
㋒ 7500万
㋓ 9000万
㋔ 1億(100000000)

**3** ㋑、㋒、㋐

**4** 10倍した数…9300
100倍した数…93000
1000倍した数…930000
10でわった数…93

**5** 式 7200÷10=720　　答え 720まい

**てびき**

**1** ❶ 万の位までをわけて数字に書きます。
九万六千三十五
万
96035
❷三千四十万八百
万
30400800
❸ 下のような図で考えましょう。

| | | | | | | |
|---|---|---|---|---|---|---|
| 7 | 9 | 0 | 0 | 0 | 0 | 0 |
| | | 1 | 0 | 0 | 0 | 0 |

1万を790こ集めると、790の右はしに0を4こつけた数になります。
❹ 1000万を10こ集めると、位が1つ上がり、1億(100000000)になります。

**2** 上の数直線の1目もりの大きさは10000で、下の数直線の1目もりの大きさは500万です。
9500万より500万大きい数は1億だから、㋔は1億となります。

**3** 下のように、位をそろえてたてにならべると、数がくらべやすくなります。けたが同じ数をくらべるときは、大きなけたの数字からじゅんにたしかめていって、数字がちがっているけたをくらべましょう。

| | | | | | | | | |
|---|---|---|---|---|---|---|---|---|
| ㋐ | 9 | 7 | 0 | 0 | 6 | 0 | 0 | 0 |
| ㋑ | 9 | 7 | 6 | 0 | 0 | 0 | 0 | 0 |
| ㋒ | 9 | 7 | 0 | 6 | 0 | 0 | 0 | 0 |

3つの数はけた数が同じで、
千万の位と百万の位の数字も同じだから、
6が何の位にあるかを見れば大きさがくらべられます。十万の位が6である㋑がいちばん大きくなります。

**4** 下のように、ある数を10倍、100倍、1000倍するときは、0を1つ、2つ、3つつけていきます。10でわるときは、0を1つけします。

| 十万 | 一万 | 千 | 百 | 十 | 一 |
|---|---|---|---|---|---|
| | | | | 9 | 3 |
| | | | 9 | 3 | 0 |
| | | 9 | 3 | 0 | 0 |
| | 9 | 3 | 0 | 0 | 0 |
| 9 | 3 | 0 | 0 | 0 | 0 |

10でわる　10倍　100倍　1000倍

**5** 同じ数ずつまとめて10のたばをつくったということは、わり算をつかって考えることができます。1たばになった紙のまい数は、7200まいを10でわった数になります。
7200を10でわると、位が1つ下がり、一の位の0をとった720になります。

## ⑥ 表とグラフ

### 32・33ページ きほんのワーク

きほん1 正、その他

答え ペット調べ

| しゅるい | 人数(人) |
|---|---|
| 犬 | 9 |
| 金魚 | 5 |
| 小鳥 | 3 |
| ねこ | 6 |
| ハムスター | 2 |
| その他 | 2 |
| 合　計 | 27 |

❶

| | |
|---|---|
| いちご | 正 |
| メロン | 下 |
| りんご | 一 |
| ぶどう | T |
| さくらんぼ | 下 |
| バナナ | 一 |

すきなくだもの調べ

| しゅるい | 人数(人) |
|---|---|
| いちご | 5 |
| メロン | 3 |
| ぶどう | 2 |
| さくらんぼ | 3 |
| その他 | 2 |
| 合　計 | 15 |

きほん2 消しゴム、|、||　　答え 消しゴム、||

❷ ❶ |人　❷ 7人

❸ 金曜日　❹ 月曜日

❺ 木曜日

てびき ❶ しゅるいごとに人数を数えるときは、「正」の字をかくとべんりです。右の表では、人数の少なかったりんごとバナナは、「その他」としてまとめて、さいごにかいてあることに注意しましょう。

❷ ぼうグラフは、ぼうの長さで数の多さをくらべることができます。たての|目もりが何人を表しているかを、正しくよみとることが大切です。

### 34・35ページ きほんのワーク

きほん1 答え

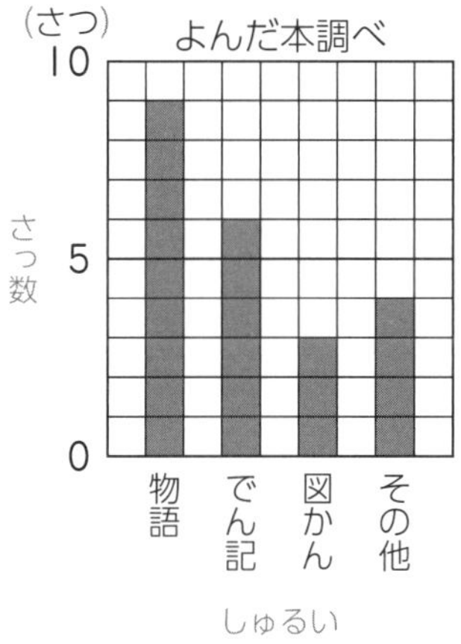


❶

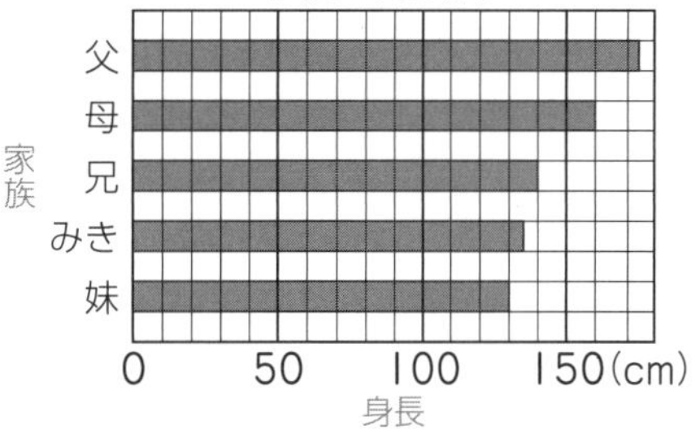


きほん2 答え けが調べ(人)(1年生と2年生)

| 学年 / しゅるい | 1年生 | 2年生 | 合計 |
|---|---|---|---|
| すりきず | 6 | 5 | 11 |
| うちみ | 4 | 2 | 6 |
| 切りきず | 8 | 7 | 15 |
| つき指 | 5 | 6 | 11 |
| その他 | 3 | 2 | 5 |
| 合　計 | 26 | 22 | ★48 |

❷ 48人

きほん3 8、7、30、すし

答え 30、すし

❸ |組

てびき ❶ たてのじくに、家族の名前をかきます。横のじくは、いちばん高い身長の175cmがはいるように、|目もりの大きさを10cmにします。

175cmは170cmと180cmの目もりのまん中まで、ぼうをのばしてかきます。

❷ きほん2では、

うちみの合計は、4+2=6(人)

切りきずの合計は、8+7=15(人)

つき指の合計は、5+6=11(人)

その他の合計は、3+2=5(人)

|年生と2年生の合計は、26+22=48(人)、

種類別の合計は、

11+6+15+11+5=48(人)です。けがをした人数の合計は、種類別の合計も学年別の合計も同じになり、答えの表の★のところの数になります。

❸ からあげのところにある2本のぼうに注目をしましょう。

この目もりを読まなくても、2つの長さを見るだけで、人数の多い・少ないをくらべることができます。

|組のぼうのほうが長いことから、からあげがすきな人が多いのは、|組です。

## 36ページ 練習のワーク

**1** ❶ 1けん

❷

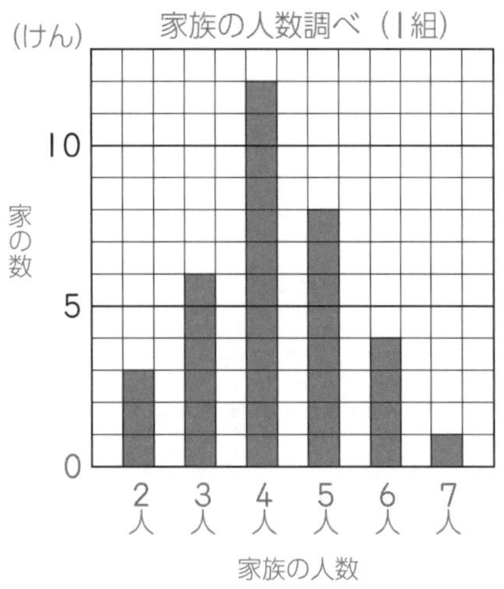


❸ 4人家族

❹ 7人家族

❺ 4けん

**2** ❶ ⓘ

❷ ⓐ

**てびき** **1** 横のじくには家族の人数のしゅるい、たてのじくは1目もりの大きさが1けんで、家族の人数ごとに家のけん数を表しているぼうグラフになります。

❶ ぼうグラフのたての目もりが13目もりあることから考えます。いちばん多い12けんがはいるように、1目もりの大きさは、1けんにします。

❸ ❶から、いちばん多いのは4人家族の12けんです。

❹ 1けんしかない7人家族が、いちばん少ないです。

❺ 5人家族が8人けん、6人家族は4けんだから、5人家族のほうが多くて、8－4＝4より、4けんちがいます。

**2** もくてきにあったぼうグラフをえらびます。

❶ 5月と6月をあわせたさっ数がわかりやすいのは、5月と6月のぼうをつみ重ねたⓘのグラフです。

❷ 5月と6月で、しゅるいごとのさっ数のちがいをくらべやすいのは、5月と6月のぼうを横にならべたⓐのグラフです。

## 37ページ まとめのテスト

**1** ❶ 日曜日

❷ 25分

❸ 火曜日

**2** ⓐ 17　ⓘ 16　ⓤ 22　ⓔ 2

ⓞ 5　ⓚ 31　ⓚⓘ 31　ⓚⓤ 62

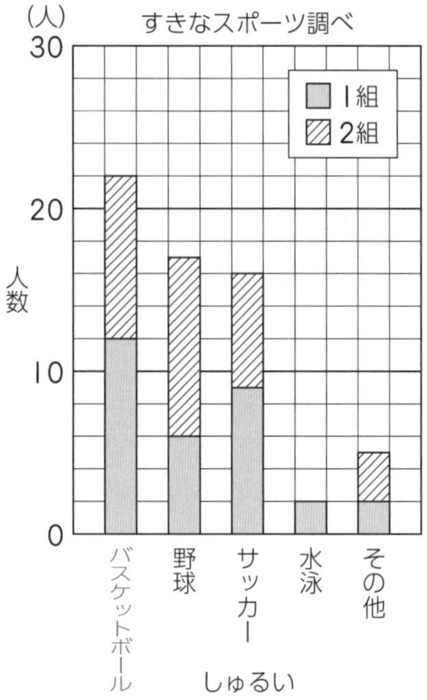


**てびき** **1** ❶ いちばんぼうが長いのは日曜日です。

❷ 横のじくは20分を4等分しているから、1目もりの大きさは5分です。金曜日のぼうの長さは、目もり5こ分だから、25分を表しています。

❸ 木曜日のぼうの長さより、目もり4こ分長い曜日を見つけます。

**2** ぼうグラフは、人数の多いじゅんにならべてかくとわかりやすくなります。
「その他」は数が多くても、さいごにかくことに注意しましょう。

**たしかめよう!**

ぼうグラフは、何が多くて何が少ないかが、ひとめでわかるように、数の多いじゅんにならべることが多いです。
しかし、**1**のように、「月曜日→火曜日→水曜日→…」と、じゅんじょがきまっているときは、多いじゅんに並べないことがあります。

## ⑦ たし算とひき算

### 38ページ きほんのワーク

きほん1 3、3、129 答え 129

❶ ❶ 69 ❷ 85 ❸ 78
❹ 100 ❺ 141 ❻ 144

きほん2 7、7、47、2、48 答え 47、48

❷ ❶ 42 ❷ 73 ❸ 47
❹ 43 ❺ 71 ❻ 32

てびき ❶❶ 42+27 は、
たす数の 27 を 20 と 7 に分けて考えます。
42+20=62　62+7=69
❷ 50+35 は、
たす数の 35 を 30 と 5 に分けて考えます。
50+30=80　80+5=85
❸ 63+15 は、
たす数の 15 を 10 と 5 に分けて考えます。
63+10=73　73+5=78
❹ 27+73 は、
たす数の 73 を 70 と 3 に分けて考えます。
27+70=97　97+3=100
❺ 82+59 は、
たす数の 59 を 50 と 9 に分けて考えます。
82+50=132　132+9=141
❻ 96+48 は、
たす数の 48 を 40 と 8 に分けて考えます。
96+40=136　136+8=144

❷❶ 74−32 は、
ひく数の 32 を 30 と 2 に分けて考えます。
74−30=44　44−2=42
❷ 85−12 は、
ひく数の 12 を 10 と 2 に分けて考えます。
85−10=75　75−2=73
❸ 60−13 は、
ひく数の 13 を 10 と 3 に分けて考えます。
60−10=50　50−3=47
❹ 100−57 は、
ひく数の 57 を 50 と 7 に分けて考えます。
100−50=50　50−7=43
❺ 100−29 は、
ひく数の 29 を 20 と 9 に分けて考えます。
100−20=80　80−9=71
❻ 100−68 は、
ひく数の 68 を 60 と 8 に分けて考えます。
100−60=40　40−8=32

### 39ページ まとめのテスト

**1** ❶ 99 ❷ 83 ❸ 80
❹ 133 ❺ 156 ❻ 180
❼ 81 ❽ 40 ❾ 46
❿ 37 ⓫ 24 ⓬ 31
⓭ 78 ⓮ 27 ⓯ 9

**2** ❶ 式 85+95=180 答え 180 円
❷ 式 100−48=52 答え 52 人

てびき **1**❶ 46+53 は、
たす数の 53 を 50 と 3 に分けて考えます。
46+50=96　96+3=99
❷ 49+34 は、
たす数の 34 を 30 と 4 に分けて考えます。
49+30=79　79+4=83
❸ 48+32 は、
たす数の 32 を 30 と 2 に分けて考えます。
48+30=78　78+2=80
❺ 70+86 は、
たす数の 86 を 80 と 6 に分けて考えます。
70+80=150　150+6=156
❻ 93+87 は、
たす数の 87 を 80 と 7 に分けて考えます。
93+80=173　173+7=180
❼ 68+13 は、
たす数の 13 を 10 と 3 に分けて考えます。
68+10=78　78+3=81
❽ 92−52 は、
ひく数の 52 を 50 と 2 に分けて考えます。
92−50=42　42−2=40
❾ 82−36 は、
ひく数の 36 を 30 と 6 に分けて考えます。
82−30=52　52−6=46
❿ 76−39 は、
ひく数の 39 を 30 と 9 に分けて考えます。
76−30=46　46−9=37
⓫ 43−19 は、
ひく数の 19 を 10 と 9 に分けて考えます。
43−10=33　33−9=24
⓬ 50−19 は、
ひく数の 19 を 10 と 9 に分けて考えます。
50−10=40　40−9=31
⓭ 100−22 は、
ひく数の 22 を 20 と 2 に分けて考えます。
100−20=80　80−2=78
⓮ 100−73 は、
ひく数の 73 を 70 と 3 に分けて考えます。

100−70=30　30−3=27
⑮ 100−91 は、
ひく数の 91 を 90 と 1 に分けて考えます。
100−90=10　10−1=9

**2** ❶ 85 円のノートと 95 円のえん筆を買うから、式は 85+95 です。
計算は「95 を 90 と 5 に分けてたす」ことによって暗算でできます。
85+90=175　175+5=180
また、95 を 100 とみて、「100 をたしてから、たしすぎた 5 をひく」ことによっても、暗算でできます。
85+100=185　185−5=180 より、
85+95=180
❷ ひく数の 48 を 40 と 8 に分けて考えます。
100−40=60　60−8=52
ひく数を 50 とみて、「50 をひいてから、ひきすぎた 2 をたす」ことから、暗算でもできます。
100−50=50　50+2=52 より、
100−48=52

## ● どんな計算になるのかな

### 40・41 ページ　学びのワーク

きほん1 わり、÷、かけ、×、わり、÷
答え 5、42、8

❶ 式 28÷4=7　答え 7 はん
❷ 式 14÷7=2　答え 2dL
❸ 式 72÷8=9　答え 9 日
❹ 式 5×9=45　答え 45 本
❺ 式 3×8=24　答え 24 こ
❻ 式 42÷7=6　答え 6 こ
❼ 式 2×6=12　答え 12 本

てびき
❶ 28 人を、4 人ずつに分けるから、わり算で計算します。
❷ 14dL のジュースを、7 人で分けるから、わり算で計算します。
❸ 72 題を、8 題ずつに分けるから、わり算で計算します。
❹ 5 本ずつのたばが 9 つあるから、かけ算で計算します。
❺ 3 こずつのパックが 8 つあるから、かけ算で計算します。
❻ 42 このクッキーを、7 人に同じ数ずつ分けるから、わり算で計算します。
❼ 2 本ずつ 6 日飲むから、かけ算で計算します。

## ⑧ 長さ

### 42・43 ページ　きほんのワーク

きほん1 ㋑、㋓、㋒　答え ㋐、㋑、㋒、㋓
❶ まきじゃく…㋐、㋓、㋔
ものさし…㋑、㋒
❷ ㋐ 4m85cm　㋑ 7m10cm
㋒ 7m22cm　㋓ 9m79cm
㋔ 9m96cm
きほん2 1、400　答え 1、400
❸ ❶ 5　❷ 9、200
❸ 7800　❹ 6040
きほん3 1、800、1、800、200　答え 200
❹ 式 1km600m+2km400m=4km
4km−3km400m=600m　答え 600m
❺ ❶ 2km　❷ 3km400m
❸ 2km200m　❹ 3km700m

てびき
❶ ㋐、㋔のような長いものや、㋓のようにまるいもののまわりの長さをはかるときには、まきじゃくを使うとべんりです。
❷ 10cm を 10 に分けているから、いちばん小さい 1 目もりの大きさは 1cm を表しています。
㋐ 5m より 15cm 短い長さです。
㋑ 7m より 10cm 長い長さです。
㋓ 10m より 21cm 短い長さです。
❸ 1km=1000m を使います。
❶ 1000 を 5 こ集めた数が 5000 だから、5000m は 1km の 5 こ分の長さで 5km になります。
❷ 9200m は、9000m と 200m に分けられます。1000 を 9 こ集めた数が 9000 だから、9000m=9km です。
❸ 7km と 800m に分けます。
❹ 6km と 40m に分けます。
百の位の数字が 0 になることに気をつけます。

| km | | | m |
|---|---|---|---|
| 6 | 0 | 0 | 0 |
| | | 4 | 0 |

❹ ❶ 駅までの道のりは、600m と 400m をたすと、600m+400m=1000m より、1km で、これに 1+2=3 より 3km をたすと、4km になります。
道のりときょりのちがいは、
4km−3km400m=600m です。
❺ ❶ 1km600m を m になおすと、
1600m だから、
1600m+400m=2000m=2km

または、
1km600m＋400m＝1km1000m＝2km
❷ 2km500mをmになおすと、
2500mだから、
2500m＋900m＝3400m＝3km400m
または、
2km500m＋900m＝2km1400m
＝3km400m
❸ 3km−800m＝3000m−800m
＝2200m
＝2km200m
❹ 4km400mをmになおすと、
4400mだから、
4400m−700m＝3700m＝3km700m
または、
4km400m−700m
＝3km1400m−700m
＝3km700m

**たしかめよう!**

道にそってはかった長さを「**道のり**」といいます。なお、まっすぐにはかった長さを「**きょり**」といいます。

## 44ページ 練習のワーク

**1** ❶ 8　❷ 9000
❸ 6、520　❹ 4070
❺ 5、34　❻ 10008

**2** ❶ km　❷ mm
❸ cm　❹ m

**3** ❶ 式 1km500m−950m＝550m
答え 550m
❷ 式 950m＋1km300m＝2250m
2250m−550m＝1700m
答え 1km700m

**てびき** **1** 1km＝1000mを使います。
❶ 1000を8こ集めた数が8000です。
❷ 9km＝1km×9＝1000m×9です。
❸ 6520mは、6000mと520mに分けられます。
❹ 4kmと70mに分けます。百の位の数字が0になることに気をつけます。
❺ 5034mは、5000mと34mに分けられます。
❻ 10km＝1km×10＝1000m×10
＝10000mです。

**3** ❶ 図より、家からデパートまでは950m、図書館からデパートまでは1km500mだから、家から図書館までの道のりは、
1km500m−950mでもとめられます。
1km500mをmになおすと、
1500mだから、
1500m−950m＝550mです。
❷ 家から駅までの道のりは、
950m＋1km300mでもとめられます。
1km300mをmになおすと、
1300mだから、
950m＋1300m＝2250mです。
または、
950m＋1km300m
＝1km1250m
＝2km250m
道のりのちがいは、
2250m−550m＝1700m＝1km700m
です。
または、
2km250m−550m
＝1km1250m−550m＝1km700m
何km何mと答えることに注意しましょう。

**たしかめよう!**

1km＝1000m、1m＝100cm、1cm＝10mm

## 45ページ まとめのテスト

**1** ㋐ 3m97cm　㋑ 4m20cm
㋒ 4m42cm　㋓ 4m59cm

**2** ❶ 6、10　❷ 8、205
❸ 4710　❹ 3015

**3** ❶ 2km100m　❷ 3km400m
❸ 3km200m　❹ 4km300m
❺ 5km　❻ 5km700m
❼ 500m　❽ 4km400m
❾ 700m　❿ 1km900m

**4** 1000、10

**てびき** **2** 1km＝1000mを使います。
❶ 6010mは、6000mと10mに分けられます。
❷ 8205mは、8000mと205mに分けられます。
❸ 4kmと710mに分けます。
❹ 3kmと15mに分けます。百の位の数字が0になることに気をつけます。

3 ❶ 1km400mをmになおすと、
1400mだから、
1400m＋700m＝2100m＝2km100m
または、
1km400m＋700m＝1km1100m
＝2km100m
❷ 2km500mをmになおすと、
2500mだから、
900m＋2500m＝3400m＝3km400m
または、
900m＋2km500m＝2km1400m
＝3km400m
❸ 1km700mと1km500mをmになおすと、それぞれ1700m、1500mだから、
1700m＋1500m＝3200m
＝3km200m
または、
1km700m＋1km500m＝2km1200m
＝3km200m
❹ 3km800mをmになおすと、
3800mだから、
3800m＋500m＝4300m
＝4km300m
または、
3km800m＋500m＝3km1300m
＝4km300m
❺ 4km50mをmになおすと、
4050mだから、
950m＋4050m＝5000m＝5km
または、
950m＋4km50m＝4km1000m＝5km
❻ 6km200mをmになおすと、
6200mだから、
6200m－500m＝5700m＝5km700m
または、
6km200m－500m
＝5km1200m－500m＝5km700m
❼ 1km300mをmになおすと、
1300mだから、
1300m－800m＝500m
❽ 5kmをmになおすと、5000mだから、
5000m－600m＝4400m＝4km400m
または、
5km－600m＝4km1000m－600m
＝4km400m
❾ 1km600mをmになおすと、
1600mだから、
1600m－900m＝700m
❿ 2km300mをmになおすと、
2300mだから、
2300m－400m＝1900m＝1km900m
または、
2km300m－400m
＝1km1300m－400m＝1km900m

4 1m →(10倍) 10m →(10倍) 100m →(10倍) 1000m＝1km

## 9 あまりのあるわり算

### 46・47ページ きほんのワーク

きほん1 4、7、12、12、3、3、16、15、1、1
3、15÷4＝3あまり3　答え 3、3

❶ 式 20÷3＝6あまり2
答え 6ふくろできて、2こあまる。

きほん2 1、8、1　答え 8、1

❷ ❶ 21÷4＝5あまり1
❷ 44÷7＝6あまり2

❸ ❶ 5あまり7
❷ 6あまり3
❸ 7あまり6

❹ 式 55÷7＝7あまり6
答え 1人7こになって、6こあまる。

きほん3 答え 29

❺ ❶ 3あまり2　たしかめ 6×3＋2＝20
❷ 9あまり3　たしかめ 7×9＋3＝66

❻ ❶ 9×2＋3＝21　2あまり4
❷ 7×4＋4＝32　○

てびき ❶ ふくろの数は、三六18で、6
あまりは、20－18＝2で、2だから、
20÷3＝6あまり2になります。
❷❶ 四五20で、5
あまりは、21－20＝1で、1だから、
21÷4＝5あまり1になります。
❷ 七六42で、6
あまりは、44－42＝2で、2だから、
44÷7＝6あまり2になります。
❸❶ 九五45で、5
あまりは、52－45＝7で、7だから、
52÷9＝5あまり7になります。
❷ 六六36で、6
あまりは、39－36＝3で、3だから、
39÷6＝6あまり3になります。
❸ 八七56で、7

あまりは、62−56=6 で、6 だから、
62÷8=7 あまり 6 になります。

❹ 1 人分の数をもとめるから、式は 55÷7 になります。
答えは、7 のだんの九九を使ってもとめます。
1 人分の数は、七七 49 で、7
あまりは、55−49=6 になります。

❺ たしかめの計算の答えがわられる数になっていても、あまりがわる数より大きくなっていたらまちがいです。あまりがわる数より小さくなっていることを、たしかめるようにしましょう。

❻ ❶ たしかめの計算の答えが、わられる数より 1 小さくなるから、あまりの数がちがっています。

## 48・49 ページ きほんのワーク

きほん1 32、5、6、2、1、7 答え 7

❶ 式 38÷5=7 あまり 3
7+1=8 答え 8 ふくろ

❷ 式 45÷7=6 あまり 3
6+1=7 答え 7 箱

❸ 式 58÷6=9 あまり 4
9+1=10 答え 10 きゃく

❹ 式 70÷8=8 あまり 6
8+1=9 答え 9 回

きほん2 26、8、3、2、3、2 答え 3

❺ 式 17÷4=4 あまり 1 答え 4 まい

❻ 式 25÷3=8 あまり 1 答え 8 さつ

❼ ❶ 式 54÷8=6 あまり 6 答え 6 つ
❷ 式 8−6=2 答え 2 本

てびき ❶ のこりの 3 このクッキーを入れるには、もう 1 ふくろいります。

❷ のこりの 3 このボールを入れるには、もう 1 箱いります。

❸ のこりの 4 人がすわるには、もう 1 きゃくいります。

❹ のこりの 6 この荷物を運ぶには、もう 1 回運ぶひつようがあります。

❺ 画びょうを 4 こ使って、1 まいの絵をはるので、あまった 1 こでは絵ははれません。

❻ あまった 1cm のところには、あつさ 3cm の本ははいりません。

❼ ❶ 8 本を 1 組にした花たばをつくるから、あまった 6 本では花たばはできないから、答えは 6 つになります。

## 50 ページ 練習のワーク

❶ ❶ 8 あまり 2 ❷ 9 あまり 1
❸ 9 あまり 3 ❹ 7 あまり 7

❷ ❶ 4 あまり 2 たしかめ 7×4+2=30
❷ 8 あまり 6 たしかめ 9×8+6=78

❸ 式 49÷5=9 あまり 4
答え 1 人分は 9 こになって、4 こあまる。

❹ 式 62÷8=7 あまり 6
7+1=8 答え 8 まい

❺ 5

てびき ❶ ❶ 六八 48 で、8
あまりは、50−48=2 で、2 だから、
50÷6=8 あまり 2 になります。
❷ 四九 36 で、9
あまりは、37−36=1 で、1 だから、
37÷4=9 あまり 1 になります。
❸ 五九 45 で、9
あまりは、48−45=3 で、3 だから、
48÷5=9 あまり 3 になります。
❹ 八七 56 で、7
あまりは、63−56=7 で、7 だから、
63÷8=7 あまり 7 になります。

❷ たしかめは、
わる数×答え+あまりを計算して、
わられる数と同じになるか、たしかめます。
たしかめの計算の答えがわられる数になっていても、あまりがわる数がより大きくなっていたらまちがいです。

❸ 49÷5 は、
五九 45 で、9
あまりは、49−45=4 で、4 だから、
49÷5=9 あまり 4 になります。

❹ 画用紙が 7 まいでは、カードは 56 まいしかつくれないから、のこりの 6 まいのカードをつくるには、もう 1 まいいります。

❺ 28÷6=4 あまり 4 より、6 しゅるいのカードを 4 回くり返して配ったあと、あまった 4 人に、1、6、3、5、4、2 のカードをじゅんに配っていくから、さいごの人は 4 番目の 5 のカードをもらいます。

たしかめよう!

❶❷ わり算のあまりは、わる数より小さくなるようにします。答えのたしかめをするようにしましょう。

## 51ページ まとめのテスト

**1** ❶ 7あまり5　❷ 9あまり5
❸ 6あまり3　❹ 6あまり6
❺ 8あまり2　❻ 9あまり7
❼ 5あまり5　❽ 7あまり3
❾ 3あまり1　❿ 7あまり1
⓫ 2あまり2　⓬ 6あまり3

**2** 式 39÷4=9あまり3
答え 9人に分けられて、3こあまる。

**3** 式 52÷7=7あまり3
7+1=8　答え 8日

**4** 式 70÷9=7あまり7　答え 7本

**5** 木曜日

てびき
**1** ❶ 八七56で、7
あまりは、61−56=5で、5だから、
61÷8=7あまり5になります。
❷ 六九54で、9
あまりは、59−54=5で、5だから、
59÷6=9あまり5になります。
❸ 五六30で、6
あまりは、33−30=3で、3だから、
33÷5=6あまり3になります。
❹ 七六42で、6
あまりは、48−42=6で、6だから、
48÷7=6あまり6になります。
❺ 三八24で、8
あまりは、26−24=2で、2だから、
26÷3=8あまり2になります。
❻ 八九72で、9
あまりは、79−72=7で、7だから、
79÷8=9あまり7になります。
❼ 九五45で、5
あまりは、50−45=5で、5だから、
50÷9=5あまり5になります。
❽ 四七28で、7
あまりは、31−28=3で、3だから、
31÷4=7あまり3になります。
❾ 七三21で、3
あまりは、22−21=1で、1だから、
22÷7=3あまり1になります。
❿ 六七42で、7
あまりは、43−42=1で、1だから、
43÷6=7あまり1になります。
⓫ 五二10で、2
あまりは、12−10=2で、2だから、
12÷5=2あまり2になります。
⓬ 四六24で、6
あまりは、27−24=3で、3だから、
27÷4=6あまり3になります。

**3** のこった3題をとくために、もう1日いります。

**4** 単位に気をつけましょう。1Lは10dLだから、7L=70dLです。
あまった7dLは考えなくてよいから、答えは7本になります。

**5** 1週間は7日あるから、カレンダーでは、曜日をたてに見ると、7ずつ、日にちが大きくなっています。
問題のカレンダーでは、
土曜日の日にちは、どれも7でわり切れていて、
日曜日の日にちは、7でわると1あまる数、
月曜日の日にちは、7でわると2あまる数、…
のように、
7でわったときのあまりの数を考えることによって、その日が何曜日かがわかります。
26÷7=3あまり5だから、
日曜日から5番目の木曜日が答えです。

# ⑩ 重さ

## 52・53ページ きほんのワーク

きほん1 590、20、2、1、100
答え 590、1、100

**1** 175g

**2** ❶ 890g
❷ 260g
❸ 900g
❹ 1520g(1kg520g)

きほん2 600、2、300、2、900　答え 2、900

**3** 式 1kg500g−300g=1kg200g
答え 1kg200g

きほん3 1000、1000、1000
答え 1000、1000、1000、1

**4** 3t

**5** ❶ 1000　❷ 1
❸ 1　❹ 1

てびき
**1** 重さは、もとにする重さの何こ分になるかで表すことができます。
1円玉の重さは、ちょうど1gだから、
それの何こ分かを調べることによって、ものの重さを知ることができます。

❷ はかりの１目もりの大きさに注意して、目もりをよみましょう。

❶、❷のはかりのいちばん小さい１目もりの大きさは10gで、1000g(1kg)までのものの重さをはかることができます。

❸、❹のはかりのいちばん小さい１目もりの大きさは20gで、2kgまでのものの重さをはかることができます。

はかるものの重さにあうはかりをえらびます。

❸ りんごの重さは、全体の重さからいれものの重さをひいてもとめます。

❹ 1t=1000kgだから、3000kgは3tになります。

❺ ❶❷ 1mmや1mLのように、m(ミリ)がつくものの1000倍は、1mや1Lになります。

❸❹ 1kgや1kmのように、k(キロ)がつくものは、1gや1mの1000倍になります。

## 54ページ 練習のワーク

❶ ❶ 筆箱

❷ セロハンテープ

❸ 国語の教科書とじしゃく

❹ 60g

❷ 式 1kg200g－300g＝900g　答え 900g

❸ ❶ kg　❷ t

てびき ❶❶ いちばん重いものは、つみ木12こ分の重さにあたる筆箱です。

❷ いちばん軽いものは、つみ木2こ分の重さにあたるセロハンテープです。

❸ 同じ重さのとき、つみ木の数が同じになるから、国語の教科書とじしゃくです。

❹ つみ木1この重さは、1円玉30こと同じ30gです。

セロハンテープの重さは、つみ木2こ分と同じだから、60gになります。

❷ いれものの重さは、はかりのはりがさしている目もりの大きさをよみとって、300gです。

さとうの重さは、全体の重さからいれものの重さをひいてもとめます。

1kg200gをgになおすと1200gだから、

1200g－300g＝900g

たしかめよう!

重さのたんい

1kg＝1000g　1t＝1000kg

## 55ページ まとめのテスト

**1** ❶ 360g

❷ 1260g(1kg260g)

❸ 780g

❹ 3620g(3kg620g)

**2** ❶ 1800　❷ 2、180

❸ 4060　❹ 5900

**3** ❶ 600g　❷ 2kg

❸ 200g　❹ 800g

**4** 式 400g＋2kg700g＝3kg100g

答え 3kg100g

**5** 式 1kg－300g＝700g　答え 700g

**6** ㋒、㋓、㋐、㋑

てびき **1** ❶ はかりのいちばん小さい1目もりの大きさは10gです。

❷ はかりのいちばん小さい1目もりの大きさは20gです。

❸❹ はかりのいちばん小さい1目もりの大きさは、0から100の間が5こに分けられているから、20gです。

**2** ❶～❸ 1kg＝1000gを使います。

❶ 1000g＋800g＝1800g

❷ 2180gは、2000gと180gに分けられます。2000gは2kgです。

❸ 4kg＝4000gだから、

4000g＋60g＝4060g

❹ 1t＝1000kgより、

5t＝5000kgだから、

5000kg＋900kg＝5900kg

**3** 同じたんいの重さどうしを、たしたりひいたりします。

❶ 200g＋400g＝600g

❷ 1kg100gをgになおすと、

1100gだから、

1100g＋900g＝2000g

＝2kgです。

または、

1kg100g＋900g＝1kg1000g

＝2kg

❸ 800g－600g＝200g

❹ 1kg300gをgになおすと、

1300gだから、

1300g－500g＝800gです。

**4** 全体の重さは、いれものの重さとみかんの重さをたしてもとめます。

2kg700gをgになおすと、2700gだから、

400g＋2700g＝3100g
＝3kg100g

または、

400g＋2kg700g＝2kg1100g
＝3kg100g

**5** かばんの重さは、かばんに本を入れてはかった重さから、本の重さをひいてもとめます。

1kg－300g＝1000g－300g
＝700g

**6** 1t110kgをkgになおすと、1110kgです。
1t10kgは1010kgになるから、
軽いほうからならべると、じゅんに
999kg、1010kg、1090kg、1110kg
になります。

## ⑪ 円と球

### 56・57ページ きほんのワーク

きほん1 答え

**1** しょうりゃく

きほん2 2、8、ⓘ　　答え 8、ⓘ

**2** 14cm

きほん3 ⓘ、ⓐ　　答え ⓘ

**3** ⓤ、ⓘ、ⓐ

きほん4 球　　答え ⓘ

**4** ❶ 円　❷ 6　❸ 10

てびき **1** 円をかくときは、コンパスを使い、次のように、かきます。

1 半径の長さにコンパスを開く。

2 中心をきめて、はりをさす。

3 とちゅうで止めないように気をつけながら、ひとまわりさせる。コンパスを少しかたむけるとかきやすい。

※ノートにかくときは、下じきをはずすとよい。

**2** 円の中心を通って、まわりからまわりまでひいた直線が円の直径で、半径の2倍だから、
7×2＝14より、14cmです。

**3** コンパスは、円をかくだけではなく、
長さを写しとるときにも使います。
ⓘの長さをコンパスにとって、
ⓐやⓤの直線と長さをくらべると、
ⓘはⓐより長く、
ⓤより短いことがわかります。

**4** どこから見ても円に見える、ボールのような形を、球といい、どこで切っても、切り口は円になります。
また、円と同じように、球の直径も半径の2倍です。

たしかめよう!

コンパスを使うと、円をかいたり、長さを写しとることができます。

### 58ページ 練習のワーク

**1** ❶ 5　❷ 円　❸ 12

**2** ウの点、カの点、サの点

**3** 3cm

**4** ❶ 5cm　❷ 15cm

てびき **1** ❶ 半径は直径の半分だから、
10÷2＝5より、5cmです。
❷ 球は、どこから見ても「円」に見えます。
❸ 球の直径は半径の2倍だから、
6×2＝12より、12cmです。

**2** コンパスを使って、アの点を中心にする半径2cm5mmの円をかきます。円のまわりの線が通っている点をみつけます。

**3** 中にはいっている小さい円の直径は、大きい円の半径と同じ長さだから、6cmです。小さい円の半径は直径の半分だから、
6÷2＝3より、3cmです。

**4** ❶ 10cmの長さのところに、ボールが2こぴったりはいっているから、
ボールの直径は、10÷2＝5より、5cmです。
❷ ㋐の長さのところに、ボールが3こぴったりはいっているから、
㋐の長さは、5×3＝15より、15cmです。

たしかめよう!

円と球の直径は、半径の2倍です。

## 59ページ まとめのテスト

**1** 6こ

**2** ❶ 6cm　❷ 10cm　❸ 2cm

**3** 24cm

**4**

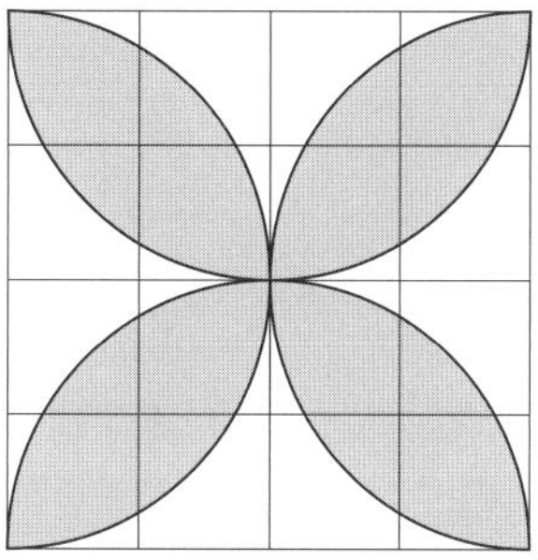

**てびき**

**1** 円の直径は 3×2=6 より、6cmだから、たてに 12÷6=2 より、2 この円、横に 18÷6=3 より、3 この円がかけます。

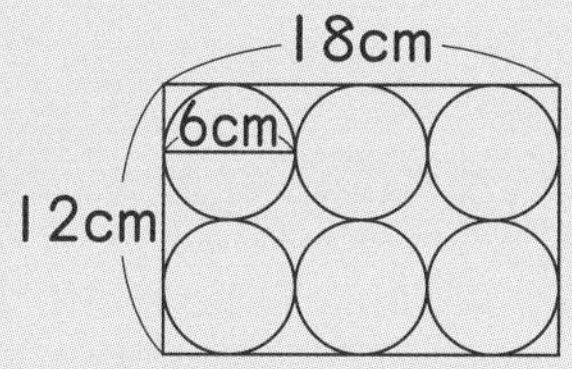


**2** 円の半径は 4÷2=2 より、2cmです。

❶ アの点からウの点までの長さは、この円の半径の 3 こ分と同じ長さだから、2×3=6 より、6cmです。

❷ アの点からイの点までの長さは、この円の半径の 5 こ分と同じ長さだから、2×5=10 より、10cmです。

❸ ウの点からエの点までの長さは、半径を表しています。

**3** つつの高さは、ボールの直径 3 こ分と同じ長さだから、8×3=24 より、24cmです。

**4** コンパスを使って、右の図の・をつけた点を中心にする半径 2cmの円の半分を 4 つかきます。

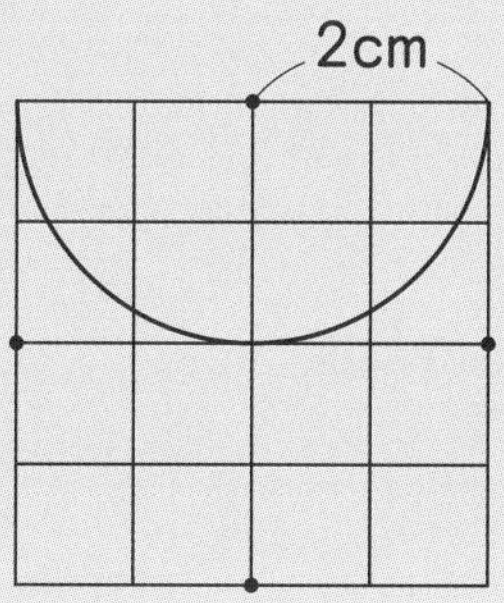


## ⑫ 何倍でしょう

## 60・61ページ きほんのワーク

きほん1 ÷、8　答え 8

**1** ❶ 7、28

❷ 式 28÷7=4　答え 4 倍

きほん2 ÷、4　答え 4

**2** 式 45÷9=5　答え 5cm

**3** ❶ 32

❷ 7

❸ 6

きほん3 ×、20　答え 20

**4** 式 2×4=8
3×8=24　答え 24kg

**5** 式 2×3=6　4×6=24　答え 24 題

**てびき**

**1** ❷ 7×□=28 の□にあてはまる数をもとめることになります。
式は、28÷7=4 で、4 倍です。

**2** つみ木 1 この高さを□cmとして、図をかくと、

これより、□×9=45 の□にあてはまる数をもとめることになります。
式は、45÷9=5 で、5cmです。

**3** ❶ 4cm $\xrightarrow{8倍}$ □cmより、4×8=□　□にあてはまる数は、4×8=32 で、32cmです。

❷ 6cm $\xrightarrow{□倍}$ 42cmより、6×□=42 の□にあてはまる数をもとめることになります。
42÷6=7 で、7 倍です。

❸ □cm $\xrightarrow{9倍}$ 54cmより、□×9=54 の□にあてはまる数をもとめることになります。
54÷9=6 で、6cmです。

**4** 何倍になるかを考えてから、答えをもとめます。

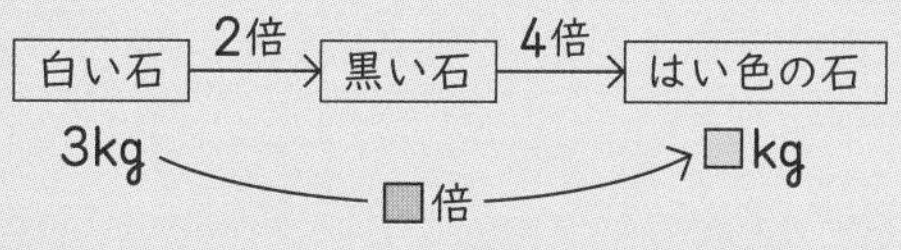


はい色の石は白い石の 2×4=8 より、8 倍の重さになります。

**5** 何倍になるかを考えてから、答えをもとめます。

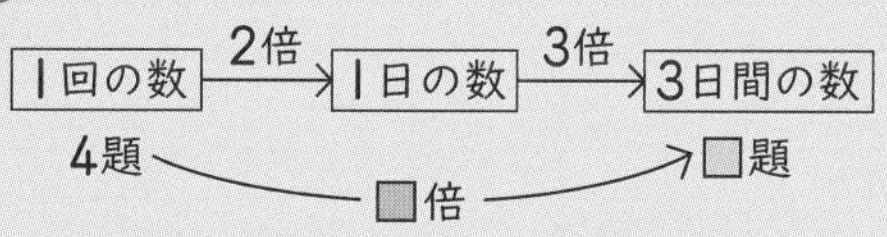


3 日間では、1 回の数の 2×3=6 より、6 倍とくことになります。

## 62ページ 練習のワーク

❶ 式 30÷5=6　答え 6 倍

❷ 式 40÷8=5　答え 5 倍

❸ 式 96÷3=32　答え 32 円

❹ 式 7×3=21　答え 21 まい

❺ 式 3×2=6　8×6=48　答え 48cm

てびき ❶5×□=30 の□にあてはまる数をもとめることになるから、わり算で計算します。

❷8×□=40 の□にあてはまる数をもとめることになるから、わり算で計算します。

❸□×3=96 の□にあてはまる数をもとめることになるから、わり算で計算します。
96 を 90 と 6 に分けて、
90÷3=30
6÷3=2 だから、
96÷3=30+2=32 より、32 円です。

❹大きいふくろのクッキーの数は、かけ算で計算します。

❺黄色のリボンは、ピンクのリボンの 3×2=6 より、6 倍の長さと考えることができます。

## 63ページ まとめのテスト

1 式 21÷7=3　答え 3 倍

2 式 18÷3=6　答え 6 倍

3 式 15÷5=3　答え 3dL

4 式 8×7=56　答え 56cm

5 式 4×2=8　10×8=80　答え 80 まい

てびき 1 7×□=21 の□にあてはまる数をもとめることになるから、わり算で計算します。

2 3×□=18 の□にあてはまる数をもとめることになるから、わり算で計算します。

3 □×5=15 の□にあてはまる数をもとめることになるから、わり算で計算します。

4 長いリボンの長さは、かけ算で計算します。

5 あやさんは、りんさんの 4×2=8 より、8倍の色紙を持っていると考えることができます。
10×8=8×10=80 より、80 まいです。

# ⑬ 計算のじゅんじょ

## 64ページ きほんのワーク

きほん1 2、2、30、30、
2、5、30、30、
2、2、5　答え 30

❶ 式 2×4×2=16　答え 16 こ

てびき ❶ りんご 2こ —4倍→ かき 8こ —2倍→ みかん □こ

計算はじゅんにかけると、
2×4×2=8×2=16 になります。
また、みかんの数がりんごの数の何倍かをさきにもとめて、
2×(4×2)=2×8=16 と計算することもできます。

たしかめよう!
多くの数をかけるときは、計算するじゅんじょをかえても、答えは同じです。このとき、2×5=10 など、計算しやすいかけ算を先に計算しておくと、まちがいをなくすことができます。

## 65ページ まとめのテスト

1 ❶ 2
❷ 9

2 ❶ 2×2×5=4×5=20
2×(2×5)=2×10=20
❷ 2×3×3=6×3=18
2×(3×3)=2×9=18

3 式 4×2×3=24　答え 24 こ

4 式 2×3×2=12　答え 12dL

5 式 3×3×2=18　答え 18 こ

てびき 4 1回 2dL —3倍→ 1日 6dL —2倍→ 2日間 □dL

計算はじゅんにかけると、
2×3×2=6×2=12 になります。
また、2 日間に飲むかさが、1 回に飲むかさの何倍かをさきにもとめて、
2×(3×2)=2×6=12 と計算することもできます。

**5** 1人 —3倍→ 1グループ —2倍→ 2グループ
3こ　9こ　□こ

計算はじゅんにかけると、
3×3×2=9×2=18 になります。
また、2グループ全員に配るたねの数が、1人分のたねの数の何倍かをさきにもとめて、
3×(3×2)=3×6=18 と計算することもできます。

## ⑭ 1けたをかけるかけ算の筆算

### 66・67ページ きほんのワーク

きほん1 30、30、5、400、400、4
答え 150、1200

**1** ❶ 120　❷ 630　❸ 800
❹ 4800

きほん2 24、2　8➡4　答え 48

**2** 式 12×3=36　答え 36本

**3**
❶ $\begin{array}{r} 21 \\ \times\ 3 \\ \hline 63 \end{array}$　❷ $\begin{array}{r} 13 \\ \times\ 2 \\ \hline 26 \end{array}$　❸ $\begin{array}{r} 32 \\ \times\ 2 \\ \hline 64 \end{array}$

❹ $\begin{array}{r} 11 \\ \times\ 6 \\ \hline 66 \end{array}$　❺ $\begin{array}{r} 70 \\ \times\ 1 \\ \hline 70 \end{array}$

きほん3 3➡4、1　答え 413

**4**
❶ $\begin{array}{r} 18 \\ \times\ 3 \\ \hline 54 \end{array}$　❷ $\begin{array}{r} 36 \\ \times\ 2 \\ \hline 72 \end{array}$　❸ $\begin{array}{r} 24 \\ \times\ 4 \\ \hline 96 \end{array}$

❹ $\begin{array}{r} 40 \\ \times\ 9 \\ \hline 360 \end{array}$　❺ $\begin{array}{r} 82 \\ \times\ 4 \\ \hline 328 \end{array}$　❻ $\begin{array}{r} 83 \\ \times\ 3 \\ \hline 249 \end{array}$

❼ $\begin{array}{r} 29 \\ \times\ 5 \\ \hline 145 \end{array}$　❽ $\begin{array}{r} 35 \\ \times\ 3 \\ \hline 105 \end{array}$　❾ $\begin{array}{r} 79 \\ \times\ 8 \\ \hline 632 \end{array}$

❿ $\begin{array}{r} 58 \\ \times\ 7 \\ \hline 406 \end{array}$

**5** 式 94×8=752　答え 752こ

**てびき**
❶ 100 や 10 が何こあるか考えます。
❶ 60 は、10 が 6 こだから、60×2 は、10 が(6×2)こです。
❷ 90 は、10 が 9 こだから、90×7 は、10 が(9×7)こです。
❸ 200 は、100 が 2 こだから、200×4 は、100 が(2×4)こです。
❹ 800 は、100 が 8 こだから、800×6 は、100 が(8×6)こです。

❷ 全部の数
=1たばのバラの数×たばの数
だから、式は 12×3 です。 $\begin{array}{r} 12 \\ \times\ 3 \\ \hline 36 \end{array}$

❸ かけ算の筆算で大切なことは、位をそろえてかくことです。
かける数のだんの九九を使うと、1つのだんの九九で計算できます。

❺ 全部の数
=1回に運ぶ数×運ぶ回数
だから、式は 94×8 です。 $\begin{array}{r} 94 \\ \times\ 8 \\ \hline 752 \end{array}$

### 68・69ページ きほんのワーク

きほん1 213
9➡3➡6　答え 639

**1**
❶ $\begin{array}{r} 131 \\ \times\ 3 \\ \hline 393 \end{array}$　❷ $\begin{array}{r} 404 \\ \times\ 2 \\ \hline 808 \end{array}$　❸ $\begin{array}{r} 112 \\ \times\ 4 \\ \hline 448 \end{array}$

❹ $\begin{array}{r} 322 \\ \times\ 3 \\ \hline 966 \end{array}$

きほん2 5➡9➡7　答え 795

**2**
❶ $\begin{array}{r} 215 \\ \times\ 4 \\ \hline 860 \end{array}$　❷ $\begin{array}{r} 379 \\ \times\ 5 \\ \hline 1895 \end{array}$　❸ $\begin{array}{r} 173 \\ \times\ 9 \\ \hline 1557 \end{array}$

❹ $\begin{array}{r} 938 \\ \times\ 6 \\ \hline 5628 \end{array}$　❺ $\begin{array}{r} 695 \\ \times\ 3 \\ \hline 2085 \end{array}$　❻ $\begin{array}{r} 503 \\ \times\ 7 \\ \hline 3521 \end{array}$

**3** 式 137×6=822　答え 822cm

**4** 式 420×5=2100　答え 2100円

きほん3 60、18、78　答え 78

**5** ❶ 69　❷ 28
❸ 99　❹ 72
❺ 72　❻ 78

**てびき**
❶ かけられる数が3けたになっても、かける数のだんの九九を使って、筆算で答えをもとめることができます。一の位からじゅんに計算しましょう。

❷ くり上がりに気をつけて計算します。
❻では、十の位は 7×0=0 ですが、くり上げた 2 をたして、0+2=2 になることに注意しましょう。

❸ はじめのリボンの長さ=
1本分の長さ×本数 だから、
式は 137×6 です。 $\begin{array}{r} 137 \\ \times\ 6 \\ \hline 822 \end{array}$

❹ 代金=1このねだん×買う数
だから、式は 420×5 です。 $\begin{array}{r} 420 \\ \times\ 5 \\ \hline 2100 \end{array}$

❺❶ 23 を 20 と 3 に分けて考えます。
20×3=60
3×3= 9 あわせて 69
❷ 14 を 10 と 4 に分けて考えます。
10×2=20
4×2= 8 あわせて 28
❸ 33 を 30 と 3 に分けて考えます。
30×3=90
3×3= 9 あわせて 99
❹ 12 を 10 と 2 に分けて考えます。
10×6=60
2×6=12 あわせて 72
❺ 18 を 10 と 8 に分けて考えます。
10×4=40
8×4=32 あわせて 72
❻ 39 を 30 と 9 に分けて考えます。
30×2=60
9×2=18 あわせて 78

## 70ページ 練習のワーク❶

❶ ❶ 280 ❷ 250 ❸ 720
❹ 1200 ❺ 1600 ❻ 3600

❷ ❶ 73 × 8 = 584 ❷ 402 × 3 = 1206

❸ ❶ 84 ❷ 368 ❸ 360
❹ 369 ❺ 865 ❻ 3465

❹ 式 620×5=3100 答え 3100 円

❺ ❶ 66 ❷ 44 ❸ 54
❹ 98 ❺ 72 ❻ 76

てびき ❶ 10 や 100 が何こあるか考えます。
❶ 70 は、10 が 7 こだから、
70×4 は、10 が(7×4)こです。
❷ 50 は、10 が 5 こだから、
50×5 は、10 が(5×5)こです。
❸ 80 は、10 が 8 こだから、
80×9 は、10 が(8×9)こです。
❹ 300 は、100 が 3 こだから、
300×4 は、100 が(3×4)こです。
❺ 200 は、100 が 2 こだから、
200×8 は、100 が(2×8)こです。
❻ 900 は、100 が 9 こだから、
900×4 は、100 が(9×4)こです。

❷❶ 八七56 の 56 は、位をずらしてかくのではなく、一の位からくり上げた 2 をたした 58 を百の位と十の位にかきます。
❷ 十の位は 3×0=0 だから、0 を十の位にかくのをわすれないようにします。

❸❶ 28 × 3 = 84 ❷ 92 × 4 = 368 ❸ 45 × 8 = 360
❹ 123 × 3 = 369 ❺ 173 × 5 = 865 ❻ 385 × 9 = 3465

❹ 代金 = 1 このねだん × 買う数
だから、式は 620×5 です。 620 × 5 = 3100

❺❶ 22 を 20 と 2 に分けて考えます。
20×3=60
2×3= 6 あわせて 66
❷ 11 を 10 と 1 に分けて考えます。
10×4=40
1×4= 4 あわせて 44
❸ 18 を 10 と 8 に分けて考えます。
10×3=30
8×3=24 あわせて 54
❹ 49 を 40 と 9 に分けて考えます。
40×2=80
9×2=18 あわせて 98
❺ 36 を 30 と 6 に分けて考えます。
30×2=60
6×2=12 あわせて 72
❻ 19 を 10 と 9 に分けて考えます。
10×4=40
9×4=36 あわせて 76

## 71ページ 練習のワーク❷

❶ ❶ 160 ❷ 480 ❸ 270
❹ 5600 ❺ 1500 ❻ 4200

❷ ❶ 33 × 2 = 66 ❷ 26 × 4 = 104 ❸ 91 × 7 = 637
❹ 52 × 9 = 468 ❺ 67 × 8 = 536

❸ ❶ 312 × 2 = 624 ❷ 197 × 6 = 1182 ❸ 870 × 7 = 6090
❹ 639 × 8 = 5112 ❺ 704 × 5 = 3520

❹ 84 まい

てびき ❶❶ 40は、10が4こだから、
40×4は、10が(4×4)こです。
❷ 60は、10が6こだから、
60×8は、10が(6×8)こです。
❸ 90は、10が9こだから、
90×3は、10が(9×3)こです。
❹ 800は、100が8こだから、
800×7は、100が(8×7)こです。
❺ 300は、100が3こだから、
300×5は、100が(3×5)こです。
❻ 700は、100が7こだから、
700×6は、100が(7×6)こです。

❹ 全部の数
=1たばのおり紙の数×たばの数
だから、式は14×6です。
14を10と4に分けて、暗算でします。
10×6=60
4×6=24 〉あわせて84

## 72ページ まとめのテスト❶

**1**

❶ $\begin{array}{r} 17 \\ \times\ \ 5 \\ \hline 85 \end{array}$ ❷ $\begin{array}{r} 38 \\ \times\ \ 3 \\ \hline 114 \end{array}$ ❸ $\begin{array}{r} 96 \\ \times\ \ 4 \\ \hline 384 \end{array}$

❹ $\begin{array}{r} 43 \\ \times\ \ 9 \\ \hline 387 \end{array}$ ❺ $\begin{array}{r} 69 \\ \times\ \ 6 \\ \hline 414 \end{array}$ ❻ $\begin{array}{r} 28 \\ \times\ \ 8 \\ \hline 224 \end{array}$

❼ $\begin{array}{r} 413 \\ \times\ \ 2 \\ \hline 826 \end{array}$ ❽ $\begin{array}{r} 810 \\ \times\ \ 6 \\ \hline 4860 \end{array}$ ❾ $\begin{array}{r} 395 \\ \times\ \ 3 \\ \hline 1185 \end{array}$

❿ $\begin{array}{r} 769 \\ \times\ \ 8 \\ \hline 6152 \end{array}$ ⓫ $\begin{array}{r} 501 \\ \times\ \ 5 \\ \hline 2505 \end{array}$ ⓬ $\begin{array}{r} 907 \\ \times\ \ 4 \\ \hline 3628 \end{array}$

**2** 式 20×9=180　答え 180こ

**3** 式 145×8=1160　答え 1160mL

てびき **2** はじめの数=1人分の数×分ける人数
だから、式は20×9です。
**3** 全部のかさ
=コップ1こ分のかさ×コップの数だから、
式は145×8です。
$\begin{array}{r} 145 \\ \times\ \ 8 \\ \hline 1160 \end{array}$

## 73ページ まとめのテスト❷

**1**

| | | |
|---|---|---|
| ❶ 180 | ❷ 212 | ❸ 126 |
| ❹ 528 | ❺ 230 | ❻ 296 |
| ❼ 207 | ❽ 4907 | ❾ 486 |
| ❿ 3928 | ⓫ 2781 | ⓬ 5080 |
| ⓭ 2520 | ⓮ 3300 | |

**2** 式 17×4=68　答え 68m

**3** 式 216×6=1296　答え 1296g

**4** 式 900×4=3600　答え 3600円

てびき **1**

❷ $\begin{array}{r} 53 \\ \times\ \ 4 \\ \hline 212 \end{array}$ ❸ $\begin{array}{r} 14 \\ \times\ \ 9 \\ \hline 126 \end{array}$ ❹ $\begin{array}{r} 88 \\ \times\ \ 6 \\ \hline 528 \end{array}$

❺ $\begin{array}{r} 46 \\ \times\ \ 5 \\ \hline 230 \end{array}$ ❻ $\begin{array}{r} 37 \\ \times\ \ 8 \\ \hline 296 \end{array}$ ❼ $\begin{array}{r} 69 \\ \times\ \ 3 \\ \hline 207 \end{array}$

❽ $\begin{array}{r} 701 \\ \times\ \ 7 \\ \hline 4907 \end{array}$ ❾ $\begin{array}{r} 243 \\ \times\ \ 2 \\ \hline 486 \end{array}$ ❿ $\begin{array}{r} 982 \\ \times\ \ 4 \\ \hline 3928 \end{array}$

⓫ $\begin{array}{r} 309 \\ \times\ \ 9 \\ \hline 2781 \end{array}$ ⓬ $\begin{array}{r} 635 \\ \times\ \ 8 \\ \hline 5080 \end{array}$ ⓭ $\begin{array}{r} 420 \\ \times\ \ 6 \\ \hline 2520 \end{array}$

⓮ $\begin{array}{r} 825 \\ \times\ \ 4 \\ \hline 3300 \end{array}$

⓫は、十の位が0×9=0になることに気をつけましょう。⓮はくり上がりが3回あります。

**2** まわりの長さ
=1つの辺の長さ×4
だから、式は17×4です。
$\begin{array}{r} 17 \\ \times\ \ 4 \\ \hline 68 \end{array}$

**3** 全部の重さ
=1さつの重さ×さっ数
だから、式は216×6です。
$\begin{array}{r} 216 \\ \times\ \ 6 \\ \hline 1296 \end{array}$

**4** 代金=1まいのねだん×買う数
だから、式は900×4です。
900は、100が9こだから、900×4は、
100が(9×4)こです。

たしかめよう!
正方形は、かどがみんな直角で、辺の長さがみんな同じ四角形です。

## ⑮ 式と計算

### 74・75ページ きほんのワーク

きほん1 400、250、400、250、650、650
130、130、650、650　答え 650

❶ ❶ 式 7×6=42
3×6=18
42+18=60　答え 60 こ
❷ 式 7+3=10
10×6=60　答え 60 こ

❷ 式 20×9=180
50×9=450
180+450=630
または、
20+50=70
70×9=630　答え 630 円

❸ 式 30+20=50
50×3=150　答え 150 本

きほん2 20、20、20、120、120
答え ノート、120

❹ 式 200−140=60
60×8=480　答え 480 円

❺ 式 8−5=3
3×7=21　答え 21 cm

てびき ❶❶ 大きい箱と小さい箱にはいっているボールの数をべつべつに考えると、
7×6=42、3×6=18、
あわせて 42+18=60 より、60 こです。
❷ 大小の箱にはいっているボールの数を 1 組にして考えると、7+3=10 で、それが 6 組あるから、10×6=60 より、60 こです。
❷ 色紙の代金と画用紙の代金をべつべつにもとめて合計するか、色紙と画用紙を 1 組にしてもとめた代金の 9 つ分と考えます。
❸ 大小の花たばを 1 組にすると、
花の数は 30+20=50 より 50 本いるから、
その 3 組分の花の数は
50×3=150 より 150 本です。
❹ 2 人の 1 か月のちょ金の金がくのちがいは
200−140=60 より、60 円で、
8 か月では 60×8=480 より、
480 円ちがいます。
❺ つみ木 1 この高さのちがいは 8−5=3 より、
3 cm です。
7 こつむと、ちがいは 3×7=21 より、
21 cm になります。

### 76・77ページ きほんのワーク

きほん1 150、150、900、900
540、360、360、900、900　答え 900

❶ ❶ 式 (80+30)×5=550　答え 550 円
❷ 式 (80×5)+(30×5)=550
答え 550 円

きほん2 40、40、280、280
560、280、280、280、280　答え 280

❷ ❶ 式 (50−10)×9=360　答え 360 cm
❷ 式 (50×9)−(10×9)=360
答え 360 cm

❸ ❶ 5、5　❷ 35、65
❸ 6、6　❹ 100、4

てびき ❶❶ ボールペンと消しゴムを 1 組にして考えるときは、代金 = 1 組の代金 × 買う数 だから、1 組の代金の部分に( )を使って、式は(80+30)×5 とします。
( )の中をさきに計算するから、
(80+30)×5=110×5=550 です。
❷ 代金 = ボールペンの代金 + 消しゴムの代金 と考えるときは、それぞれの代金の部分に( )を使えば、1 つの式にかくことができます。
(80×5)+(30×5)=400+150=550
です。
❷❶ 使うリボンの長さのちがい
= かざり 1 こ分の長さのちがい × かざりの数
だから、かざり 1 こ分の長さのちがいの部分に( )を使うと、式は(50−10)×9 です。
(50−10)×9=40×9=360 です。
❷ 使うリボンの長さのちがい
= 赤いリボンの長さ − 白いリボンの長さ
と考えるときは、それぞれのリボンの長さの部分に( )を使うと、式は(50×9)−(10×9)になります。
(50×9)−(10×9)=450−90=360 です。
❸ 計算のきまり
(■+●)×▲=■×▲+●×▲
(■−●)×▲=■×▲−●×▲
をおぼえて、使えるようになりましょう。

### 78ページ 練習のワーク

❶ 式 (70+40)×6=660
または、
(70×6)+(40×6)=660　答え 660 こ

❷ 式 (70－20)×8＝400
または、
(70×8)－(20×8)＝400　答え 400 円

❸ ❶ 9、9　❷ 15、85
❸ 100

❹ ❶ 2、2　❷ 48、8
❸ 50

てびき ❶ 全部の数＝1 組の数×箱の数
だから、式は(70＋40)×6 です。
全部の数
＝赤いクリップの数＋青いクリップの数
と考えるときは、
式は(70×6)＋(40×6)になります。
❷ 代金のちがい
＝1 このねだんのちがい×買う数だから、
式は(70－20)×8 です。
代金のちがい
＝チョコレートの代金－ガムの代金と考えるときは、
式は(70×8)－(20×8)になります。

## 79 ページ　まとめのテスト

**1** ❶ ×　❷ ○　❸ ○　❹ ×
❺ ×　❻ ○

**2** 式 (60＋80)×4＝560
または、
(60×4)＋(80×4)＝560　答え 560 まい

**3** 式 (90－50)×3＝120
または、
(90×3)－(50×3)＝120　答え 120 こ

てびき **2** 全部の数＝1 組の数×たばの数
だから、式は(60＋80)×4 です。
全部の数
＝60 まい 1 組の画用紙の数
＋80 まい 1 組の画用紙の数
と考えるときは、
式は(60×4)＋(80×4)になります。
**3** 運んだ数のちがい
＝1 回の数のちがい×回数だから、
式は(90－50)×3 です。
運んだ数のちがい
＝大きいトラックで運んだ数
－小さいトラックで運んだ数
と考えるときは、
式は(90×3)－(50×3)になります。

# ⑯ 分数

## 80・81 ページ　きほんのワーク

きほん1 $\frac{1}{5}$、$\frac{3}{5}$　答え $\frac{1}{5}$、$\frac{3}{5}$

❶ ❶ $\frac{4}{6}$m　❷ $\frac{5}{8}$m

❷ ❶ (れい)
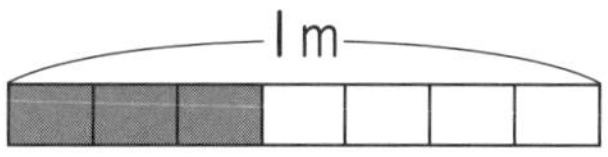

$\frac{3}{7}$m

❷ (れい)
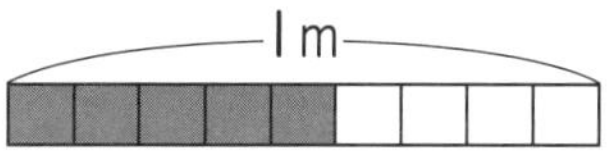

$\frac{5}{9}$m

❸ ❶ $\frac{2}{4}$L　❷ $\frac{8}{10}$L

きほん2 $\frac{2}{6}$、$\frac{4}{6}$、$\frac{6}{6}$　答え $\frac{2}{6}$、$\frac{4}{6}$、$\frac{6}{6}$

❹ ❶
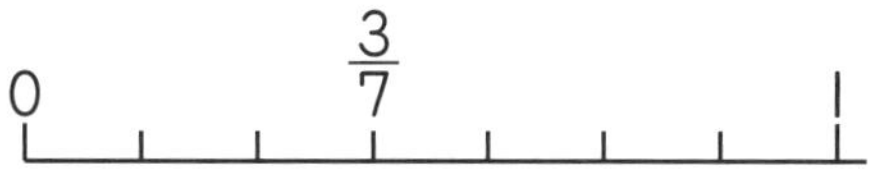


❷
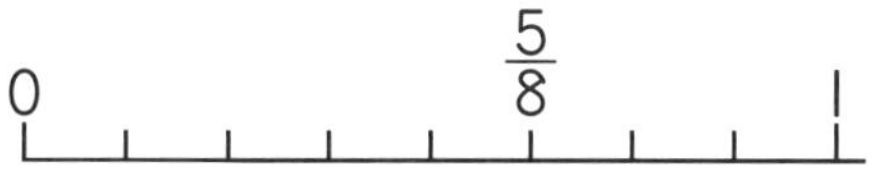


きほん3 ＞　答え $\frac{6}{7}>\frac{2}{7}$

❺ ❶ $\frac{3}{4}>\frac{2}{4}$　❷ $\frac{9}{10}<1$

てびき ❶❶ 1m を 6 等分した 4 こ分の長さだから、$\frac{4}{6}$m です。
❷ 1m を 8 等分した 5 こ分の長さだから、$\frac{5}{8}$m です。
❷❶ 1m が 7 等分されています。
$\frac{3}{7}$m は、$\frac{1}{7}$m の 3 こ分の長さです。
3 ますつづいていれば、どこに色をぬってもかまいません。
❸ それぞれの 1L ますまでの目もりに注目します。1L ますまでで目もりが何等分されているかを考えます。
❶ 1 目もりのかさは $\frac{1}{4}$L で、その 2 こ分に色がぬってあります。
❷ 1 目もりのかさは $\frac{1}{10}$L で、その 8 こ分に色がぬってあります。
❹ ❶の数直線は、0 と 1 の間を 7 等分しているから、1 目もりの大きさは $\frac{1}{7}$ を表します。
❷の数直線は、0 と 1 の間を 8 等分しているから、1 目もりの大きさは $\frac{1}{8}$ を表します。
❺ 数直線の上に表して考えます。数直線の上の数は、右にいくほど大きくなります。

❶
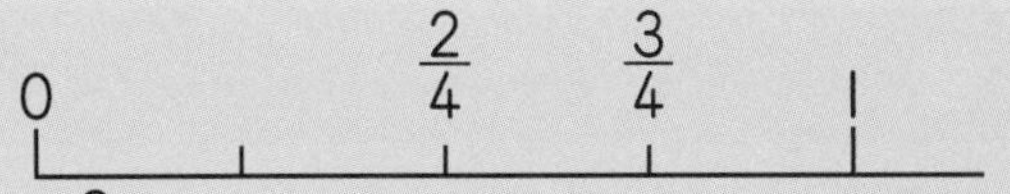

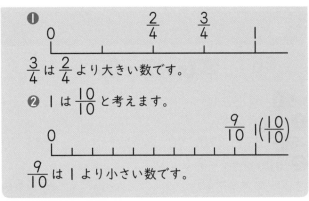


$\frac{3}{4}$は$\frac{2}{4}$より大きい数です。

❷ 1は$\frac{10}{10}$と考えます。

$\frac{9}{10}$は1より小さい数です。

**たしかめよう!**

$\frac{1}{5}$や$\frac{2}{3}$のような数を分数といい、線の下の数字の5や3を分母、線の上の数字の1や2を分子といいます。

分子
分母

## 82・83ページ きほんのワーク

きほん1 2、5、2、5、$\frac{7}{10}$　答え $\frac{7}{10}$

1 式 $\frac{3}{8}+\frac{4}{8}=\frac{7}{8}$　答え $\frac{7}{8}$m

2 ❶ $\frac{3}{4}$　❷ $\frac{5}{6}$　❸ $\frac{4}{5}$　❹ 1　❺ 1

きほん2 6、4、6、4、$\frac{2}{7}$　答え $\frac{2}{7}$

3 式 $\frac{7}{9}-\frac{5}{9}=\frac{2}{9}$　答え $\frac{2}{9}$m

4 式 $1-\frac{3}{5}=\frac{2}{5}$　答え $\frac{2}{5}$L

5 ❶ $\frac{2}{6}$　❷ $\frac{3}{9}$　❸ $\frac{2}{8}$　❹ $\frac{3}{5}$

❺ $\frac{2}{10}$

**てびき**

1 あわせた長さをもとめるから、

式は$\frac{3}{8}+\frac{4}{8}$で、

計算は、$\frac{1}{8}$が何こになるかを考えます。

$\frac{1}{8}$が3こと$\frac{1}{8}$が4こで、あわせて

$\frac{1}{8}$が(3+4)こだから、$\frac{7}{8}$になります。

2 ❶ $\frac{1}{4}$が(1+2)こだから、$\frac{3}{4}$です。

❷ $\frac{1}{6}$が(3+2)こだから、$\frac{5}{6}$です。

❸ $\frac{1}{5}$が(2+2)こだから、$\frac{4}{5}$です。

❹ $\frac{1}{9}$が(5+4)こだから、$\frac{9}{9}$です。

分母=分子のときは1になります。

❺ $\frac{1}{10}$が(4+6)こだから、$\frac{10}{10}=1$です。

3 のこりの長さをもとめるから、

式は$\frac{7}{9}-\frac{5}{9}$で、

計算は、$\frac{1}{9}$が何こになるかを考えます。

$\frac{1}{9}$の7こから、$\frac{1}{9}$の5こをひくから、のこりは、$\frac{1}{9}$が(7−5)こだから、$\frac{2}{9}$になります。

4 のこりのかさをもとめるから、

式は$1-\frac{3}{5}$で、

計算は、$\frac{1}{5}$が何こになるか考えます。

分母と分子が等しい分数は1だから、

1は$\frac{5}{5}$、つまり、$\frac{1}{5}$が5こだから、

のこりは、$\frac{1}{5}$が(5−3)こで、$\frac{2}{5}$になります。

5 ❶ $\frac{1}{6}$が(4−2)こだから、$\frac{2}{6}$です。

❷ $\frac{1}{9}$が(8−5)こだから、$\frac{3}{9}$です。

❸ $\frac{1}{8}$が(7−5)こだから、$\frac{2}{8}$です。

❹ $\frac{1}{5}$が(4−1)こだから、$\frac{3}{5}$です。

❺ 1は$\frac{10}{10}$と考えます。$\frac{10}{10}-\frac{8}{10}$は、

$\frac{1}{10}$が(10−8)こだから、$\frac{2}{10}$です。

**たしかめよう!**

計算の答えが分母と分子が等しい分数になったときは、1になおします。また、1を分母と分子の等しい分数で表せるようにしましょう。

## 84ページ 練習のワーク

1 ❶ $\frac{7}{10}$m　❷ $\frac{3}{5}$L

2 ❶ 4　❷ 6　❸ 5

❹ $\frac{7}{8}$　❺ 4

3 ❶ $\frac{4}{5}>\frac{3}{5}$　❷ $\frac{7}{9}<\frac{8}{9}$　❸ $\frac{8}{8}=1$

4 ❶ $\frac{8}{9}$　❷ $\frac{7}{8}$　❸ 1

❹ $\frac{3}{7}$　❺ $\frac{1}{4}$　❻ $\frac{3}{6}$

**てびき**

1 ❶ 1mを10等分した7こ分の長さです。

❷ 1Lを5等分した3こ分のかさです。

2 ❸ 1kgは$\frac{5}{5}$kgと表せるから、

$\frac{1}{5}$kgの5こ分の重さです。

3 ❸ 1は、$\frac{8}{8}$と表せます。

❹ ❸ $\frac{2}{5}+\frac{2}{5}+\frac{1}{5}=\frac{4}{5}+\frac{1}{5}=\frac{5}{5}=1$ になります。

❻ $1-\frac{2}{6}-\frac{1}{6}=\frac{6}{6}-\frac{2}{6}-\frac{1}{6}=\frac{4}{6}-\frac{1}{6}=\frac{3}{6}$ になります。

## 85ページ まとめのテスト

**1** ❶ $\frac{1}{3}$cm　❷ $\frac{5}{6}$L　❸ $\frac{7}{8}$kg

**2** ❶ 5こ　❷ 7こ　❸ 6こ
❹ 9こ

**3** ❶ ㋐ $\frac{1}{10}$　㋑ $\frac{4}{10}$　㋒ $\frac{8}{10}$
㋓ $\frac{9}{10}$

❷ 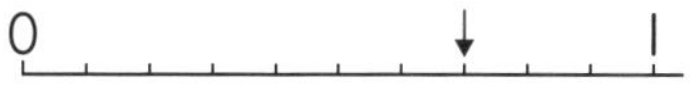


**4** ❶ $\frac{4}{6}<\frac{8}{6}$　❷ $\frac{1}{10}>0$　❸ $\frac{4}{4}=1$

**5** ❶ 式 $\frac{2}{8}+\frac{5}{8}=\frac{7}{8}$　答え $\frac{7}{8}$m
❷ 式 $\frac{5}{8}-\frac{2}{8}=\frac{3}{8}$　答え $\frac{3}{8}$m

てびき

**1** ❶ 1cmを3等分した長さは、$\frac{1}{3}$cmです。
❷ 1Lを6等分したかさは、$\frac{1}{6}$Lです。
❸ 1kgを8等分した重さは、$\frac{1}{8}$kgです。

**2** ❹ 分母＝分子のときは1になるから、
1を$\frac{9}{9}$と考えると、$\frac{1}{9}$の9こ分とわかります。

**3** ❶ 問題の数直線は、
0と1の間を10等分しているから、
1目もりの大きさは$\frac{1}{10}$を表します。
㋐の目もりにあたる分数は、$\frac{1}{10}$です。
㋑の目もりにあたる分数は、
$\frac{1}{10}$の4こ分だから、$\frac{4}{10}$です。
㋒の目もりにあたる分数は、
$\frac{1}{10}$の8こ分だから、$\frac{8}{10}$です。
㋓の目もりにあたる分数は、
$\frac{1}{10}$の9こ分だから、$\frac{9}{10}$です。

**5** ❶ あわせた長さは、たし算でもとめます。
$\frac{1}{8}$mが(2+5)こだから、$\frac{7}{8}$mです。
❷ 長さのちがいは、ひき算でもとめます。
$\frac{1}{8}$mが(5−2)こだから、$\frac{3}{8}$mです。

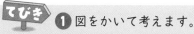

# 間の数

## 86ページ 学びのワーク

きほん1 答え 3、10

❶ 10本

きほん2 5、5、70、70　答え 70

❷ 式 10−1=9
5×9=45　答え 45m

てびき

❶ 図をかいて考えます。

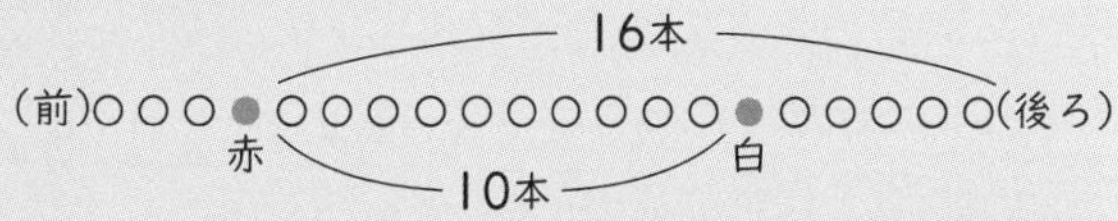


❷ 間の数は、ならんでいる人の数より1少ない9だから、両はしの人の間は、5mの9つ分はなれています。

# わくわくプログラミング

## 87ページ 学びのワーク

きほん1 ㋐

❶ ❶ (上からじゅんに) 3、1、左、2、右
❷ (上からじゅんに) 2、3、左、1、右

てびき ❶ ❶

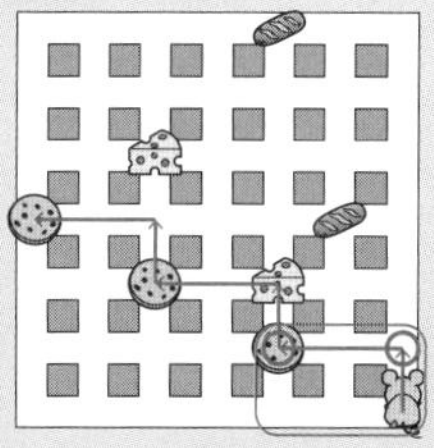

を3回くり返します。
○で向きをかえます。

❷

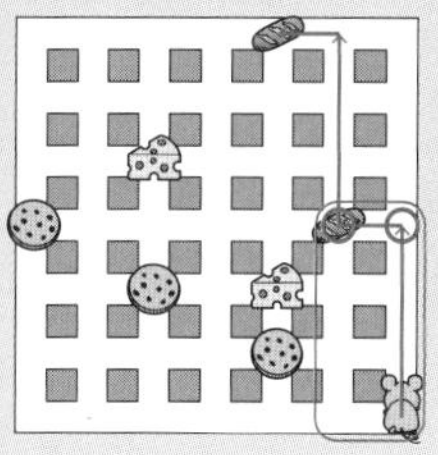

□を2回くり返します。
○で向きをかえます。

## ⑰ 三角形

### 88・89ページ　きほんのワーク

きほん1　(い)、(え)、(あ)、(う)、(お)　　　答え (い)、(え)、(あ)

❶ ① 二等辺三角形
② 正三角形

❷ 二等辺三角形…(あ)、(え)
正三角形………(い)、(か)

きほん2　答え

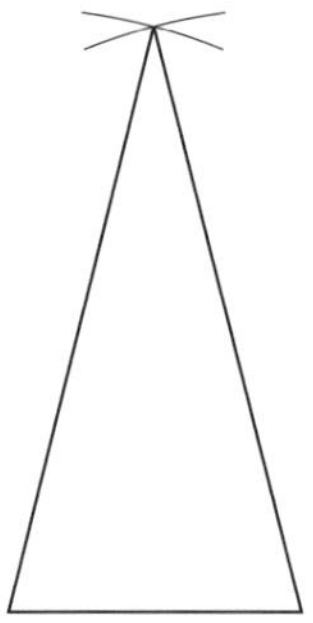

❸ ①

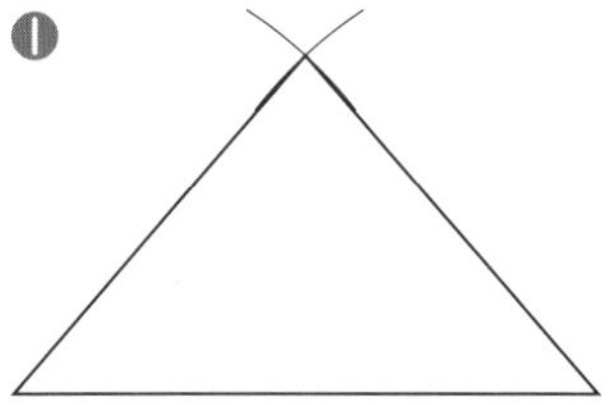

②

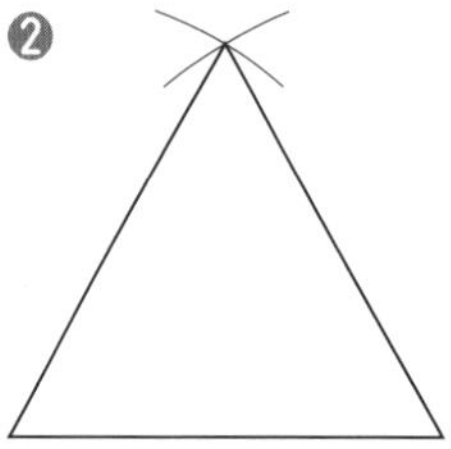

③

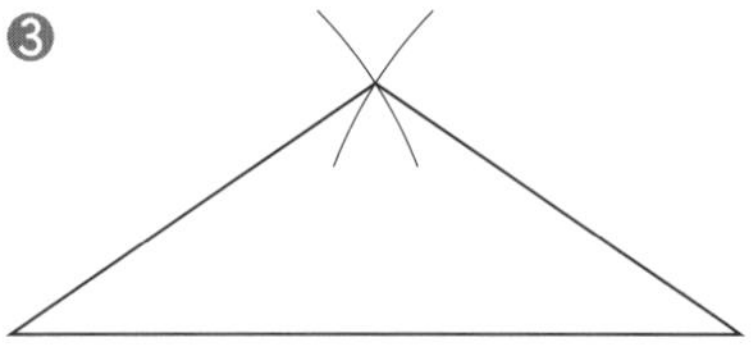

❹ (れい)

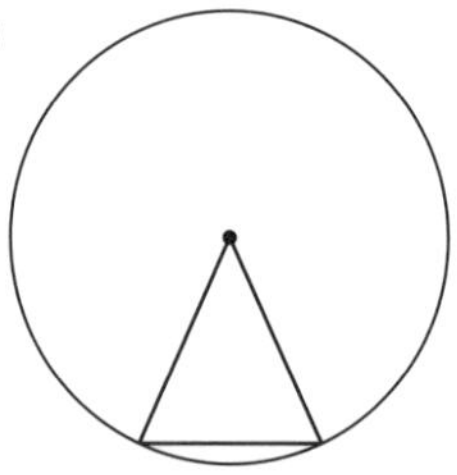

てびき ❶① 2つの辺の長さが等しいから、
二等辺三角形です。
② 3つの辺の長さがみんな等しいから、
正三角形です。
❷ コンパスを使って、辺の長さをくらべます。
2つの辺の長さが等しい→二等辺三角形
3つの辺の長さがみんな等しい→正三角形
❹ 1つの円の半径は、長さがみんな等しいから、
円の中心とまわりをつないで三角形をかくと、
かならず長さの等しい辺が2つあるから、
二等辺三角形がかけます。

たしかめよう!
1つの円では、半径はみんな同じ長さだから、円をり用して、二等辺三角形や正三角形をかくことができます。

### 90・91ページ　きほんのワーク

きほん1　(う)、(お)、(か)(または、(う)、(か)、(お))
答え (う)、(お)、(か)(または、(う)、(か)、(お))

❶ ① (い)と(う)
② (え)と(お)と(か)
③ (く)と(け)

きほん2　(い)、(あ)　　　答え (い)

❷ ① (あ)の角
② (う)の角、(え)の角
③ (か)の角

❸ (左から)5、1、3、2、4

きほん3　答え

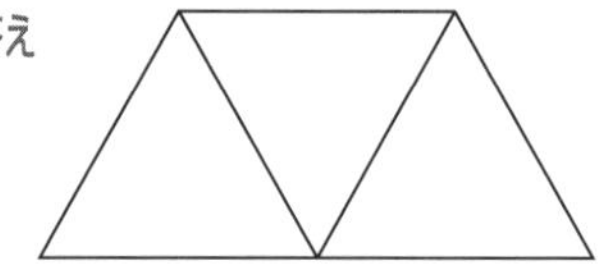

❹ ① 二等辺三角形 または 直角三角形
② 正三角形

てびき ❶ 同じ三角じょうぎを2まい使っているから、
①と③は2つの角の大きさが等しい三角形とわかります。
②は、三角じょうぎの角をあてて、角の大きさを調べると、3つの角の大きさがみんな等しい三角形とわかります。
❷ 2つの三角じょうぎの角を重ねて、大きさをくらべてみましょう。
② 三角じょうぎは直角三角形です。
③ (い)と(か)は二等辺三角形の等しい角です。
❸ 角の大きさは、辺の長さに関係なく、辺の開きぐあいだけできまります。三角じょうぎの角をあてて、大きさをくらべてみましょう。
❹① 三角じょうぎと同じ形の三角形をしきつめていきます。直角三角形で、二等辺三角形です。「直角二等辺三角形」と答えてもかまいません。
② 正三角形をしきつめて大きい正三角形をつくっています。

## 92ページ 練習のワーク

❶ ㋐ △　㋑ ×　㋒ ○
㋓ △　㋔ ×　㋕ ○

❷ （れい）

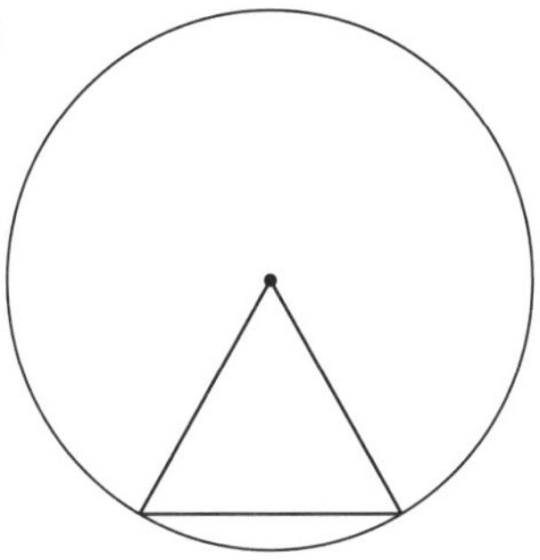

❸ ㋐、㋓、㋒、㋑

❹ 4まい

てびき ❹ しきつめると、右のようになります。

## 93ページ まとめのテスト

**1** （大きさはちがっています。）

❶

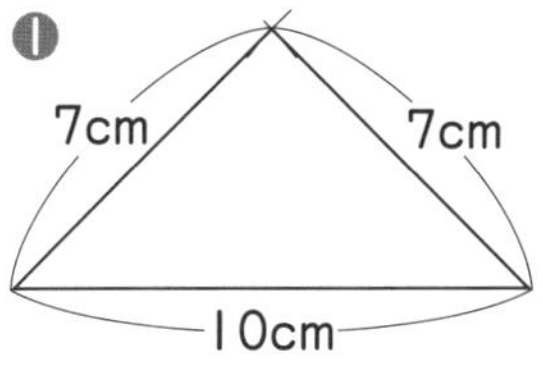


❷

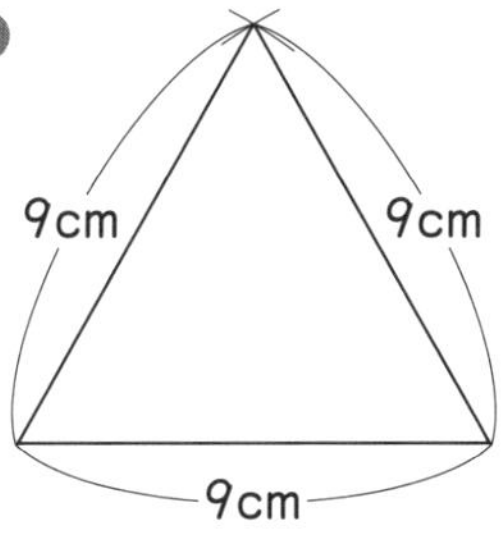


**2** ㋐ 二等辺三角形
㋑ 二等辺三角形
㋒ 正三角形

**3** ❶ 3　❷ 2　❸ 2

**4** ❶ ㋐ 4cm　㋑ 4cm
❷ 正三角形

てびき **1** ❶ はじめに、長さ10cmの辺をじょうぎを使ってかき、のこりの点はコンパスを使ってきめます。

**2** 紙を広げた形の図をかくと、次のようになります。

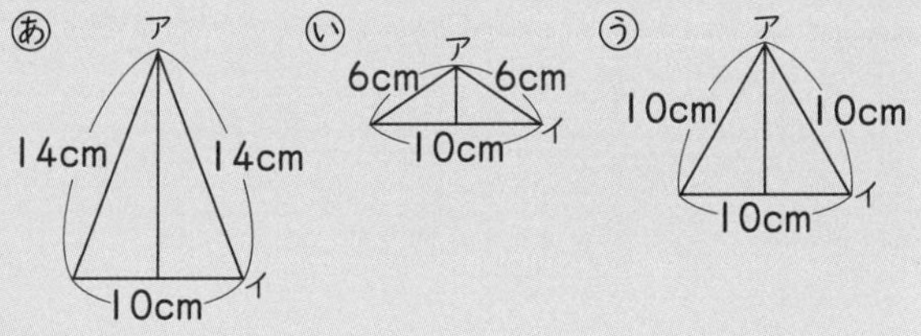


**4** 問題の図では、㋐と㋑の長さはどちらも、円の半径の2倍の4cmになります。また、アウの辺の長さも同じ4cmだから、ア、イ、ウを通る三角形は、3つの辺の長さがみんな等しい正三角形です。

たしかめよう!

**2** の方ほうで、二等辺三角形や正三角形をつくり、できた三角形の紙をおって、角の大きさが等しくなっているかをたしかめてみよう。

# ⑱ 小数

## 94・95ページ きほんのワーク

きほん1 5、0.5、1.5　答え 1.5

❶ ❶ 0.6 L　❷ 1.7 L
❸ 0.1 L　❹ 1.9 L

きほん2 0.1、0.9、3.9　答え 3.9

❷ ㋐ 0.8cm　㋑ 4.2cm
㋒ 8.4cm　㋓ 13.7cm

きほん3 0.6　答え 0.6、1.5、3.2、3.9

❸

❹ 0.1、$\frac{9}{10}$、0.6、0.9

てびき ❶ 1Lますの目もりは10等分されているから、1目もりの大きさは、0.1Lを表しています。
❶ 0.1Lの6こ分で、0.6Lです。
❷ 1Lと0.7Lをあわせたかさで、1.7Lです。
❸ 0.1Lの1こ分で、0.1Lです。
❹ 1Lと0.9Lをあわせたかさで、1.9Lです。

❷ 1mmは、1cmを10等分した長さだから、$\frac{1}{10}$cmで、小数では0.1cmと表します。
㋐ 0.1cmの8こ分で、0.8cmです。
㋑ 4cm2mmだから、4.2cmです。
㋒ 8cm4mmだから、8.4cmです。
㋓ 13cm7mmだから13.7cmです。

❸ 数直線の1目もりの大きさは、0.1です。
㋐ 0.5は、0から右に5つ目の目もりにあたる小数です。
㋑ 1.1は、1から右に1つ目の目もりにあたる小数です。
㋒ 2.4は、2から右に4つ目の目もりにあた

る小数です。
㋓ 2.8 は、2 から右に 8 つ目の目もりにあたる小数です。

**たしかめよう!**

小数…1.4 や 0.2 のような数
整数…0、1、2、3、… のような数

1.4
↑
小数点

## 96・97 ページ きほんのワーク

きほん1 5、2、5、2、5、2、5、2　答え 0.7、0.3

**1** ❶ 0.8　❷ 1.4　❸ 8
❹ 0.2　❺ 0.1　❻ 0.3

きほん2 4、2 ➡.　9、0　答え 4.2、9

**2** ❶ 6.8　❷ 4.7　❸ 6.5
❹ 7.1　❺ 7.5　❻ 15.9
❼ 15.3　❽ 7　❾ 10

きほん3 2、8 ➡.　0、6 ➡.　答え 2.8、0.6

**3** ❶ 1.5　❷ 1.7　❸ 1.2
❹ 2.6　❺ 6　❻ 4
❼ 0.5　❽ 0.6

**てびき** ❶ 小数のたし算やひき算は、0.1 が何こになるかを考えます。
❶ 0.4 は 0.1 が 4 こ、0.4 は 0.1 が 4 こ。あわせて、0.1 が(4+4)こだから、0.1 が 8 こより、0.8 です。
❷ 0.6 は 0.1 が 6 こ、0.8 は 0.1 が 8 こ。あわせて、0.1 が(6+8)こだから、0.1 が 14 こより、1.4 です。
❸ 7.1 は 0.1 が 71 こ、0.9 は 0.1 が 9 こ。あわせて、0.1 が(71+9)こだから、0.1 が 80 こより、8.0 です。
このように、答えの$\frac{1}{10}$の位が 0 になったときは、0 はかかずに 8 と答えます。
❹ 0.7 は 0.1 が 7 こ、0.5 は 0.1 が 5 こ。ちがいは、0.1 が(7−5)こだから、0.1 が 2 こより、0.2 です。
❺ 1 は 0.1 が 10 こ、0.9 は 0.1 が 9 こ。ちがいは、0.1 が(10−9)こだから、0.1 が 1 こより、0.1 です。
❻ 1.1 は 0.1 が 11 こ、0.8 は 0.1 が 8 こ。ちがいは、0.1 が(11−8)こだから、0.1 が 3 こより、0.3 です。

❷ 小数のたし算を筆算で計算するときは、位をそろえてかき、整数の筆算と同じように計算して、上の小数点にそろえて答えの小数点をうちます。
❺ 4 は 4.0 と考えます。
❻ 8 は 8.0 と考えます。
❼ 9 は 9.0 と考えます。
❽❾ 答えの $\frac{1}{10}$ の位が 0 になったときは、0 をとります。

❶ $\begin{array}{r} 2.3\\ +\,4.5\\ \hline 6.8 \end{array}$　❷ $\begin{array}{r} 1.5\\ +\,3.2\\ \hline 4.7 \end{array}$　❸ $\begin{array}{r} 2.6\\ +\,3.9\\ \hline 6.5 \end{array}$

❹ $\begin{array}{r} 1.4\\ +\,5.7\\ \hline 7.1 \end{array}$　❺ $\begin{array}{r} 4\phantom{.0}\\ +\,3.5\\ \hline 7.5 \end{array}$　❻ $\begin{array}{r} 7.9\\ +\,8\phantom{.0}\\ \hline 15.9 \end{array}$

❼ $\begin{array}{r} 6.3\\ +\,9\phantom{.0}\\ \hline 15.3 \end{array}$　❽ $\begin{array}{r} 5.7\\ +\,1.3\\ \hline 7.\cancel{0} \end{array}$　❾ $\begin{array}{r} 4.7\\ +\,5.3\\ \hline 10.\cancel{0} \end{array}$

❸ 小数のひき算を筆算で計算するときは、位をそろえてかき、整数の筆算と同じように計算して、上の小数点にそろえて答えの小数点をうちます。
❸ 4 は 4.0 と考えます。
❹ 5 は 5.0 と考えます。
❺❻ 答えの $\frac{1}{10}$ の位が 0 になったときは、0 をとります。
❼❽ 計算して、$\frac{1}{10}$ の位に数はあるのに、一の位の数がなくなったときは、一の位に 0 をかいてから、小数点をうちます。

❶ $\begin{array}{r} 4.7\\ -\,3.2\\ \hline 1.5 \end{array}$　❷ $\begin{array}{r} 6.2\\ -\,4.5\\ \hline 1.7 \end{array}$　❸ $\begin{array}{r} 4\phantom{.0}\\ -\,2.8\\ \hline 1.2 \end{array}$

❹ $\begin{array}{r} 7.6\\ -\,5\phantom{.0}\\ \hline 2.6 \end{array}$　❺ $\begin{array}{r} 9.7\\ -\,3.7\\ \hline 6.\cancel{0} \end{array}$　❻ $\begin{array}{r} 8.3\\ -\,4.3\\ \hline 4.\cancel{0} \end{array}$

❼ $\begin{array}{r} 2.4\\ -\,1.9\\ \hline 0.5 \end{array}$　❽ $\begin{array}{r} 9.2\\ -\,8.6\\ \hline 0.6 \end{array}$

**たしかめよう!**

小数のたし算とひき算の筆算では、位をそろえてかくことが大切です。

## 98 ページ 練習のワーク❶

**1** ❶ 1　❷ 1.4、14　❸ 7.3
❹ 0.8

**2** ㋐ 2.2　㋑ 4.5　㋒ 6.7

**3** ❶ 0＜0.1
❷ 1.5＞0.6
❸ $\frac{7}{10}$=0.7
❹ 0.9＜$\frac{10}{10}$

❹ ① 6.4　② 8.5　③ 5
④ 0.5　⑤ 7　⑥ 7.2

てびき ❶② 1dL は、1L を 10 等分したかさだから、
1dL=0.1L より、1L4dL=1.4L です。
1.4 は、0.1 を 14 こ集めた数です。
③ 1mm は、1cm を 10 等分した長さだから、1mm=0.1cm より、3mm=0.3cm です。
❷ 数直線の 1 目もりの大きさは、0.1 です。
❸ 数直線に表すか、または、0.1 や $\frac{1}{10}$ が何こかを考えて、数の大きさをくらべます。
② 1.5 は 0.1 が 15 こ、0.6 は 0.1 が 6 こだから、1.5 のほうが大きい数です。
③ $\frac{7}{10}$ は 0.1 が 7 こ、0.7 は 0.1 が 7 こだから、$\frac{7}{10}$ と 0.7 は大きさが等しい数です。
④ 0.9 は 0.1 が 9 こ、$\frac{10}{10}$ は 0.1 が 10 こだから、$\frac{10}{10}$ のほうが大きい数です。
❹ ① $\begin{array}{r}4.6\\+1.8\\\hline 6.4\end{array}$　② $\begin{array}{r}2.5\\+6\\\hline 8.5\end{array}$　③ $\begin{array}{r}3.6\\+1.4\\\hline 5.0\end{array}$
④ $\begin{array}{r}1.4\\-0.9\\\hline 0.5\end{array}$　⑤ $\begin{array}{r}9.6\\-2.6\\\hline 7.0\end{array}$　⑥ $\begin{array}{r}8\\-0.8\\\hline 7.2\end{array}$

## 99ページ 練習のワーク❷

❶ ① 0.3　② 4、2　③ 6、8
④ 2
❷ ① 13　② 5、7　③ 2
❸ ① 17.2　② 13.3　③ 11
④ 3.6　⑤ 6.2　⑥ 0.9
❹ ① 式 0.9+1.5=2.4　答え 2.4km
② 式 1.5−0.9=0.6
答え 今日のほうが 0.6km 多く走った。

てびき ❷① 0.1 を 10 こ集めた数は 1 だから、1.3 は、0.1 を 13 こ集めた数です。
② 5.7 は 5 と 0.7 をあわせた数です。
③ 0.1 を 20 こ集めた数は 2 です。
❸ ① $\begin{array}{r}7.4\\+9.8\\\hline 17.2\end{array}$　② $\begin{array}{r}8\\+5.3\\\hline 13.3\end{array}$　③ $\begin{array}{r}3.8\\+7.2\\\hline 11.0\end{array}$
④ $\begin{array}{r}6.5\\-2.9\\\hline 3.6\end{array}$　⑤ $\begin{array}{r}9.2\\-3\\\hline 6.2\end{array}$　⑥ $\begin{array}{r}5.6\\-4.7\\\hline 0.9\end{array}$

## 100ページ まとめのテスト❶

**1** ① 11.9　② 13.1　③ 16.4
④ 12　⑤ 14.1　⑥ 3.5
⑦ 4.4　⑧ 1.3　⑨ 4
**2** あ 0.8　い 3.4　う 7.2

**3** ① <　② >　③ =
**4** 式 2.6+1.4=4　答え 4m
**5** 式 5.2−1.3=3.9　答え 3.9kg

てびき **1** ① $\begin{array}{r}5.3\\+6.6\\\hline 11.9\end{array}$　② $\begin{array}{r}4.9\\+8.2\\\hline 13.1\end{array}$
③ $\begin{array}{r}7.4\\+9\\\hline 16.4\end{array}$　④ $\begin{array}{r}2.5\\+9.5\\\hline 12.0\end{array}$　⑤ $\begin{array}{r}6.8\\+7.3\\\hline 14.1\end{array}$
⑥ $\begin{array}{r}9.2\\-5.7\\\hline 3.5\end{array}$　⑦ $\begin{array}{r}8.4\\-4\\\hline 4.4\end{array}$　⑧ $\begin{array}{r}3.2\\-1.9\\\hline 1.3\end{array}$
⑨ $\begin{array}{r}7.6\\-3.6\\\hline 4.0\end{array}$
**2** 目もり 1 つ分は、0.1 です。
あ 0 から右に目もり 8 つ分だから、0.8 です。
い 3 から右に目もり 4 つ分だから、3.4 です。
う 7 から右に目もり 2 つ分だから、7.2 です。
**3** 数直線に表すか、または、0.1 や $\frac{1}{10}$ が何こかを考えて、数の大きさをくらべます。
① $\frac{9}{10}$ は 0.1 が 9 こ、1.1 は 0.1 が 11 こだから、1.1 のほうが大きい数です。
② 4.2 は 0.1 が 42 こ、3.7 は 0.1 が 37 こだから、4.2 のほうが大きい数です。
③ 0.8 は 0.1 が 8 こ、$\frac{8}{10}$ は 0.1 が 8 こだから、0.8 と $\frac{8}{10}$ は大きさが等しい数です。

## 101ページ まとめのテスト❷

**1** ① 6、2　② 3.8　③ 7.4
④ 3.5　⑤ 86
**2** ① 2.9　② 7.7　③ 7.1
④ 11.3　⑤ 8　⑥ 7.2
⑦ 0.5　⑧ 6.2　⑨ 3
**3** 式 7.3+4.9=12.2　答え 12.2cm
**4** 式 3.4−1.8=1.6　答え 1.6L
**5** 式 1.6−0.9=0.7　答え 0.7km

てびき **1** ❶ 6.2は、6と0.2をあわせた数です。

❷ 4は0.1が40こ、0.2は0.1が2こだから、
40−2=38より、答えは0.1が38この数になります。

❹ 35を30と5に分けて考えます。
0.1が30こで3、0.1が5こで0.5だから、3.5になります。

❺ 8.6は8と0.6をあわせた数です。
8は0.1が80こ、0.6は0.1が6こだから、あわせて0.1を86こ集めた数です。

**2** ❶ $\begin{array}{r} 0.3 \\ +\,2.6 \\ \hline 2.9 \end{array}$ ❷ $\begin{array}{r} 4.2 \\ +\,3.5 \\ \hline 7.7 \end{array}$ ❸ $\begin{array}{r} 5.2 \\ +\,1.9 \\ \hline 7.1 \end{array}$

❹ $\begin{array}{r} 3 \\ +\,8.3 \\ \hline 11.3 \end{array}$ ❺ $\begin{array}{r} 2.4 \\ +\,5.6 \\ \hline 8.0 \end{array}$ ❻ $\begin{array}{r} 7.6 \\ -\,0.4 \\ \hline 7.2 \end{array}$

❼ $\begin{array}{r} 6.4 \\ -\,5.9 \\ \hline 0.5 \end{array}$ ❽ $\begin{array}{r} 9 \\ -\,2.8 \\ \hline 6.2 \end{array}$ ❾ $\begin{array}{r} 8.5 \\ -\,5.5 \\ \hline 3.0 \end{array}$

**3** 次のように計算しましょう。 $\begin{array}{r} 7.3 \\ +\,4.9 \\ \hline 12.2 \end{array}$

**4** 次のように計算しましょう。 $\begin{array}{r} 3.4 \\ -\,1.8 \\ \hline 1.6 \end{array}$

**5** 次のように計算しましょう。 $\begin{array}{r} 1.6 \\ -\,0.9 \\ \hline 0.7 \end{array}$

## ⑲ 2けたをかけるかけ算の筆算

### 102・103ページ きほんのワーク

きほん1 60、10、600 答え 600

❶ ❶ 260 ❷ 420 ❸ 880
❹ 480 ❺ 80 ❻ 350
❼ 2520 ❽ 1600 ❾ 3000

❷ 式 18×40=720 答え 720こ

❸ 式 76×20=1520 答え 1520円

きほん2 900、180、1080 答え 1080

❹ 式 28×35=980 答え 980まい

きほん3 2、6➡3、9➡4、1、6 答え 416

❺ ❶ $\begin{array}{r} 23 \\ \times\,13 \\ \hline 69 \\ 23\phantom{0} \\ \hline 299 \end{array}$ ❷ $\begin{array}{r} 12 \\ \times\,34 \\ \hline 48 \\ 36\phantom{0} \\ \hline 408 \end{array}$ ❸ $\begin{array}{r} 43 \\ \times\,21 \\ \hline 43 \\ 86\phantom{0} \\ \hline 903 \end{array}$

てびき ❶ ❶ 13×2=26だから、13×20=(13×2)×10=260

❷ 14×3=42だから、
14×30=(14×3)×10=420

❸ 11×8=88だから、
11×80=(11×8)×10=880

❹ 16×3=48だから、
16×30=(16×3)×10=480

❺ 4×2=8だから、
4×20=(4×2)×10=80

❻ 7×5=35だから、
7×50=(7×5)×10=350

❼ 42×6=252だから、
42×60=(42×6)×10=2520

❽ 2×8=16だから、
20×80=(2×8)×(10×10)=1600

❾ 5×6=30だから、
50×60=(5×6)×(10×10)=3000

❷ 1箱のキャラメルの数×箱の数=全部の数だから、式は18×40です。
計算は 18×40=(18×4)×10
=72×10
=720になります。

❸ 1本のねだん×買う数=代金だから、式は76×20です。
計算は 76×20=(76×2)×10
=152×10
=1520になります。

❹ 1人分の数×配る人数=全部の数だから、式は28×35です。
計算は35を30と5に分けて計算します。
28×30=840
28× 5=140
あわせて980

### 104・105ページ きほんのワーク

きほん1 4、0、5➡1、3、5➡1、7、5、5
答え 1755

❶ ❶ $\begin{array}{r} 15 \\ \times\,73 \\ \hline 45 \\ 105\phantom{0} \\ \hline 1095 \end{array}$ ❷ $\begin{array}{r} 24 \\ \times\,44 \\ \hline 96 \\ 96\phantom{0} \\ \hline 1056 \end{array}$ ❸ $\begin{array}{r} 82 \\ \times\,59 \\ \hline 738 \\ 410\phantom{0} \\ \hline 4838 \end{array}$

❹ $\begin{array}{r} 46 \\ \times\,25 \\ \hline 230 \\ 92\phantom{0} \\ \hline 1150 \end{array}$

きほん2 3、5、0、4、0、0、4、3、5、0
7、8、7、8、0 ➡ 7、8

答え 4350、780

❷ ❶ 1260　❷ 840　❸ 2520

❸ 式 18×24=432　答え 432 こ

きほん3 4、2、6 ➡ 8、5、2 ➡ 8、9、4、6

答え 8946

❹ ❶
```
   133
 ×  23
   399
  266
  3059
```
❷
```
   343
 ×  12
   686
  343
  4116
```
❸
```
    239
 ×   48
   1912
   956
  11472
```
❹
```
    300
 ×   95
   1500
  2700
  28500
```
❺
```
    805
 ×   76
   4830
  5635
  61180
```
❻
```
    902
 ×   57
   6314
  4510
  51414
```
❼
```
    417
 ×   52
    834
  2085
  21684
```
❽
```
    675
 ×   84
   2700
  5400
  56700
```
❾
```
    600
 ×   39
   5400
  1800
  23400
```

てびき ❶ 2けたの数をかける筆算で、かけられる数にかける数の十の位の数をかけるとき、何十の数をかけていることから、左に1けたずらして十の位からかいていくことに注意しましょう。

❷❶ かけられる数とかける数のじゅんじょをかえて、21×60として計算することもできます。

❷❸ かける数の一の位が0のときは、筆算では0をかける計算をかかないで、1だんでかくことができます。

❶
```
   60
  ×21
   60
  120
  1260
```
❷
```
   14
  ×60
  840
```
❸
```
    36
   ×70
  2520
```

❸ [1箱にはいっているあめの数]×[箱の数]=[全部の数]だから、式は18×24です。
計算は、筆算でします。
```
   18
  ×24
   72
  36
  432
```

## 106ページ 練習のワーク❶

❶ ❶ 320　❷ 840　❸ 2910

❷ ❶ 667　❷ 2790　❸ 1344
❹ 39664　❺ 76800　❻ 48212

❸ ❶
```
    63
   ×75
   315
  441
  4725
```
❷
```
    940
  ×  32
   1880
  2820
  30080
```

❹ 式 16×25=400　答え 400 まい

❺ 式 247×35=8645　答え 8645 まい

てびき ❶ 何十をかける計算は、かける数の0をとった数をかけてから、10倍するともとめられます。

❷ 筆算は、次のようになります。

❶
```
   29
  ×23
   87
  58
  667
```
❷
```
    62
   ×45
   310
  248
  2790
```
❸
```
    42
   ×32
    84
  126
  1344
```
❹
```
    536
  ×  74
   2144
  3752
  39664
```
❺ 96×800とするとかんたんです。
```
     96
   ×800
  76800
```
❻
```
    709
  ×  68
   5672
  4254
  48212
```

❹ [1まいからできるカードの数]×[画用紙の数]=[全部のカードの数]だから、式は16×25です。
```
   16
  ×25
   80
  32
  400
```

❺ [1分間にいんさつする数]×[時間]=[全部の数]だから、式は247×35です。
```
   247
 ×  35
  1235
  741
  8645
```

## 107ページ 練習のワーク❷

❶ ❶ 450
❷ 1360
❸ 2400

❷ ❶
```
    35
   ×43
   105
  140
  1505
```
❷
```
    78
   ×65
   390
  468
  5070
```
❸
```
    83
   ×56
   498
  415
  4648
```
❹
```
    60
   ×72
   120
  420
  4320
```

⑤ $$\begin{array}{r} 920 \\ \times\ 47 \\ \hline 6440 \\ 3680\phantom{0} \\ \hline 43240 \end{array}$$

⑥ $$\begin{array}{r} 496 \\ \times\ 23 \\ \hline 1488 \\ 992\phantom{0} \\ \hline 11408 \end{array}$$

⑦ $$\begin{array}{r} 504 \\ \times\ 39 \\ \hline 4536 \\ 1512\phantom{0} \\ \hline 19656 \end{array}$$

⑧ $$\begin{array}{r} 300 \\ \times\ 84 \\ \hline 1200 \\ 2400\phantom{0} \\ \hline 25200 \end{array}$$

❸ 式 24×19=456

答え 456本

❹ 式 765×27=20655

答え 20655円

てびき

❸ $$\begin{array}{r} 24 \\ \times 19 \\ \hline 216 \\ 24\phantom{0} \\ \hline 456 \end{array}$$

❹ $$\begin{array}{r} 765 \\ \times\ 27 \\ \hline 5355 \\ 1530\phantom{0} \\ \hline 20655 \end{array}$$

## 108ページ まとめのテスト❶

**1**

❶ $$\begin{array}{r} 50 \\ \times 29 \\ \hline 450 \\ 100\phantom{0} \\ \hline 1450 \end{array}$$

❷ $$\begin{array}{r} 85 \\ \times 40 \\ \hline 3400 \end{array}$$

❸ $$\begin{array}{r} 36 \\ \times 86 \\ \hline 216 \\ 288\phantom{0} \\ \hline 3096 \end{array}$$

❹ $$\begin{array}{r} 98 \\ \times 45 \\ \hline 490 \\ 392\phantom{0} \\ \hline 4410 \end{array}$$

❺ $$\begin{array}{r} 73 \\ \times 96 \\ \hline 438 \\ 657\phantom{0} \\ \hline 7008 \end{array}$$

❻ $$\begin{array}{r} 57 \\ \times 38 \\ \hline 456 \\ 171\phantom{0} \\ \hline 2166 \end{array}$$

❼ $$\begin{array}{r} 452 \\ \times\ 65 \\ \hline 2260 \\ 2712\phantom{0} \\ \hline 29380 \end{array}$$

❽ $$\begin{array}{r} 680 \\ \times\ 29 \\ \hline 6120 \\ 1360\phantom{0} \\ \hline 19720 \end{array}$$

❾ $$\begin{array}{r} 905 \\ \times\ 72 \\ \hline 1810 \\ 6335\phantom{0} \\ \hline 65160 \end{array}$$

❿ $$\begin{array}{r} 286 \\ \times\ 84 \\ \hline 1144 \\ 2288\phantom{0} \\ \hline 24024 \end{array}$$

⓫ $$\begin{array}{r} 800 \\ \times\ 99 \\ \hline 7200 \\ 7200\phantom{0} \\ \hline 79200 \end{array}$$

⓬ $$\begin{array}{r} 525 \\ \times\ 48 \\ \hline 4200 \\ 2100\phantom{0} \\ \hline 25200 \end{array}$$

**2** 式 72×69=4968　答え 4968まい

**3** 式 335×26=8710　答え 8kg710g

てびき

**2** $$\begin{array}{r} 72 \\ \times 69 \\ \hline 648 \\ 432\phantom{0} \\ \hline 4968 \end{array}$$

**3** $$\begin{array}{r} 335 \\ \times\ 26 \\ \hline 2010 \\ 670\phantom{0} \\ \hline 8710 \end{array}$$

## 109ページ まとめのテスト❷

**1** ❶ 780　❷ 980　❸ 1750　❹ 5580　❺ 3200　❻ 1500

**2** ❶ 868　❷ 989　❸ 560　❹ 1700　❺ 5184　❻ 24017　❼ 39420　❽ 18000　❾ 54720

**3** 式 53×27=1431　答え 14m31cm

**4** 式 440×32=14080　答え 14080円

てびき **2** 筆算は、次のようになります。

❶ $$\begin{array}{r} 14 \\ \times 62 \\ \hline 28 \\ 84\phantom{0} \\ \hline 868 \end{array}$$

❷ $$\begin{array}{r} 23 \\ \times 43 \\ \hline 69 \\ 92\phantom{0} \\ \hline 989 \end{array}$$

❸ $$\begin{array}{r} 35 \\ \times 16 \\ \hline 210 \\ 35\phantom{0} \\ \hline 560 \end{array}$$

❹ $$\begin{array}{r} 50 \\ \times 34 \\ \hline 200 \\ 150\phantom{0} \\ \hline 1700 \end{array}$$

❺ $$\begin{array}{r} 432 \\ \times\ 12 \\ \hline 864 \\ 432\phantom{0} \\ \hline 5184 \end{array}$$

❻ $$\begin{array}{r} 329 \\ \times\ 73 \\ \hline 987 \\ 2303\phantom{0} \\ \hline 24017 \end{array}$$

❼ $$\begin{array}{r} 730 \\ \times\ 54 \\ \hline 2920 \\ 3650\phantom{0} \\ \hline 39420 \end{array}$$

❽ $$\begin{array}{r} 500 \\ \times\ 36 \\ \hline 3000 \\ 1500\phantom{0} \\ \hline 18000 \end{array}$$

36×500とすると
かんたんです。

$$\begin{array}{r} 36 \\ \times 500 \\ \hline 18000 \end{array}$$

❾ $$\begin{array}{r} 608 \\ \times\ 90 \\ \hline 54720 \end{array}$$

**3** $$\begin{array}{r} 53 \\ \times 27 \\ \hline 371 \\ 106\phantom{0} \\ \hline 1431 \end{array}$$

**4** $$\begin{array}{r} 440 \\ \times\ 32 \\ \hline 880 \\ 1320\phantom{0} \\ \hline 14080 \end{array}$$

# ⑳ □を使った式

## 110・111ページ きほんのワーク

きほん1 7、32、25　答え 25

❶ 式 □+8=22　答え 14人

きほん2 25、6、19　答え 19

❷ 式 42−□=18　答え 24まい

きほん3 9、72、8　答え 8

❸ 式 □×2=42　答え 21円

きほん4 35、7、5　答え 5

❹ 式 56÷□=8　答え 7人

てびき ❶ はじめに乗っていた人数
＋あとから乗ってきた人数＝全部の数
だから、式は□＋8＝22 です。

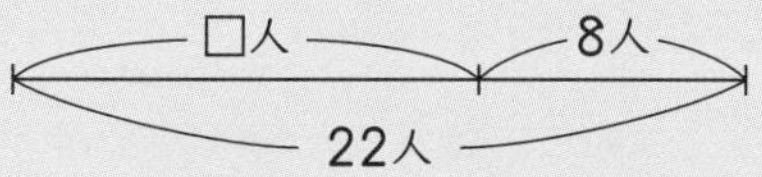


□は 22 より 8 小さい数だから、
□＝22－8
□＝14

❷ 持っていた数－あげた数＝のこりの数
だから、式は 42－□＝18 です。

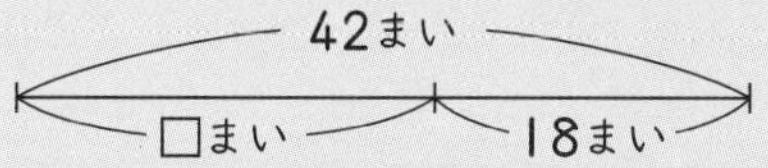


□は 42 より 18 小さい数だから、
□＝42－18
□＝24

❸ 1このねだん×買う数＝代金 だから、
式は□×2＝42 です。

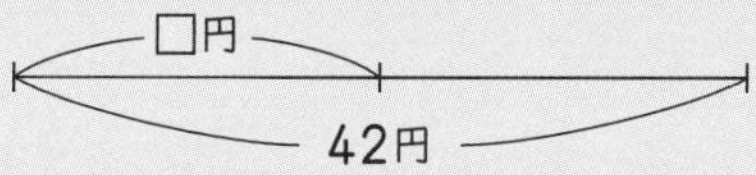


□は 42 を同じ数ずつ 2 つに分けた数だから、
□＝42÷2
□＝21

❹ はじめの数 ÷ 分けた人数 ＝ 1人分の数
だから、式は 56÷□＝8 です。

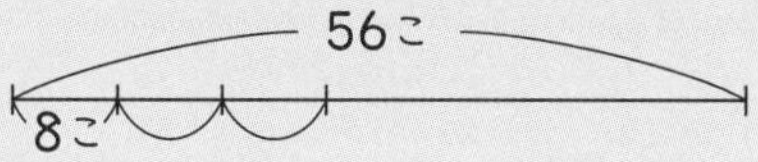


□は 56 を 8 ずつに分けた数だから、
□＝56÷8＝7
□＝7

**たしかめよう!**

わからない数を□として式をかくときは、ことばの式を使って考えましょう。また、□にあてはまる数は、□にいろいろな数をあてはめたり、図にかいたりして考えます。

## 112ページ 練習のワーク

**1** ❶ 式 58＋□＝73 答え 15 箱
❷ 式 □－300＝500 答え 800 円
❸ 式 □×3＝27 答え 9 本
❹ 式 6×□＝54 答え 9 箱
❺ 式 72÷□＝9 答え 8 人

てびき **1** ❶ きのうまでにつくった数
＋今日つくった数＝全部の数 だから、
式は 58＋□＝73 です。
□は 73 より 58 小さい数だから、
□＝73－58
□＝15

❷ 持って行った金がく－使った金がく
＝のこりの金がく だから、
式は□－300＝500 です。
□は 500 より 300 大きい数だから、
□＝500＋300
□＝800

❸ ある数の 3 倍の数をもとめるときは、かけ算で計算するから、
まおさんの数×3＝はるかさんの数 だから、
式は□×3＝27 です。
□は 27 を同じ数ずつ 3 つに分けた数だから、
□＝27÷3
□＝9

❹ 1箱の数×箱の数＝全部の数 だから、
式は 6×□＝54 です。
□は 54 を 6 ずつに分けた数だから、
□＝54÷6
□＝9

❺ はじめの数÷分けた人数＝1人分の数
だから、式は 72÷□＝9 です。
□は 72 を 9 ずつに分けた数だから、
□＝72÷9
□＝8

## 113ページ まとめのテスト

**1** ❶ 式 □＋10＝23 答え 13 こ
❷ 式 400－□＝314 答え 86 まい
❸ 式 □－150＝550 答え 700mL
❹ 式 □×4＝36 答え 9 こ
❺ 式 □÷8＝6 答え 48 本

てびき **1** ❶ はじめの数＋買ってきた数＝
全部の数 だから、式は□＋10＝23 です。
□は 23 より 10 小さい数だから、
□＝23－10
□＝13

❷ はじめの数－使った数＝のこりの数
だから、式は 400－□＝314 です。
□は、400 より 314 小さい数だから、
□＝400－314
□＝86

❸ はじめのかさ－飲んだかさ＝のこりのかさ

だから、式は□−150=550です。
□は550より150大きい数だから、
□=550+150
□=700
❹ ある数の4倍をもとめるときは、かけ算で計算するから、
弟の数×4=やすおさんの数だから、
式は□×4=36です。
□は36を同じ数ずつ4つに分けた数だから、
□=36÷4
□=9
❺ はじめの数÷1たばの花の数=たばの数
だから、式は□÷8=6です。
□は8の6倍の数だから、
□=8×6
□=48

## そろばん

### 114・115ページ きほんのワーク

きほん1 2、8、5、285　答え 285
1 ❶ 1701　❷ 54026
きほん2 答え 86
2 ❶ 79　❷ 46　❸ 142
❹ 139
きほん3 答え 22
3 ❶ 25　❷ 51　❸ 44
❹ 43
きほん4 答え 16万、1.7
4 ❶ 12万　❷ 4万　❸ 2.3
❹ 1.5

## わくわくSDGs

### 116ページ 学びのワーク

きほん1 30、1620、1、620
答え 1、620
1 ❶ 19kg440g
❷ 7kg200g

てびき
❶ 1620×12=19440
19440g=19kg440g
❷ 1か月は、20×30=600(g)
1年は、600×12=7200(g)
7200g=7kg200g

## もうすぐ4年生

### 117ページ まとめのテスト❶

1 ❶ 3604000　❷ $\frac{7}{8}$
❸ 2.9
2 ❶ 1093　❷ 67
❸ 6あまり4　❹ 6
❺ 6あまり5　❻ 603
❼ 836　❽ 31175
❾ $\frac{8}{9}$　❿ $\frac{5}{6}$
⓫ 9　⓬ 2.8
3 ㋐ 9860万　㋑ 1億
4 ❶ 82、18　❷ 48、7
❸ 2
5 式 68÷8=8あまり4
答え 8本できて、4cmあまる。

てびき
1 ❶ 0になる位に気をつけましょう。

| | |
|---|---|
| 3000000 | ←100万を3こ |
| 600000 | ←10万を6こ |
| 4000 | ←千を4こ |
| 3604000 | |

❸ 1を2こで2、0.1を9こで0.9だから、あわせて2.9です。
2 ❸ 5のだんを九九で、五六30だから、答えは6で、34−30=4だから、あまりは4です。

❻ 67×9=603
❼ 209×4=836
❽ 725×43：2175、2900、31175

❿ 1は$\frac{6}{6}$だから、$\frac{6}{6}-\frac{1}{6}=\frac{5}{6}$です。

3 数直線の1目もりの大きさは、
9800万と9900万の間を10等分しているから、10万です。
㋐は9800万より右に6つ目の目もりにあたる数です。
㋑は9900万より右に10こ目の目もりにあたる数だから、
位が1つ上がって1億になります。
4 (●+▲)×■=●×■+▲×■
(●−▲)×■=●×■−▲×■ です。
5 8のだんの九九を使って、答えをもとめます。

## 118ページ まとめのテスト❷

**1** ❶

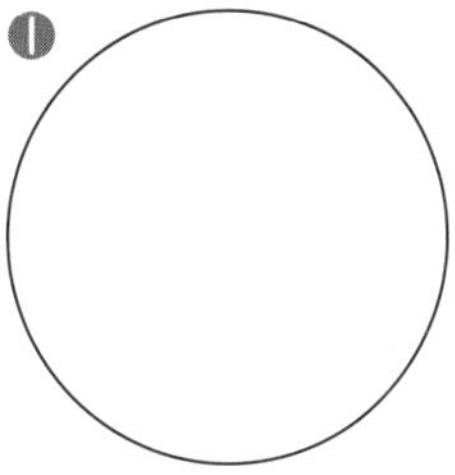

❷

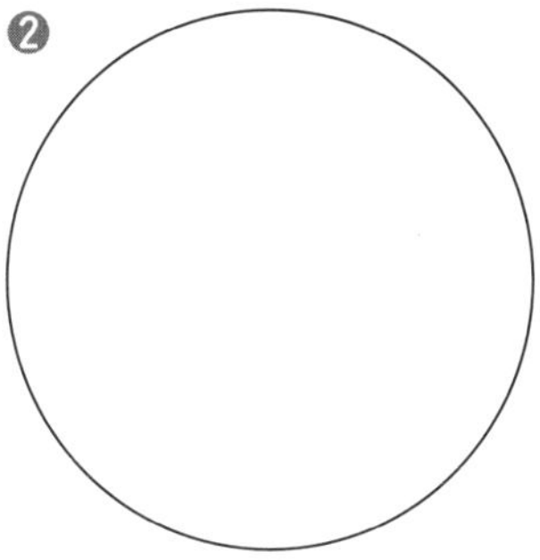

**2** ❶ 正三角形

❷ 1.5cm

**3** ❶

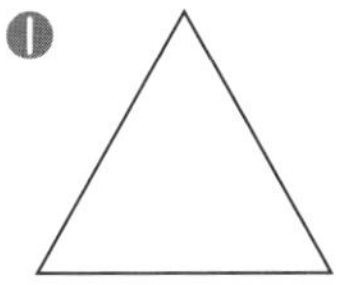

名前　正三角形

❷

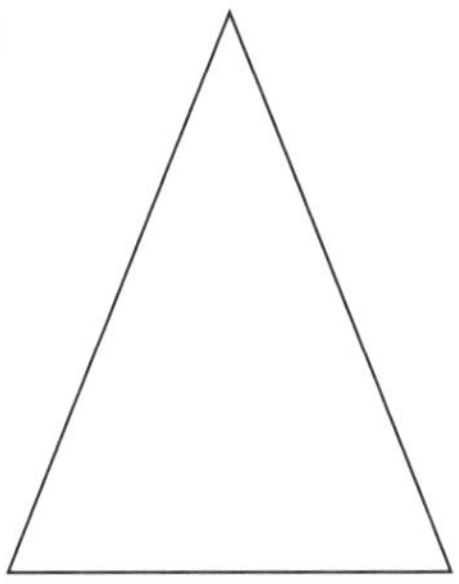

名前　二等辺三角形

てびき **2** 三角形㋐と㋑は、どちらも辺の長さがみんな半径と等しい正三角形です。コンパスを使(つか)って、長さをかくにんしましょう。

## 119ページ まとめのテスト❸

**1** ❶ 8、7　❷ 2300
❸ 70　❹ 5、570
❺ 1000　❻ 6、8

**2** 35分あとの時こく…4時5分
35分前の時こく…2時55分

**3** ❶ 560g
❷ 560g

**4**

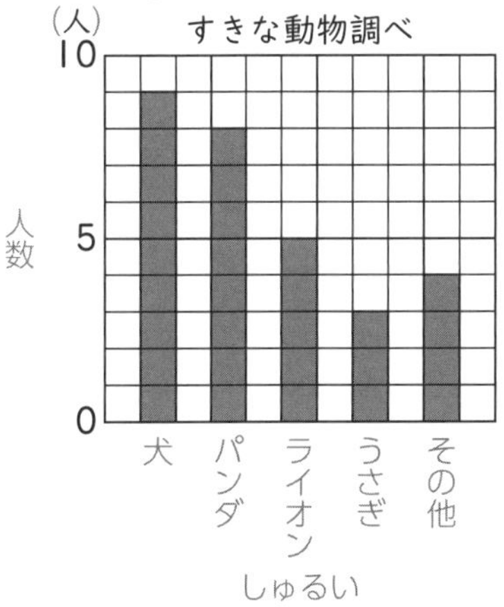


てびき **1** たんいの関係をおぼえましょう。

1cm＝10mm　1km＝1000m
1分＝60秒　1kg＝1000g
1t＝1000kg　1L＝10dL

**2**

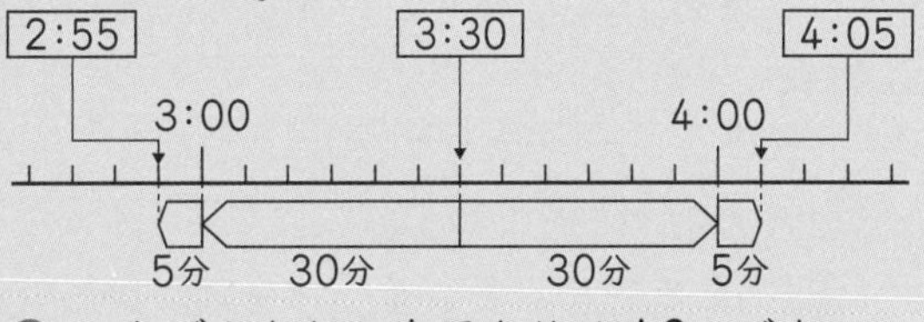

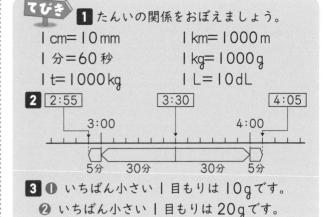

**3** ❶ いちばん小さい1目もりは10gです。
❷ いちばん小さい1目もりは20gです。

## 120ページ まとめのテスト❹

**1** 式 $9\times4\times3=108$　答え 108こ

**2** 式 $25+38=63$
$120-63=57$　答え 57cm

**3** 式 $18+25+107=150$　答え 150ページ

**4** 式 $85\times12=1020$
$1020+180=1200$　答え 1200円

**5** 式 $(8+3)\times6=66$
または、
$(8\times6)+(3\times6)=66$　答え 66まい

てびき **1**
皿のおはじきの数 →(4倍) 箱のおはじきの数 →(3倍) ふくろのおはじきの数
じゅんに考えるだけではなく、ふくろのおはじきの数が皿のおはじきの数の何倍になるかを考えてからもとめることもできます。
9この(4×3)倍です。

**2** けんとさんの分＋らんさんの分＋しんじさんの分＝全部の長さ
だから、
しんじさんの分を□cmとすると、
式は25＋38＋□＝120です。

**3** 全部のページ数は、
きのうよんだ分＋今日よんだ分＋のこりのページ数でもとめます。

**4** 持っていたお金は、
おかしの代金＋のこりのお金でもとめます。

**5** 全部のまい数＝1組のまい数×つくる数
だから、式は(8＋3)×6になります。
全部のまい数
＝大きいかざりに使うまい数
＋小さいかざりに使うまい数と考えるときは、
式は(8×6)＋(3×6)になります。

# 実力判定テスト 答えとてびき

## 夏休みのテスト①

**1** ❶ 9　❷ 10

**2** ❶ 40　❷ 0　❸ 0　❹ 7
❺ 3　❻ 10　❼ 31

**3** ❶ 式 56÷8＝7　答え 7cm
❷ 式 56÷7＝8　答え 8本

**4** 45分

**5** ❶ 1150　❷ 5901　❸ 292
❹ 5808

**6** ❶ 72051064
❷ 832000
❸ 100000000
❹ 5260

**7**

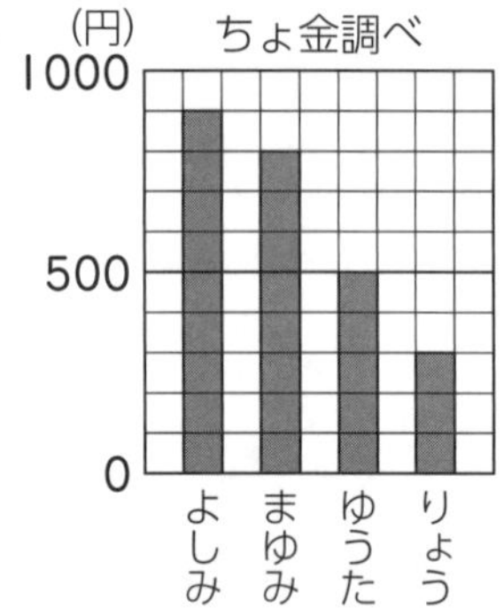


**てびき**

**1** ❶ 9のだんでは、かける数が1ふえると、答えは9大きくなります。
9×3＝9×4－9なので、□は9です。

**2** ❻ 90は、10が9こです。90÷9は、10が(9÷9)こなので、90÷9＝10
❼ 62は、60と2をあわせた数です。60÷2＝30、2÷2＝1なので、62÷2の答えは、30＋1＝31

**4** ちょうどの時こくの午後4時をもとにして考えます。午後3時50分から午後4時までは10分、午後4時から午後4時35分までは35分なので、あわせて45分です。

**6** ❸ 10倍すると、位が1つ上がり、右はしに0を1こつけた数になります。
❹ 一の位の数が0の数を10でわると、位が1つ下がり、一の位の0をとった数になります。

**7** たてのじくの目もりは、いちばん多い900円がかけるようにすればよいので、1目もり100円にします。

## 夏休みのテスト②

**1** ❶ 60　❷ 0　❸ 0
❹ 5　❺ 0　❻ 1
❼ 40　❽ 11

**2** ❶ 式 27÷3＝9　答え 9人
❷ 式 27÷9＝3　答え 3こ

**3** ❶ 663　❷ 8061　❸ 577
❹ 388

**4** ❶ 1、25　❷ 190

**5** 2時30分

**6** (あ)7400万　(い)8700万　(う)9500万
(え)1億

**7** ❶ (あ)23　(い)13　(う)36　(え)14　(お)7
(か)21　(き)37　(く)20　(け)57
❷ 57台

**てびき**

**1** ❷❸ どんな数に0をかけても答えは0になります。

**2** ❶ □人に分けられるとすると、3×□＝27となります。□にあてはまる数は、27÷3でもとめることができます。
❷ 1人分は□こになるとすると、□×9＝27です。□にあてはまる数は、27÷9でもとめることができます。

**3** 位をそろえて一の位からじゅんに計算します。

**4** 1分＝60秒です。

**5** ちょうどの時こくの2時をもとにして考えます。
1時50分から2時までは、10分です。2時から(40－10)分後の時こくは、2時30分です。

**6** いちばん小さい1目もりは、10こで1000万になる数だから、100万を表します。
(え)は9000万より目もり10こ分(1000万)右にあります。9000万より1000万大きい数は1億です。

**7** ❶ (あ)＋(い)＝(う)、(え)＋(お)＝(か)、(あ)＋(え)＝(き)、(い)＋(お)＝(く)、(う)＋(か)＝(け)です。(け)は、(き)＋(く)でももとめることができます。
❷ 表の(け)に入る数が、10分間に、校門の前の道を通った乗用車とトラックの台数の合計になります。

## 冬休みのテスト①

**1** ❶ 6050　❷ 2、78

**2** ❶ 答え 6 あまり 2　たしかめ 6×6+2=38

❷ 答え 5 あまり 3　たしかめ 9×5+3=48

**3** 式 28÷6=4 あまり 4

4+1=5　答え 5 台

**4** ❶ 5000　❷ 2000　❸ 2500

❹ 6、450

**5** 6cm

**6** 式 24÷6=4　答え 4 倍

**7** ❶ 240　❷ 4500　❸ 336

❹ 3647

**8** ❶ $\frac{3}{6}$　❷ $\frac{5}{7}$　❸ $\frac{4}{9}$　❹ $\frac{8}{10}$

**9** ❶ 式 $\frac{6}{8}+\frac{2}{8}=1$　答え 1L

❷ 式 $\frac{6}{8}-\frac{2}{8}=\frac{4}{8}$　答え $\frac{4}{8}$L

**てびき**

**1** 1km=1000m です。

**2** わり算のあまりは、わる数よりも小さくなるようにします。また、わり算の答えをたしかめるときは、

(わる数)×(答え)+(あまり)=(わられる数)となることをかくにんします。

**3** 28÷6=4 あまり 4 より、4 台のゴンドラに乗ったあと、4 人の子どもがあまることがわかります。

あまった 4 人の子どもを乗せるために、ゴンドラがもう 1 台ひつようなので、4+1=5 より 5 台が答えです。

**4** 1kg=1000g、1t=1000kg です。

**5** この円の直径は、正方形の 1 つの辺の長さと等しいので、12cm です。円の半径は、直径の半分なので、6cm です。

**6** 6 まいの何倍かが 24 まいなので、6×□=24 となります。□にあてはまる数は、24÷6 でもとめることができます。

**7** ❷ 900 は 100 が 9 こです。900×5 は、100 が(9×5)こなので、900×5=4500

**8** ❶ $\frac{2}{6}$は、$\frac{1}{6}$が 2 こです。

$\frac{1}{6}+\frac{2}{6}$は、$\frac{1}{6}$が(1+2)こなので、

$\frac{1}{6}+\frac{2}{6}=\frac{3}{6}$

❹ $1=\frac{10}{10}$です。

## 冬休みのテスト②

**1** 1km100m

**2** ❶ 答え 4 あまり 1　たしかめ 6×4+1=25

❷ 答え 7 あまり 3　たしかめ 7×7+3=52

**3** 式 39÷4=9 あまり 3

答え 9 本できて、3m のこる。

**4** ❶ 420g　❷ 2700g(2kg700g)

**5** ❶ 100　❷ 8

**6** たて…18cm　横…12cm

**7** ❶ 480　❷ 4900　❸ 152

❹ 2334

**8** ❶ $\frac{5}{8}$　❷ 1　❸ $\frac{6}{10}$　❹ $\frac{2}{4}$

**9** ❶ 式 $\frac{3}{7}+\frac{2}{7}=\frac{5}{7}$　答え $\frac{5}{7}$m

❷ 式 $\frac{3}{7}-\frac{2}{7}=\frac{1}{7}$　答え $\frac{1}{7}$m

**てびき**

**1** 300m+800m=1100m で 1km=1000m なので、

1100m=1km100m となります。

**3** あまりは、わる数よりも小さくなるようにします。

**4** ❶ 1000g まではかれるはかりで、いちばん小さい 1 目もりは 20g を表しています。

❷ 4000g まではかれるはかりで、いちばん小さい 1 目もりは 20g を表しています。

**6** 箱のたての長さはボールの直径の 3 こ分の長さで、横の長さは、直径の 2 こ分の長さです。ボールの直径は、3×2=6(cm)なので、箱のたての長さは、6×3=18(cm)　横の長さは、6×2=12(cm)です。

**7** ❸

| | 3 | 8 |
|---|---|---|
| × | | 4 |
| | | 2 |

一の位は
四八　32
3 くり上げる。

➡

| | 3 | 8 |
|---|---|---|
| × | | 4 |
| 1 | 5 | 2 |

十の位は
四三　12
くり上げた
3 とで 15

**8** ❹ 1 を$\frac{4}{4}$にしてから計算します。

$1-\frac{2}{4}=\frac{4}{4}-\frac{2}{4}$

$=\frac{2}{4}$

**9** ❷ 長いほうから短いほうをひきます。

$\frac{3}{7}>\frac{2}{7}$なので、$\frac{3}{7}-\frac{2}{7}=\frac{1}{7}$より、

$\frac{1}{7}$m です。

## 学年末のテスト①

**1** ❶ 0　❷ 70　❸ 822
❹ 386　❺ 41　❻ 8 あまり 5
❼ 266　❽ 1176

**2** 20 分

**3** ❶ 2、750
❷ 8030

**4** 式 1kg200g−300g=900g　答え 900g

**5** ❶ 正三角形
❷ 二等辺三角形

**6** ❶ $\frac{6}{7}$　❷ $\frac{4}{5}$
❸ 7.3　❹ 7
❺ 0.9　❻ 1.9
❼ 3478　❽ 3995
❾ 14712　❿ 44384

**7** 式 □+23=50　答え 27

**てびき**

**1** ❹

```
  5 9
  6 0 4
− 2 1 8
      6
```

百の位から 1 くり下げて
十の位を 10 にする。
一の位は十の位から
1 くり下げて 14
14−8=6

```
  5 9
  6 0 4
− 2 1 8
    8 6
```

十の位は
9−1=8

```
  5 9
  6 0 4
− 2 1 8
  3 8 6
```

百の位は
5−2=3

**2** ちょうどの時こくの午前 11 時をもとにして考えます。
午前 10 時 55 分から午前 11 時までは 5 分、午前 11 時から午前 11 時 15 分までは 15 分なので、あわせて 20 分です。

**3** 1km=1000m です。

**4** 1kg200g を 1200g として考えます。
1200−300=900 より、900g です。

**5** ❶ 3 つの辺の長さがみんな等しい三角形を正三角形といいます。
❷ 2 つの辺の長さが等しい三角形を二等辺三角形といいます。

**6** ❷ $1-\frac{1}{5}=\frac{5}{5}-\frac{1}{5}$
$=\frac{4}{5}$
❻ 2 を 2.0 として考えます。
3.9−2.0=1.9

**7** □=50−23　□=27

## 学年末のテスト②

**1** 5800、58000、580000、58

**2** ❶ ㋐ 35　㋑ 34　㋒ 31
㋓ 30　㋔ 32　㋕ 38
㋖ 100
❷ 西町

**3** 式 84÷9=9 あまり 3
9+1=10　答え 10 日

**4** しょうりゃく

**5** 式 27÷3=9　答え 9cm

**6** 二等辺三角形

**7** 式 6.2+2.4=8.6　答え 8.6L

**8** ❶ 64　❷ 4745　❸ 8878
❹ 39445

**9** 式 63÷□=7　答え 9

**てびき**

**1** 数を 10 倍すると、位が 1 つ上がり、右はしに 0 を 1 こつけた数になります。また、一の位が 0 の数を 10 でわると、位が 1 つ下がり、一の位の 0 をとった数になります。

**2** ❷ 東町に住んでいる 3 年生の人数を表す数は㋓の 30 人、中町に住んでいる 3 年生の人数を表す数は㋔の 32 人、西町に住んでいる 3 年生の人数を表す数は㋕の 38 人です。

**3** 84÷9=9 あまり 3 より、9 日読んだあと、3 ページあまることがわかります。あまった 3 ページを読むために、もう 1 日ひつようなので、9+1=10 より 10 日です。

**4** 直径が 6cm の円の半径は、6÷2=3 より 3cm です。コンパスの先を 3cm に開いて、円をかきます。

**5** 水色のリボンの長さの 3 倍がピンクのリボンの長さ 27cm だから、水色のリボンの長さを □cm とすると、□×3=27 です。

**6** 三角形の 2 つの辺の長さは、円の半径の長さと等しくなります。2 つの辺の長さが等しいので、二等辺三角形です。

**8** ひっ算をていねいにしていきましょう。

❷
```
    7 3
  × 6 5
  3 6 5
4 3 8
4 7 4 5
```

❸
```
    3 8 6
  ×   2 3
  1 1 5 8
  7 7 2
  8 8 7 8
```

❹
```
      8 0 5
  ×     4 9
    7 2 4 5
  3 2 2 0
  3 9 4 4 5
```

## まるごと 文章題テスト①

**1** 式 42÷7=6　答え 6問

**2** 式 80÷8=10　答え 10本

**3** ❶ 式 2194+1507=3701　答え 3701まい

❷ 式 2194−1507=687　答え 687まい

**4** 7時50分

**5** 式 76÷8=9あまり4

答え 9本になって、4本あまる。

**6** 式 237×5=1185　答え 1185m

**7** 式 $\frac{3}{5}+\frac{2}{5}=1$　答え 1m

**8** 式 2.5−1.6=0.9

答え やかんが0.9L多くはいる。

**9** 式 155×23=3565

4000−3565=435　答え 435円

### てびき

**1** 1週間は7日なので、42問を7つに分けます。

**3** ❶はたし算、❷はひき算で計算します。

❶
```
   1 1
  2 1 9 4
+ 1 5 0 7
---------
  3 7 0 1
```

❷
```
  1   8
  2 1 9 4
- 1 5 0 7
---------
    6 8 7
```

**4** 8時15分より25分前の時こくを考えます。

8時15分より15分前の時こくは8時です。

8時より25−15=10(分前)の時こくは、

7時50分です。

**5** わり算の計算であまりが出るので、あまりがわる数の8より小さいことをたしかめましょう。

**6**

```
  2 3 7      2 3 7      2 3 7
×     5    ×     5    ×     5
-------    -------    -------
      5        8 5    1 1 8 5
```

一の位は　五七 35　3くり上げる。

十の位は　五三 15　くり上げた3とで18　1くり上げる。

百の位は　五二 10　くり上げた1とで11

**7** $\frac{3}{5}+\frac{2}{5}=\frac{5}{5}$

$=1$

**8** 一の位の0をわすれずに書きましょう。

```
  1
  2.5
- 1.6
-----
  0.9
```

**9** まず、買うボールペンの代金をかけ算でもとめます。

この代金を、4000円からひいておつりをもとめます。

## まるごと 文章題テスト②

**1** 式 49÷7=7　答え 7つ

**2** 式 8524−4897=3627　答え 3627こ

**3** 式 6300÷10=630　答え 630まい

**4** 式 60÷7=8あまり4　答え 8本

**5** 式 1kg400g−450g=950g　答え 950g

**6** 式 39÷3=13　答え 13こ

**7** 式 400×2×3=2400　答え 2400円

**8** 式 $\frac{7}{9}-\frac{2}{9}=\frac{5}{9}$　答え $\frac{5}{9}$L

**9** 式 8.3+3.8=12.1　答え 12.1cm

**10** 式 28×52=1456　答え 14m56cm

### てびき

**2** くり下がりに気をつけて筆算をしましょう。

```
  7 4 1
  8 5 2 4
- 4 8 9 7
---------
  3 6 2 7
```

**3** 一の位が0の数を10でわると、位が1つ下がり、一の位の0をとった数になるので、6300÷10=630です。

**4** 1L=10dLなので、6Lを60dLとして考えます。

また、あまりの4dLでは7dLはいったびんはできないので、あまりは考えません。

**5** 1kg400gを1400gとして考えます。

1400−450=950より、950gです

**6** 弟の拾った数の3倍がひかるさんの拾った数の39こだから、弟の拾った数を□こととすると、□×3=39です。

**7** 先にノートの数を考えると、2×3=6より6さつひつようです。

400×6=2400より2400円と考えることもできます。

**8** 多いほうから少ないほうをひきます。

$\frac{7}{9}>\frac{2}{9}$なので、$\frac{7}{9}-\frac{2}{9}=\frac{5}{9}$より$\frac{5}{9}$Lです。

**9** 1cm=10mmより、38mm=3.8cmです。

たんいをそろえてから計算します。

8.3cmを83mmとして計算してから答えをcmになおすしかたもあります。

**10** 答えをかくときのたんいに気をつけましょう。

ひつようなリボンの長さは、28×52=1456より、1456cmです。

1m=100cmなので、1456cm=14m56cmです。



3 2 1 0 9 8 7 6 5 4
＊ ＊ D C B A